蜂之寶的故事

张巧玲 著

書名｜香港蜂之寶的故事
作者｜張巧玲
出版｜超媒體出版有限公司
地址｜荃灣柴灣角街 34-36 號萬達來工業中心 21 樓 2 室
出版計劃查詢｜(852)3596 4296
電郵｜info@easy-publish.org
網址｜http://www.easy-publish.org
香港總經銷｜聯合新零售 (香港) 有限公司
出版日期｜2024 年 2 月
圖書分類｜流行讀物
國際書號｜978-988-8839-43-8
定價｜HK$88

Printed and Published in Hong Kong

前言

歲月匆匆，光陰似箭；

如果沒有蜜蜂就沒有我的婚姻；也沒有我後半生的一切……

父母已離開我們近 20 年了。撫養我長大的外公，外婆也走了數十年之久。

每當我想起他們所説的話：“記得少年騎竹馬，轉眼就是白頭翁。”一生中我與各式各樣的人群插肩而過；也許是萍水相逢，但是他們的幫助卻永遠刻在我的腦海裏。當我們自己年長的時候，卻念念不忘自己很年輕時的美好光景？我也就是（四公子）説的二本學歷，所以只能留下這些毫無文采的回憶。

目錄

CONTENTS

第一章
山野蜂之寶的淵源從何而來

我的祖父

我的祖父叫張雲生，1895 年生於江西贛東北的一個小村子里，當時家裡的田地極少，都是黃泥土地，種什麼也長得不茂盛！他上面有兩個哥哥，祖父排行老三，他的父母忍著貧窮饑餓送他讀了三年私塾。但兩個哥哥目不識丁。

祖父 12 歲時被送往隔壁的縣城學習裁縫，三年都住在師父家裡。每天幫師父師母種菜澆水、挑水煮飯、劈柴火、倒馬桶，閒時還要幫師母帶孩子，從早到晚忙個不停，加一些湯湯水水才能勉強吃飽肚子。他 16 歲時滿師了，逢年過節，便要跟著師傅去有錢人家和財主家裡，上門給人家手工做衣服。

在別人家依然是師父的徒弟，每頓都要快吃飯，少吃菜，早早地下桌子。但祖父的記性很好，別人聊天講的故事他都記得很清楚，可以再講給別人聽。農忙的時候，祖父會回到家中幫他的父母忙收割稻子，種田開荒。20 歲的時候，祖父長成了一個單眼皮，1 米 74 高個子的大小夥子。那一年他認識了財主家一名叫小鳳的丫鬟。因為每年都到那個財主家裡做衣服，有空的時候會幫小鳳劈柴火，一來二去兩人也就熟悉了。原來在小鳳八歲那一年，被劉財主買回來，現在已經 16 歲，雖然不是貌美如花，但是兩個大眼睛水靈靈，長著漆黑的長頭髮，扎著一條長辮子，也算個標準的大姑娘！

祖父對小鳳很有好感，正月裡找個媒婆去提親。沒想到劉財主獅子大開口，要 50 個大洋，說南昌已經有人想買去做小妾，並嘲諷我的祖父：「你是癩蛤蟆想吃天鵝肉！你們家三兄弟，一年只做一條新褲子，誰出門誰就穿。你想讓我們家小鳳跟著你窮死餓死嗎？」祖父直到 26 歲才娶了山裡一位體弱多病的姑娘孟氏。孟氏生了兩名兒子。可不幸的是，兩個孩子接連在六年之內都病死，后來孟氏也走了。祖父在三十六歲那年，經媒人介紹，娶了 16 歲的江氏，也就是我的祖母。祖母小時候被火燒傷了，右邊臉上有一大塊疤痕，右邊的眼睛往下掉，右邊的嘴唇也被燒傷，有點歪嘴巴，整個外貌屬於傷殘人士。其他的地方沒有傷痕。婚後生了兩名孩子，其中一名就是我的父親。

祖父務農工兼做媒人

我祖父說喜歡清朝的辮子，他從年輕直到 20 世紀 70 年代去世的時候，都保持同樣的齊耳髮型。一輩子都是穿著土布衣服，不是藍色就是黑色，有時候還粘著其他顏色的補丁。衣服褲子全都是自己做的。成年後，祖父還喜歡在腰間綁一條繩子，掛著一個一尺長的竹煙鬥，還有一個布袋，裝的自家種的煙絲。他一生都留著齊耳朵的短頭髮，還有一點自然捲，一輩子都勤勞，能說會道，但就是窮。

沒有出去做裁縫的時候，在家裡每天早上 6 點鐘就起床，用一個鐵耙子穿在竹子編織的畚箕裡面，背在肩膀上，到處去撿狗屎和牛糞，撿回來倒在自己的糞池子做肥料。大約 10 點前回家。家門口 100 米對外，有一個大水塘，每天村子裡面的婦女都在那里洗衣服，孩子們在旁邊玩耍。大水塘旁邊有一棵大棗樹，大棗樹下有兩條青石板，村民們就會坐在石板上聊天乘涼！

我的祖父有空時，經常在這棵棗樹下給村民們講故事，講他的所見所聞。他會去到方圓數百里的地方，幫有錢人做衣服，他經常會講到去了福建，還會講到金溪、貴溪、資溪、撫州等等我小時候不知道的名稱。

每當祖父路過水塘邊回家的時候，村民們都喜歡叫他講個故事再走。有一天祖父說：「這個小水塘是整個村子共用水的地方，但這個水塘里曾經發生了什麼事，你們想知道嗎？」大家齊聲回答：「當然想知道。」

1938 年夏天，大概有一個班的日本鬼子進村了，其他的村民知道風聲，全部都步行躲到山裡去了。還有一名女子叫小花的在外面放牛。她傍晚的時候回到村子裡，看見日本鬼子在她家裡翻箱倒櫃找東西吃！幾個日本鬼子看見她牽回來一頭牛，一邊嘴裏嘰嘰呱呱地叫著，一邊用刺刀殺死了那隻牛，並在她家裡煮著吃。另外兩個日本鬼子將小花強行拖入房間，對她實行強姦，其他的日本鬼子一窩蜂地都跑進房間里，將可憐的小花輪姦了！日本鬼子吃飽喝足，第 2 天早上才洋洋得意地離開村子。可憐的小花被日本鬼子糟蹋之後，已經昏死過去，第 2 天上午醒來，跳進這水里塘結束了年輕的生命！小花是日本鬼子害死的，她也會找日本鬼子去報仇，所以我們大家都不用害怕！

有一天下午，祖父正坐在客廳的四方木桌子上，抽著他喜歡的竹煙鬥，看著自家的土牆上透著外面的陽光。雖然上面蓋著黑色的土瓦，還是有幾絲陽光從房子頂上瓦縫隙射到了吃飯的桌子上。祖父想什麼時候能給自己蓋一個磚頭牆不透風的房子呢？雖然有個大哥，可他從小便得了哮喘病，天氣一涼就咳嗽不停，什麼體力活也做不了！

二哥在 20 多歲的時候，有一次春節前幫財主家收賬，本來說年廿九回家，但是直到年三十也沒有回來。曾祖父母等到正月都過去了，也不見二兒子回來。後來找人算一卦，凶多吉少！可能被國民黨抓了壯丁，也可能被土匪殺了！反正不管怎樣，肯定離開了人世。曾祖父母都責怪自己沒有害人，反而自己的兒子被害，他們傷心過度，先後撒手人寰。

祖父在想，自己已經夠勤勞了，從早到晚都在幹活，為什麼依然是家徒四壁呢？想著想著，見門外面來了個人。

那人問道：「你是張雲生師傅嗎？」祖父嘴上叼着煙鬥，用一貫的語氣漫不經心地回答說是的。來的男人說，他家有個女孩都快 20 歲了，嫁不出去。祖父問他什麼原因？那男人說自己的女兒個子太矮，身高不夠四尺，大約只有一米三高，其他沒有什麼問題。在解放前，大多數的女孩子十五六歲就結婚出嫁了，20 歲已經算是老姑娘了！祖父說：「你先回去吧，我幫你女兒做媒。成功了有什麼報酬？」那男人答應給半擔穀子。祖父叫他三個月之後，回來我家聽消息。在這之後的第 2 個月，祖父又去了金溪別人家做衣服。

那位東家說：「張師傅，你看我這大兒子都二十好幾了，還娶不到老婆。」祖父問他什麼原因？那位東家說，他有幾畝薄田，只有一個大兒子，下面的都是女兒。這個大兒子最喜歡打獵，把自己右眼都搞瞎了，這山裡沒有人願意把女兒嫁進來！他見我祖父到處走，肯定認識很多人，所以想讓祖父說做個媒。

祖父又問他有什麼報酬？東家佬說：「可以給筍乾、茶葉、香菇各五斤。」祖父樂呵呵地說，好啊！第三個月到了，那想嫁女兒的男人來問我祖父，找到合適的人家了嗎？同時金溪的東家佬也派人來追問，給他的大兒子找到合適的女孩子嗎？祖父回答他們兩家說：「找到了，擇個黃道吉日，你們兩家預備辦喜事吧！」

金秋十月，雙方喜結連理。祖父告訴新娘的父母，出嫁之前給女孩頭上戴多幾支發簪子，插得越高越好，高一點再蓋上紅頭蓋。另一邊告訴東家佬，去給他的大兒子買一副深色的太陽眼鏡，成親拜堂的那天要帶上！沒有進洞房都不可以除掉。雙方婚嫁的時辰八字都選好了，祖父也收回了他應得的媒人報酬，稻穀、茶葉、筍乾、香菇。除了稻穀，其他的祖父都賣掉換成了能吃的糧食。

新郎新娘的三天回門，他們雙方的父母跑來找祖父，雙方都說貨不對板。祖父先對東家佬說：「我說得很清楚，新娘是百里挑一，女妝家務樣樣都會做，就是個子矮點，你說沒問題呀！十二兩的母雞都會生蛋，你放心等著抱孫子吧。」

然後對新娘的父母說：「新郎的人品好，勤勞顧家，人又本分，對父母還孝順，又會打獵，又會種田。左眼的視力非常好，能夠百步穿楊，一打一個準，就是右眼差點，當時你說沒問題呀！這樣的好女婿上哪裡去找？」

雙方的父母聽后便不再多言，拜謝而去。

祖父被鄉里鄉親的稱為訟師

每年有好幾個月的時間，我的祖父都會到江西福建兩省交界的地方去，走遍大大小小的縣城鄉鎮給人家做裁縫，所有的主人家包吃包住。祖父的手工做得很好，所以生意越做越多，做完東家做西家。所有的大戶人家會給工錢。有些小戶人家請他作嫁衣，只管吃飯，沒有工錢，就會給我祖父一些他們家的土特產，比如鄉下的雞蛋、茶油、菜油、辣椒干、紅薯幹、土布、棉花等，都可以當工錢。祖父的收費低，手工好，人緣極佳，說話有道理，久而久之，大家認為他是最公道的！

有一年初秋，附近的村子裡有兩兄弟正在打架鬧分家。其實兩兄弟的父母在世的時候，已經把家分好了。可等到父母都去世了，老大又說父母分家分得不公平，無事找事，天天找自己的兄弟吵鬧著要重新分家！兄弟兩人經常拿著鋤頭扁擔大打出手，兩家鬧得雞犬不寧。村長也拿他們沒辦法，鄰居們說遲早都會打死人！

村長和祖父是老朋友，所以想請祖父居中調和。村長到我家，看見祖父正坐在自家的門檻上抽著竹煙鬥，一口一口的，看來津津有味。村長說：「張老哥幫幫我，村子裡面那兩個死仔，三天兩頭就打架，不知道哪一天會打死人。你幫忙，我作證，重新幫他們分一次家，好嗎？」

這次我的祖父沒有收取任何報酬。他不喜歡看見兩個親兄弟，年紀輕輕地打死自己，立即答應村長的要求，叫他先回去通知兩兄弟，第二天上午到他們家裡去，順便多找兩個證人，重新幫他們分一次家。

次日早飯過後，祖父來到劉家村。兩兄弟同住一間鄉下的四拼房子，也是黃色的土牆，木梁，黑色的土瓦房。同一個門口進出，飯廳一人一半，每邊前後兩個房間也是各佔一半。飯廳後面的廚房是歸老大家所有。老二在屋子後面另外搭了一個簡易廚房，是用茅草蓋的，裡面有很多曬乾的青草柴火。旁邊還有一個豬欄。

劉老大泡好了一大壺綠茶，在廚房裡找來幾個大碗，用方言喊自己的老婆：「女古人，快點給村長，張師爺大家倒茶。」等到包括劉老二在內的眾人坐下後，我祖父問：「你們家有多少田地？哪裡分配得不公平？說出來聽聽。」

劉老大先說：「我分了兩畝半的山坡地，只是可以種紅薯、花生、芝麻旱地這些植物。還有一頭水牛，和兄弟每人半間房子。」「劉老二你分到了什麼？」我祖父又問。劉老二說：「我分到兩畝地的水田，沒有牛，耕田的時候，都是我們夫妻二人自己出力。」

村長說：「你們的父母分配得很公平吶！」

老大說：「我的山坡地一點都不肥沃，種的東西長不好，也不能種水稻，家中也就沒有米吃！

老二說：「每年夏季收割稻子之後，打出了新鮮的大米，我們都有給大哥家送去一斗米。大哥無論種什麼，也不會送我們一點嘗嘗。」

村長接著說：「你看人家張訟師，也有一個哥哥，還常年多病，他們家都很窮，人家兄弟就不會吵吵鬧鬧整天打架！你們兄弟倆要向別人訟師多多學習。雲生他也就是一個裁縫，教會了自己生病的哥哥生活技能。自己還出錢從福建買回來蒲葵樹上面的鬃毛，編織繩子，手指粗的繩子，可以用來抬重物，粗繩子可抬棺木，建房子用，大小船隻上面也可以用。細的繩子可以用來，捆在水桶上面到井裡面取水，捆綁柴火，挑擔子，人人家裡都有配備。粗細的繩子很多种。雲生自己到外面學會了，回來再教他的哥哥有一條謀生之路。還教會哥哥編織蓑衣、草鞋，雖然賺不了幾個銅板，起碼哥哥不會餓死掉！」村長說道：「唉，看你兄弟倆，只會在家裡打架，不會想辦法生存！」

眾人聽了都不吱聲。

我祖父抽出隨身攜帶的煙斗，抽了一口煙，漫不經心地說道：「村長帶有紙和筆，現在很簡單，重新分配。」祖父用毛筆寫道：

分家契約

茲有劉家村老大劉長旺，老二劉二旺，雙方同意重新分配下面的田地：村東面的水田兩畝，一分為二;村南面的旱土地 2.5 畝，一分為二。劉長旺，劉二旺，兄弟二人各一半，中間用石頭作標志分開。一頭水牛兩家輪流使用，誰在使用的時候，誰就要負責飼養水牛。父母留下的房子依然是兄弟二人每戶各佔一半。

分家時間：民國 31 年，二月初十

祖父寫好了念出來給大家聽，因為在場的人除了村長都是目不識丁。兄弟一致同意，二人都蓋上拇指印。村長和見證人也都寫上了名字，蓋上了拇指印。兄弟二人這時才想起，大家來到他家裡免費給他們分家，怎麼也應該請他們吃個午飯！老大便喊自己的老婆：「女古人，看看家裡還有什麼吃的？」那個女人看著大家，用粗啞的聲音回答道：「我屋裡還有兩個半老的南瓜，再沒有其他能吃的東西了！」大家都站起來，客客氣氣異口同聲地說：「都回家吃飯吧。」

兩村因水起鬥爭，祖父以德化解

兩個月之後的一個下午，天氣晴朗，但是有點炎熱。我的祖父坐在客廳裡的飯桌上大碗地喝水，遠遠地聽見有兩個中年男人在百米開外的水塘旁邊，一邊對我家大聲喊道：「張師爺，在家嗎？」一邊匆匆忙忙地沿著水塘邊向我家走去。我祖父站起來走到門口，用一貫的漫不經心的口氣回答說：「我在家裡！」

兩名男子都是附近王家村的人，他們一高一矮。高個子的男人說：「我們王家村和陳家村因為種水稻需要水，兩個村常年因為水的問題打架，都有幾十年了！也找了官府、保長來解決，但每年還是要打架、雙方打傷打殘的人不計其數！現在又聽見陳家村預備來打架了！他們帶著鋤頭鐵耙，人又多，又年輕力壯。我們村的人太少，因為去年村裡十幾個年輕人出去從軍了。今年要是打架的話，肯定輸。張師爺你看看有什麼好辦法嗎？」

祖父喝了一口水，用左手摸下自己的頭，細聲地回答：「讓我想想。你們兩條村子的恩怨太久，很難解決，我試試看吧！如果處理好了有什麼報酬？」兩個人說起碼是給一擔稻穀。

祖父叫他們先回去，三天后再來聽消息。吃過晚飯後，祖父在水塘旁邊漫步，突然想起了自己村子里的小翠，前年就是他做的媒人，從陳家村嫁過來的。小翠的父母在陳家村裡有點田地出租，平時還做點土特產乾貨的生意。小翠父母家裡有四個兒子，在村子裡有頭有臉，說話也有人願意聽！應該去陳家村找找小翠的爹。

第二天一早，祖父喝了一碗米湯粥便匆匆忙忙地出門了。走了小半個時辰，來到了陳家村。剛進陳家村村口，看見有兩棵高大的樟樹，一左一右，可能有上百年的歷史了。大樟樹旁邊還有一個小亭子，我祖父先坐在亭子裡面石板凳上抽口煙，想一想該如何勸說。因為這次不是說媒，是勸群架。一邊抽煙一邊走進了村子旁邊的一戶人家。

這戶人家用當地特有的紅石頭圍了一個小院子，大門是打開的，後面有兩棟相連的四拼房子，也是紅石頭牆。村子裡的其他人家都是黃土牆，所以這家看起來就高人一等！祖父一邊走，邊對裡面喊：「陳老哥在家嗎？」

只見右邊房子的客廳里走出來一位跟祖父一樣，留著齊耳短頭髮和長鬍子的，50 歲左右的男人，身體微胖，雙手合抱給祖父作揖，笑呵呵地說：「怪不得早上屋後面的樹上喜鵲叫喳喳的！原來是有貴客到。你老弟怎麼有時間來探望我？」邊說邊拉著祖父的手進了客廳。他們家有一張四方的樟木飯桌，一進門檻就能聞到樟木桌子散發出來香味。

這位陳老哥，原名叫陳多福，祖上是讀書人，他也能識文斷字，家裡有十幾畝水田，還有二十幾畝旱地。大兒子在城裡開了一個雜貨鋪子，每年賺的錢會用來買田、買地，家境很是不錯！

陳家村有上百戶人家，就數他們家最富裕了！

祖父將王家村族長、保長的意思複述了一遍，總之是不希望今年再打架了！祖父又接著說：「年年打架雙方都有損傷，不是個好方法。冤家宜解不宜結，都打了幾十年，有的人都被打殘廢了！實在不值得。」

陳多福拿起碗喝了一口水，然後說道：「可不是嗎？這樣，我們陳家村裡是我三叔在做族長，我們兩個人去找他說說看。」於是兩個人向村子的西面走去，他們進了一間坐南向北的房子里。剛一進門，陳掌櫃就大聲地喊著：「三叔在家嗎？」屋子裡出來一個老婦人，她說：「在的，今天是晚了，剛起床！」她迎著祖父二人進他們家裡坐。

稍後見三叔穿著整齊的唐裝便褲，還扎著一個小辮子，留著發白的鬍子，從房間里慢吞吞地走出來，雙手抱拳說道：「你們早啊！」祖父自我介紹，順便把來的目的和事情又重新說了一遍。只見那位陳族長眯著眼睛說：「我快奔七十了，這幾年我說的話，村裡的後生仔都不願意聽了。」然後對著陳多福抱怨地說：「這兩年每年的正月十五我都推薦你出來當族長，全村的人都同意，就是你不幹！」

族長接著說道：「明天又是十五，是我們村裡議事的日子，我們先商量好個說法。下午我去通知全村，明天晚上 6 點去祠堂開會。明天晚上，你們帶王家村的村長、保長一起過來。」

傍晚時分，陳族長帶著一個年輕人，敲著鑼從村子的東邊走到西邊。他一邊敲鑼，小夥子一邊大聲喊：「鄉親們記住啦，明天晚飯後 6 點鐘開始，自己帶著板凳到祠堂里開會，要選新的族長，還有一件大事要跟大家商議！每家每戶可派一個當家人出席，男當家不在的可派女當家（首次）出席！」

第 2 天晚上，陳家村祠堂點燃很多松樹枝;燈火齊明，我的祖父、陳家族長、陳多福，還有兩名對村裡事務的熱心男人，早早地坐在正堂的長形桌子上。桌子的前面是一個兩米寬五米長的天井。不久，村子裡的人陸續帶著小板凳走進祠堂，男左女右，整齊坐下。

老族長站起來對大家說：「大家靜一靜，我已經老了，沒有精力再管村子裡面的事物，這兩年我都推薦陳多福擔任新的族長，他年輕，精力旺盛身體好，經常在外面做生意，知書識禮，人脈廣。在村子里從來不會欺負人，說話辦事都很公道！他的四個兒子很孝順，家裡的日子越過越好。這是大家有目共睹的，所以同意他當新族長的人舉手。」在左邊坐的 68 個男人全部舉手通過。再看看右邊有二十來個女人，只知道細聲地聊天，東家長西家短的！沒有一個人舉手。可能她們從來沒有參加村子里的議會，也不知道什麼是村長、族長、保長。其實是與爸爸爹爹父親一樣的管事人。

通過大家的選舉，新的族長正式產生。下面請新族長講兩句，大家都拍個手吧！」聽見一陣響亮的鼓掌聲，新族長陳多福說：「三叔的年紀大了，應該在家頤養天年，我經常外出採購土特產，沒有時間在村子里管著婆婆媽媽的事。也有些大事要處理，聽說村子里的後生仔又預備去和王家村爭水打架了？每年打架雙方都有重傷，都要自己花錢治療，這是何必呢？」

下面的一群男人說：「那怎麼辦呢？」新任的族長讓我祖父站起來，然後大聲地說道：「這一位是遠近聞名的張訟師，想必有很多人知道。」下面一片嘈雜聲音說，「知道，知道。」看看我祖父是怎麼解決的？

祖父用響亮的聲音說道：「陳家村的水田在東面，更高一點。王家村的水田在西面，低一點。中間有一條大約一米寬的官造水渠，讓每條村子都可以用水。每年端午節之後，也就是旱季，那時水稻正需要大量的水，只有充分浸泡的水田，稻子才長得好。為此，陳家村的人每年都會把水渠裡面的水截斷，不讓水往下流。王家村的水田得不到足夠的水分，水田地會乾裂，所種的稻子會幹死，導致顆粒無收！這就是為什麼雙方每年都在王家村的稻田裡打架了！」

祖父寫了和解協定：

陳家村，王家村，雙方同意，從今以後不準打架。

放水的規定;逢單數的日子，陳家村放水到自己的水田區，但不能完全截斷水源，至少要留下兩個拳頭的位置放水去給王家村。逢雙數的日子，八成的水源都打開往下放，去灌溉王家村的水田，同樣要留下 20 公分水口位置給陳家村。

每天中午 12 點，每條村子各派一個老實的村民去交接放水。如果這個村民違反契約，要各罰兩擔稻穀給對方的村子。村子裡面如果有人違反契約又去打架，要賠對方村子 100 擔稻穀。

新族長大聲叫道：「站在門外的王家村族長保長，你們都進來吧！大家都聽一聽。」我祖父寫好的協定又念了一遍，所有的人都同意，大家簽名按手印，從此到解放後，兩個村子都沒有再打過架。

裁縫師傅全部的家當

有一年的冬天，就快過年了，祖父從福建光澤近金溪山裡步行回家，每天最少走 80 裡路。他說每天早上不天亮就開始走，晚上在別人家裡借宿，背著他的換洗衣服，裁縫師傅用的工具。一把尺子、一把剪刀、一盒白灰做的塊狀粉筆、一包針線，還有一個燒木炭的鐵燙鬥，這就是他的全部家當。用一塊大土布包裹好，斜背著自己的肩膀上。每次出門都是自己背著，回來的時候又全部背回來。

下一次不知道要去誰家裡幹活。要請他做衣服的人家，會上門來說，遠的就讓別人帶口信來。還有很多山裡的客戶，則是通過陳多福大兒子的雜貨店，別人在買雜貨時候，帶回來的口信，讓祖父他上門去到某鎮、某村誰家裡做衣服。事先說好，某個村子裡有幾戶人家想做衣服的，大概要做十天半個月，這樣的生意才接。如果是附近的村子，不用過夜，一天兩天工的都會做。

從靠近福建的資溪，走回家里需要三天兩夜行程。那一天他回來的時候已經是中午了，祖母給他煮了一碗米菜糊糊，他狼吞虎咽幾口就吃完了！然後坐在大門口上抽煙鬥。看見自己的大哥正在房子前面小曬谷場編織繩子，一頭擺放一個木架子，他將鬃毛葉子先用鐵絲梳開，變成細的絲絲，再將一頭綁在木架上，然後用兩隻手去搓成繩子。他將那些鬃毛放在一個竹簍子里，掛在腰間，一邊搓一邊加鬃毛。有的繩子一丈那麼長，有的三丈，最長的繩子有十丈長，然後捆好，按長短粗細分不同的價錢去市場賣。

江西的冬天很早就天黑了，下午 4 點多的時候，幾乎就看不見東西了。我祖父對他哥哥說：「天快黑了回來吧，不要再搓繩子了！」

祖父給自己的哥哥說媒娶親

祖父又想起前幾天，在山裡幫別人做衣服的時候，有一個東家告訴他，自己有一個女兒 20 多歲了都嫁不出去。祖父問什麼原因？那位東家說，他的女兒叫阿蓮，七八歲的時候得了大葉麻疹，高燒不退，滿身滿臉長滿了像黃豆那麼大粒的麻疹，請來郎中看了，也說沒有辦法幫她退燒，只能聽天由命。足足燒了七天七夜，只能勉強喝點水，家人都認為沒救了！等到第七天的時候，阿蓮醒了過來，可卻發現她不會說話了，只是咿咿啊啊的說不清楚！等一個月之後，她臉上身上了麻疹都已褪去，但是臉上留下很多疤痕，也就是大麻臉。我祖父聽完了搖搖頭，說：「唉，真可惜，還好死裡逃生留住了性命。」

「我看見你女兒每天都在幹活，不是挺好的嗎？」東家說：「你沒看見我女兒整天都拿一塊花布包著自己的臉？」祖父說：「這樣吧，我給你留意！」

想著自己的哥哥，三十好幾了都還沒有娶親，到了冬天哮喘發作，咳個不停。村子裡面的女人們都說他名字是取得好，張龍生，其實就是一個癆病鬼！祖父揮揮手對著哥哥說：「天都快黑了！天氣冷別幹了，回家吧，我有點事跟你說說。」然後將阿蓮姑娘的事告訴他，問他：「願不願意娶一個啞巴做老婆？」

祖父的哥哥說道：「無所謂，反正也娶不到一個好人家的女仔。自己到了冬天特別怕冷，怕冷就得抱著火盆子過日子，冬天只能在家裡編織草鞋蓑衣。」火盆是木頭做的，上面的木板很結實，下面等於一個小水桶形狀，中間放置一個大碗般大的陶製火盆，每天煮飯的時候，他都會將爐灶里的柴火灰裝進火盆裡面，上面再加點碎木炭，晚上睡覺的時候，他會將火盆帶到他的被子裡面，等被子暖了之後，再將火盆放在地上。

一轉眼大年三十又過去了，正月十六祖父又去了山裡找那位熟悉的東家，這次是給自己的哥哥做媒。見到東家之後，祖父如實講述了自己哥哥的現狀，問他願不願意將女兒嫁去我們家？很快得到他們父女回復：「阿蓮願意嫁給祖父的哥哥。」祖父說就這樣，家裡又多了一個啞巴大嫂。大嫂很勤勞，她能夠開荒種地，也會編織草鞋、繩子，後來還生了兩個兒子。逢初一十五，她還會挑著祖父哥哥的編織品去鎮上趕墟（趕集），賣不完的東西，計算好價格全部放在陳多福掌櫃大兒子的雜貨店鋪里寄賣，等賣完了再收錢。回來的時候順便給自己家裡買點油鹽醬醋，逢年過節時，如果有多餘的錢還會買一兩塊土布回來做衣服。

時間過得真快，又過了幾年，一個屋裡多了兩個女人和四個孩子，破舊的房子裡面也很熱鬧！

與蜜蜂結緣

祖父說他 40 歲那年，也就是 1935 年，初夏的時候，大人孩子們都坐在桌子上吃午飯。吃著吃著，突然聽見屋簷下有一群嗡嗡的蜜蜂聲音，平時屋簷下放著很多農具，看見蜜蜂團團轉地飛著！不一會有一大團蜜蜂落在農具上。

啞巴大嫂指手跺腳地告訴大家：「蜜蜂是會蜇人的。」我祖母說找個火把來燒掉吧！只聽見我三歲多的父親大聲說不準燒，其他幾個孩子也說不要燒死那些蜜蜂。說來真是很奇怪，那些蜜蜂竟在農具上停留下來沒有飛走！

第二天，我的祖父找了一個破籮筐，蓋在那些蜜蜂上面！從此這一窩蜜蜂便住在我家的屋簷上，也沒有人理它們，孩子們也沒有被蜜蜂蜇过！

端午節後祖父又去了福建光澤縣山裡幫別人做衣服，看見那村子裡也有人在養蜜蜂，中午吃飯休息的時候，便向別人請教：「蜜蜂怎麼養？蜜蜂都怕什麼？怎樣才能收到它們的蜂蜜？」那位蜂農師傅告訴我祖父：「蜜蜂最怕煙熏。每年春夏的時候，可以用煙在蜜蜂的下面熏，蜜蜂都跑走了！您就可以將有蜂蜜的蜂巢拿刀子割下來就可以吃，也可以用布包裹壓出蜂蜜來！但是千萬不能取走全部的蜂蜜，也不要割掉它們的幼仔，最少要留三分之一給蜜蜂自己吃，否則冬天它們就會餓死。」

祖父再問：「請問你們家的蜜蜂是怎麼來的？蜂農師傅告訴祖父：「在山上收回來的。」祖父越聽越高興，繼續問道：「在山上怎麼能夠找到蜜蜂？」師傅回答：「你走過大樹旁邊，或者有很多石頭的地方，如果能看到有蜜蜂在飛，那麼附近就可能有野生的蜜蜂窩。用你自己的衣服褲子，扎好一頭，再將打開的另一頭，套住蜜蜂進出口的地方，在它旁邊點煙，蜜蜂不喜歡煙味，蜜蜂的蜂王會帶頭裝進你的口袋子裡！等蜜蜂都進了你的布袋子，你再找一條繩子扎住口，帶回家。最好找一個有蓋的木桶，底下的板子是活動的，可以隨意抽取，在底下打點孔給蜜蜂進出。最後在桶裡面抹點蜂蜜，或白糖水，再把你收回來的蜜蜂倒進去，這樣就行了。」

之後祖父照福建師傅的方法抓回來不少土蜂，養的蜜蜂越來越多。開始的時候一年能收到八到十斤蜂蜜，全部留著自己家裡吃。後來家門口掛滿了裝蜜蜂的木桶，一年也能收到百八十斤蜂蜜，有人來買就賣點，這樣一來家裡又多了一份收入。

有一天下午祖父從外面回來，看見自己家的四個孩子正在門前的曬谷場上玩耍，嘻嘻哈哈，你追我跑，玩得不亦樂乎。心裡面想，也該帶他們到鎮上去趕墟，看看外面的世界。去鎮上有 20 多里路，一來一去有 40 多里路要走。祖父於是就想著去找小翠的公公，也是村子里遠近聞名的木匠師傅，請他幫忙打造一輛獨輪的木頭車，這樣也好帶著孩子們去鎮上玩。祖父想著這事，然後叼着他的竹煙鬥，向村子旁邊走去。穿過門前的水塘，再向右拐，去找自己的堂兄弟聊聊要怎麼做？

不一會就到了小翠家裡;祖父大聲地喊道：「雲勝大哥在家嗎？」只見小翠從屋裡走出來說道：「我公公他在家裡，雲生叔叔進來坐吧！」祖父看見他的堂兄戴了個西瓜皮帽子從後面的廚房走出來，嘴上也叼着個竹煙鬥。

祖父問他在忙什麼？他說正準備刨煙絲;原來以前農民自己家裡種出來的煙葉子，要一塊一塊地曬乾，然後用兩個厚木板夾緊，再用木工的刨子刨出很細的煙絲，這樣才可以裝到煙鬥裡去抽。當然了，有錢的人可以在街上買到。」

祖父說他想做一個獨木輪車子，問堂兄可否能幫忙？老木匠說：「自己家裡的人當然可以，工錢稍後再說，但是木材要自備。'祖父說：「我家的山坡上種了 20 多棵松樹，樹幹有三個拳頭大小，可以用嗎？」

老木匠說：「松樹會變形，下雨天容易霉爛，絕對不可以用來做木輪車。」然後他又說道：「你去山裡面，找兩棵一丈多長，比大碗粗一點的雜木樹才行，最好是茶樹，最結實。」祖父說知道了！不久之後，祖父真的從山裡面先後扛回了兩根合格的木頭，又去找他的堂兄做木輪子車。

他的堂兄說道：「最近趕著幫一個財主家蓋房子，一年半載都沒空！這樣吧，讓我的兒子來打造這輛獨輪子車，他的手工也不錯。還是你幫他做的媒呢。我只做監工行嗎？」祖父說可以，將兩根雜木木頭扛到他們家去。

大半個月過去了，祖父看見木輪車差不多做好了，就對著小翠的男人說：「大侄子，我也不知道給你多少工錢，我先給你幾斤蜂蜜，以後再給你家做衣服，以工換工好嗎？」

小翠的男人笑了笑，說：「雲生叔，自家人怎麼都行。」然后告訴我祖父明天可以來取木輪車，回家之後要先打抹兩次桐油，才不怕下雨霉爛。再去找鐵匠鋪，將整個木輪子交接處要用鐵片包裹，兩邊可坐人的地方，也要用鐵塊加固，這樣就更結實耐用。這個木輪車祖父用了幾十年也沒壞。

家裡有了木輪車之後，祖父出門的時候經常推著它，可以接送人，也可以去搬運物品。省了很多力氣。

祖父後來用了更多的時間養蜜蜂。收取了蜂蜜，用兩個水桶裝好，逢初一十五到鎮子上去趕墟，將哥嫂編製的草鞋繩子，一起推去賣。他做了一個有柄竹筒，一筒正好是一斤蜂蜜，要買的人自己帶碗來裝，城裡有錢的人多，想吃蜂蜜的人也多！

祖父的女兒丟了

在我父親快 7 歲的時候，吵著鬧著要跟祖父進城。父親的名字叫張相林，小名毛俚，從小就很乖巧，上面還有一個大兩歲的姐姐。那年中秋節前，祖父答應帶著兩個孩子去趕墟，同行的人還有他的啞巴大嫂。

祖父一大早就推著木輪車去趕墟（北方稱集）了！一路上不停地囑咐兩個孩子，到了街上不要亂跑，人多了會走丟了！姐弟兩人都點點頭說知道了，周圍幾個縣城的人都來趕墟。除了有各種土特產、農具、糧食、副食品、木材、竹子、木製品，竹製品、盆盆罐罐，還有牛、羊、豬、雞鴨鵝，什麼都有的賣！吃的用的應有盡有。除此之外，還有耍把戲的，以及賣手捏糖人的。

到下午 4 點左右，祖父用手比劃著告訴自己的啞巴大嫂，還有一些東西沒有賣完，他推到陳多福大兒子的雜貨鋪裡去寄賣，然後再回家。示意大嫂要用兩隻手牽著兩個侄子侄女，帶他們看一會雜技。大嫂點點頭。

祖父半個時辰之後返回耍雜技的地方，看見大嫂又哭又跺腳，祖父問她出什麼事了？我父親回答：「姐姐不見了。」看雜技的時候，都是和他手拖手。後來姐姐甩開他的手，說要去旁邊看別人用手捏小糖人，並且說她也想吃。人頭湧湧，當我父親和啞巴伯母擠到捏糖人的地方時，已經看不見了那個捏糖人的木挑子，姐姐也不見了！

祖父用雙手大力地拍打自己的頭，流著眼淚說道：「我怎麼這麼蠢？明明知道人多，啞巴嫂子無法照顧兩個小孩子，為什麼不把他們帶走。」他們急得團團轉，一直在大街上找，到處詢問店鋪：有沒有看見一個八九歲的女仔？當天她穿著一件棗紅色的土布衣服。大家都說沒看見。

一直找到天色完全黑了下來，趕墟的人們都已經離去回家了。這時候祖父很無奈，推著我爸爸，和啞巴大嫂拖著沉重的腳步走回家，到家裡差不多是晚上半夜裡十二點多鍾。家裡的伯父和祖母聽見他們的獨輪車咿呀咿呀的聲音回來了，馬上走到門口迎接，在門口就問怎麼這麼晚才回來？祖父在門口放下獨輪車，一步邁進客廳，撲通一聲跪在地上，對著我奶奶說：「冬梅她媽，我對不住你，我今天把你的女兒搞丟了！」全家人抱成一團，大聲地哭了起來，差不多天亮才去睡覺。

第二天從上午開始，村子裡面的 20 多戶人家全都上門慰問，嘰嘰喳喳喳的，有的說多派些人出去找，還有的女人輕言細語地說：「兩公婆都還年輕，可以再生一個女兒。」官府報了案，到處尋找也是杳無音信，就好像是石沉大海一樣。我們的小村子地處福建、江西、浙江三省的交界處，茫茫人海根本無處可找！好好的一個小女孩，就這樣不明不白地在人間消失了！

父親 12 歲才上小學

一轉眼我的父親長到了 12 歲，還沒有上學，因為家裡窮。加上他自己說，願意跟祖父學習做裁縫，他說到別人家裡能吃飽飯。

中秋節前去了陳家村，給陳族長家裡做衣服。族長問我父親有沒有讀書？他回答沒有。陳族長對我的祖父說：「為什麼不讓你兒子讀書？我們陳家村有一所小學，是給村裡的孩子們免費讀書的。長大了一個字也不認識會吃虧的！等過年後，讓你的兒子來我們村子里上學吧。」

就這樣，我父親 13 歲的時候才開始上小學，解放後小學才畢業。他長得高高瘦瘦的，和祖父一樣單眼皮。父親小學畢業後想去當兵，可到了報名處才知道，原來家庭里沒有其他兄弟的，是不可以當兵的。他和祖父說不願意一輩子住在小村子里，家裡的田地又少，所以他想到城裡去工作。到城裡一看招工的告示，工廠只招有中學畢業的人做學徒。父親又回到家裡對祖父說：「爹爹幫我的忙，我想去縣城裡面讀中學，小學程度的人工廠不要。」

祖父勒緊褲子，每個星期步行幾十里路去學校給父親送一罐子鹹菜，還有送點大米。學校沒有糧食供應給學生吃。千辛萬苦地捱到中學畢業。

中學畢業后，父親去了一間贛東製糖廠。父親的工作主要是負責修理工廠的各種機器。在這個工廠里，父親認識了我的母親，兩人很快就結婚了。我的母親在 18 歲時就生下了我。再後來，因為歷史原因，我的父母被工廠開除，他們被迫又回到了祖父的破房子里居住。

祖父說以後怎麼辦呢？

父親說家裡有差不多有 40 桶土蜜蜂，他想改良這些蜜蜂，用箱子裝。他聽說福建養蜜蜂的人很多，他們會帶著蜜蜂去到大量開花的地方，那樣的蜂蜜產量就很高！從此，父親一頭扎進了養蜜蜂的世界，開始不斷地學習、研究。

第二章
我的童年

在外婆家的童年

我是在父母工作的贛東製糖工廠里出生的;母親說我出生的時間正好趕上了別人早上上班的時間。生出來的時候只有大約五斤，頭上長滿了烏黑的頭髮，還有一雙大眼睛烏溜溜地轉。生日是 50 后的丙申年，四月初十。

那個年代母親自己都沒有什麼東西可以吃，她才 18 歲，自己還是個大孩子，什麼都不明白，也沒有足夠的奶水餵我，是工廠的鄰居們教我母親做稀米湯，裝在奶瓶子里餵給我吃！隔三差五的，也將我抱去其他有孩子的媽媽那裡吃幾口奶，雖然是奶水不足，還好沒怎麼生病！工廠裡的鄰居都很喜歡小小的我，名字也是鄰居給起的，說：「這個小女孩，兩個眼睛烏黑烏黑的，睫毛又長，就叫巧玲吧。」

有一個黎老伯，他是外公外婆的鄰居，就是他的女兒將我的母親介紹進了製糖廠做普通的包裝工人，每月工資 12 元人民幣。在我一歲剛剛會走路的時候，就被父母送回了外公外婆家，母親說她要努力學習，沒有時間照顧我。母親的成分不好，外公是地主，她雖然進了國家的工廠，但是要比別人做的多一點，經常被領導提醒，成分不好的職工，要洗心革面，不能養成地主資本家的懶惰習慣！

母親小時候是家裡的大小姐，有一個丫鬟和一個保姆專職照顧她，上學的時候從來不用自己背書包，解放前已經小學畢業。她是家裡的老大，下面有四個弟弟，四個妹妹。前面五個都是解放前出生的，最小的四個是解放後出生的。

我外婆生的前面三個都是女孩，第 4 個是男孩，后又生一個女孩，再後面又生了三個男孩子，最後生的是一個女兒，也就是我的小姨。小姨比我還小我兩歲。我還清楚地記得，小姨不會走路的時候，站在一個木頭做的轎子里。

隔壁的鄰居仔倪，比我大七、八歲，經常會拿著一條很像狗尾巴的毛茸茸的草，在小姨臉上擺來擺去，惹得小姨哇哇大叫。我站在小姨的轎子旁邊，叫他不要搞了！那個仔倪卻越搞越起勁，將別人當玩具，他就咯咯大笑！外公外婆都在忙別的活，沒有人理我們，小姨被他搞得哭了他才停止。

後來的日子怎麼過的已經不記得了！從四歲開始，我天天在對面的鄰居家裡玩，小時候他們家院子的後面有兩棵柚子樹，每逢刮風下雨，沒有長大的柚子就會掉下來，我們撿起來，再找來一根木枝一頭串一個，放在地上當輪子玩。有時候也會去撿一些破瓦片，放在地上搭房子玩。再長大一點，開始和童年的夥伴們玩老鷹抓小雞的遊戲。

對面的鄰居姓李，大家都叫他老李。男主人沒有什麼正當職業，晴天上山砍柴去賣，下雨的時候就去大小河裡面抓魚，釣魚。家裡有 4 個孩子，兩男兩女。女主人別人都叫她唐嫂，是家庭主婦，長得很標緻。可家裡也是吃了上頓沒下頓。

他們家的房子原本就是我外公家的，是解放后政府分給他們住的，前面的大門對著街口，後面的小門是一大片菜園子。我外公說在乾隆年間，那些菜園子都是最有錢人的大房子，後來被火燒掉了！大家都去開荒，就變成後來的大菜園。我和小姨天天在對面的房子里玩。他們的大門口，都是青石板鋪的，兩邊還可以坐，進門口有一塊三米見方的石地板地，上面有瓦蓋著不怕下雨。

進去裡面有一個上百平方大花園，花園裡還有兩棵左右對齊的石榴樹。花園的位置更低，要上兩個石板階梯。再上面是一個大廳，可以同時擺放 10 張桌子的酒席。中間有一個天井隔開，後面還有一個同樣的大廳。最後面有左右各有一間廚房。左邊的房子和前面的大廳是分給老李家的。右面的前後兩間房子，和後面的大廳，政府分給了一位姓齊的木匠，但是他們一直沒有在里面住，只住在東門城裡自己開的木匠店裡。

右邊是高高的青磚做的封火牆，靠著牆面還有一條架高了的長長的青石板，外公說那是以前四季種花，用來擺花盆的。在我的小時候，已經一個花盆都沒有了。

院子裡面的一棵石榴樹，旁邊有一個後門，我們在玩的時候，經常能看見一位在隔壁住的姓金的男人從唐嫂的房間里走出來，又從後面的那個小門走出去！小時候的我並不懂那意味著什麼？後來經常聽見隔壁的金嫂在大街上罵：「不要臉的臭婊子，白天黑夜都在做狐狸精，迷惑我家的男人，真是不要臉。您以為你做的那些醜事鄰居們都不知道嗎？」金嫂還跑到街道辦事處大吵大鬧。

後來街道辦事處告訴老李家，現在可以自願下鄉做農民，政府給予安家費補貼，大小同計每人有 200 元，你們願意去嗎？當年年尾的時候，地面剛剛開始結冰，我看見對面的鄰居家用十幾個木板車裝著全部家當，全家搬到幾十公里路之外的鄉下去了。

他們家的房子以 180 元的價格賣給了另外一對沒有兒女的中年夫婦。我從此以後再也沒有見過他們。

我又有了新的玩伴

對門的小夥伴全家都搬走了，他們家的大木門都鎖了起來。記得那年過年後，木匠師傅老齊從東門街上搬了回來。他們家裡總共有十個孩子，梅花間竹式出生，五男五女，女孩都叫什麼香，男孩叫什麼仔。

老大是女孩，在端午節發大水的時候出生的，所以就叫水香。老二是男孩，冬天出生的，就叫冬仔。老三是春天出生，就叫春香。老四就叫秋仔，老五就叫冬香，再後面的幾個不是我們一個年齡組的，也就不記得他們叫什麼名字了。我又多了五個年紀相差不多的小朋友玩了。鄰居們都稱呼他們的母親齊師母。

三月天，天氣還是很冷。春香後來跟我成了同班同學，按照她爹爹的說法，不管男女，每個孩子只可以讀三年書，認得自己的名字，會算數就行了。我經常跟春香鬧別扭，每一次都是他的哥哥冬仔在中間給我們做和事佬，他哥哥還會說笑話，將我們兩個人各自的脾氣都趕跑了！

一天他在講故事，說看見一條蛇在草地裡爬，那條蛇花花綠綠的很漂亮。我和春香豎起耳朵聽，一起問他：「那條蛇有多大多長？」冬仔他用兩隻手用力地往我們身體兩邊展開，就是這麼長。然後說：「那條蛇穿的衣服跟你們兩個一樣。」我們就去追準備打他，他卻飛快地跑走了。

一天上午，我在春香家裡玩，看見他的父親做了兩口新杉木棺材，蓋子還沒有做好。她的哥哥冬仔正在棺材裡面收拾木屑，他叫我和春香都爬進棺材裡面去玩！我們三個人都坐在裡面玩得很高興。春香的母親從房間裡走出來，看見我們坐在棺材裡玩;叫我們都快點出來，說那是給死人睡的，不能坐到裡面去玩！並且嚴厲地告誡我們：「你們都記住了。」我們齊聲回答記住了。

外婆煮的稀飯裡面找不到米粒

我們小的時候家家戶戶都是打開大門的，沒有人偷東西，因為大家家裡都窮得叮噹三響，也沒有東西給別人偷。我自己總覺得沒有吃飽，每天早上起來喝了一大陶瓷碗大米粥，而且都拿著筷子在碗裡面攪來攪去，然後大聲投訴外婆：「婆婆，這碗里根本就沒有米飯，全部都是水。」我用方言說道：「咚咚子清。」外婆說：「你大口地喝，喝完下面就有很多米飯！」我大口地將米水喝完，果然看見下面有約一勺子煮爛的米飯。

我經常去看對面的春香家裡有什麼吃的。她們家跟我家一樣，也是喝著稀米粥，桌子上還有一碗非常鹹的鹹菜。家家戶戶都一樣，那個特別貧困的年代，糧食不夠吃，大人們很多時候都是吃野草，加上米糠一起煮。五六十年代大家都很窮，但是婦女們都在拚命地生孩子。秋天的時候，我看見齊師母又大肚子了，她真正做到四年抱兩個娃。

一天下午，我們一群童年夥伴又在春香家大門口玩耍，看見住在隔壁弄堂裡的南昌嬸子，快步走到大門口，幾步就跨過門口的石板地。一邊走還一邊對著我們說：「你們這些小崽子，從哪裡撿回來這麼多石頭瓦片玩？」說著就到了春香家裡的花園，她看見齊師母放了一個小桌子，旁邊還有一個木頭架子，上面放了一個竹子編的大圓形簸箕。她呵呵笑著說：「恭喜齊師母又要生毛毛了。」

所有的婦女生孩子之前，都會給自己的小寶寶做衣服;冬天出生的小寶寶，還要另外要做 2 塊 T 型棉布包裹（當地稱棉衲），是用成人穿過的破棉襖、破棉褲，剪成兩邊對等大約八寸寬，T型下面大約要兩尺長。小寶寶只穿衣服，不會穿褲子，只穿尿布，全靠這個包裹下面往上卷，兩邊對搭，再用布繩子將小寶寶包裹好，外面再加一層布，冬天就不怕冷。

南昌嬸子問齊師母：「你們當家的又去了福建做木工，什麼時候回來？」齊師母開始罵她的男人：「死男人回家提起褲子，就知道做那些事，做完了就走人，什麼東西都是我們女人來管，生孩子、坐月子、帶孩子，家裡的油鹽醬醋，縫縫補補，都是我們女人來做，來世我也不想再做女人了。」

然後說道：「南昌嬸子，你的八個孩子，前面四個出身了，可以養活自己，看見你老五，五妹也在讀中學了，最小的兒子八弟都七歲了！」嬸子回答：「大毛、二毛、三毛、四毛都去參加工作了。」她家裡還有五妹，比我大很多是中學生，六弟、七弟、八弟，他們都是我的童年夥伴。聽見齊師母又說了一句：「你是收工了，不會再生孩子受罪了」。說著說著，南昌嬸子說要回家做晚飯了。

聽說她的丈夫是南下幹部，個子很高，應該是北方人，在省裡工作。春節的時候我只見過一次，穿著退伍的軍人軍裝，看起來很威嚴，小孩子捉迷藏的時候，從來不敢躲到他們家裡去。

學會幹活才不會餓死

轉眼又到了春天。一天上午我又抱著一包平時玩的石頭片，什麼顏色都有，在春香家裡的門口，看見他們的母親挑著兩個糞桶剛剛澆完菜回來，叫我們都讓開。她進去之後，將竹子扁擔取出來，把兩個空糞桶放在右邊他們家的那棵石榴樹旁邊，緊靠著高高的封火牆側面。收拾妥當，齊師母向我們走過來，大聲對她的女兒說：「水香，你下午帶著冬仔、春香去西門外採野菜，整天玩石頭瓦片塊能當飯吃嗎？」

又對著我說：「阿玲，回去問下你外婆，也可以跟著他們一起去！」我抱起我的玩具急忙回家告诉外婆，外婆說好啊！下午我們吃完中飯，各人帶著一個小竹籃，一個小鐵鏟，出了水門洞，出了城牆，順著城牆邊，踏著鵝卵石鋪的小路，向西門方向走了一公里多路，那裡是西門外。

城牆邊有很大一片過去的廢礦石土地，上面的土很少，不能種植任何植物，只長野草。水香告訴我，地上長著比筷子還細的野荠頭、野韭菜，還有一種大葉子的香巴菜，只有這三種可以吃，別的都不要。我們低著頭在地上找野菜，找了兩個多小時，我才採到一把荠頭和韭菜，七八顆香巴菜。水香大姐告訴我，说我們三人分給你一些，你的香巴菜都給我們。我說好的。

晚上，外婆把我采的野菜洗乾淨，炒了一碟子。在桌子上外婆稱讚我：「我家阿玲會做事了，不會餓死了！」這是我第一次出來幹活，聽了外婆的誇讚，我心裡美滋滋的。之後外婆和大舅舅到菜園裡種菜，都會帶上我去幫忙。種菜苗時不能用土蓋著菜葉子，外婆說土壓著菜葉子就長不大，小菜苗不能呼吸，我說曉得了。

外公、外婆和舅舅在有幾千平米大的大菜園裡種了很多菜，並且告訴我，靠近春香家後門，有一口乾隆三年挖的水井。水井旁邊寫的字乾隆三年制，還有一個很大的石盆，可以在裡面洗衣服，洗菜都行。冬天我也跑到他們的井裡去洗衣服、洗菜，井水在冬天也很溫暖，一點都不涼！外婆告訴我，在井旁邊的菜地有八小塊，菜地不能搞得太大，每塊只有一米五寬，五六米長，方便種菜澆水，採摘蔬菜。

然後又去了前面 100 多米，大菜園中間也有八塊菜地，她們又指給我看，前邊有一塊高的菜地，是種女人們做鞋底用的麻葉地。麻葉土堆的下面靠左邊，有六塊菜地都是我們的。以後你來摘菜的時候，不要記錯了。我說記得了！

外公、外婆家裡種的菜有茄子、辣椒、長的和短的豆角、黃瓜、絲瓜、南瓜、韭菜、洋蔥、紅蘿蔔、白蘿蔔、白菜、芥菜。我小時候覺得最好吃的菜，就是白扁豆，因為每個家庭都沒有油，每人每月只有四兩油供應，所以什麼菜都不好吃。下雪的冬天沒有菜吃。

夏天吃不完的菜還要拿到街上去賣！韭菜一毛錢一扎，豆角兩毛錢一斤，最貴的就是白扁豆，剝掉外殼三毛錢一斤。小鎮上的人幾乎家家都在種菜，這麼便宜也賣不出去！很多時候，外婆會把菜曬成菜乾、豆干或者是鹹菜，留著冬天吃。

小的時候過端午節、中秋節、大年三十才有大魚大肉吃，平時連肉的影子都不看不見。轉眼間又快到端午節了，我們一群童年夥伴正在門口的馬路上玩，看見對面冬仔的舅舅，挑著兩個籮筐，據說他在上饒市裡面工作，逢年過節都會給他的大姐齊師母家送點吃的，花生大豆、糧油、農副產品，還有麵條。我小時候只有正月初一、五月初五端午節才能吃上麵條，麵條煮熟了之後，再加熱水做湯，放上醬油豬油，上面撒著小蔥花，吃在嘴裏真香。那時候的麵條，就是我能吃到的最高級的食品之一。

傍晚的時候，冬仔跑到我家裡，將一個硬邦邦的，像小小石頭那麼硬的東西送給我。他說是好吃的東西。我迫不及待地放到嘴巴裡面去咬，怎麼都咬不動。問外婆：「這是個什麼東西？」她也說：「不知道，沒見過。」外公剛剛從外面回來，我連跑帶跳將核桃拿給外公看：「冬仔說這是好吃的東西，我咬不動！»外公說：「這個是核桃，拿個鎚子砸開來就能吃，跟花生差不多吧！！

我突起小嘴說，這麼麻煩！外公打開了核桃，給我嘗一點，又給旁邊小姨嘗一點。外婆接著說：「今天晚上給你們煮白扁豆吃。」我和小姨說：「好啊好啊！」我和小姨年齡小，外婆每天晚上給我們倆人留下半碗乾米飯，我跟外婆說，半碗飯吃不飽。她說沒有辦法，糧食不夠吃，他們和兩個舅舅吃的是米糠煮黃菜葉子，好的菜要拿去街上賣錢。

我的童年日子雖苦，快樂無窮

童年的時候都在玩什麼？女孩子會在地上用粉筆劃上八大格子跳皇，或者丟手絹，石頭瓦片也可以拿來玩。男孩子喜歡打彈弓，捉迷藏。我們半條街的住宅，前後左右有二十多個女孩，三十多個男孩，年齡相差上下兩三歲。女孩子有一個領頭就是對門的水香大姐，男孩子也有一個頭叫天明。

有時候，只要水香她站在街上用方言大聲地叫：「有沒有婞仔鬼出來捉迷藏？」五分鐘之內最少有十幾個到達。男孩子頭，天明也會用方言大聲地叫喊;有沒有仔俚鬼出來捉迷藏？很快就有二三十個男女小朋友一起出來玩！

他們兩個孩子頭頭最先輪流。他們趴在牆上讓所有的人都躲起來，讓他們去抓。被抓到的人也要趴在牆上，告訴所有的人躲起來，又去抓。到吃晚飯的時候就全部回家。400 米內的家庭，不管是誰家裡都可以進去躲起來！誰家裡的家長都不會告訴你，有人躲在他們家裡什麼地方！只有弄堂裡的南昌孀子家，也不知道什麼原因，從來沒有小朋友敢躲進去！

小時候，家家戶戶都是點油燈，燈盞裡面放著三根燈草，並用一點食用菜油泡著燈草。這種燈光只能照亮一公尺寬的地方，晚上從來不會到別人家裡去捉迷藏。有月亮的時候，我們就在晚上捉迷藏。兩個孩子頭頭規定，晚上玩只能躲到鄰居家大門口，或者是大門口後面，或旁邊堆柴火的地方，這樣才容易抓到。我們一個星期最少玩兩三次捉迷藏。所有的孩子們跑來跑去，都累得滿頭大汗，玩得不亦樂乎。冬天玩打雪仗。

夏天雨水很少，天氣熱的時候，所有的鄰居都會在自己的門口地下潑很多從井裡打出來的涼水，每家每戶都會擺放兩三張竹床在外面馬路上乘涼，半夜之後才會將這些竹床各自搬回家裡。

夏夜聽鎮上的老人講故事

鄰居們大人小孩，在門口乘涼的時候會講故事。有的老人會講三國演義、水滸傳、孫悟空三打白骨精、豬八戒娶媳婦等等。誰家故事講得好，誰家門口聽的人就最多。有的還在講仙女下凡，也有講恐怖的鬼故事，還有的人在自己門口在拉二胡、唱京劇，會唱歌的女孩也會在門口唱民歌。

夏天一絲風兒都沒有，特別是在農曆六月份的三伏天，老人們說雞蛋放在外面都可以曬熟了。所有人家裡都熱得慌，有這些娛樂就覺得晚上涼快了很多！整個千年古鎮都是這麼生活的。基本上所有人都餓著肚子，但是鄰居們的娛樂並沒有減少！

有一天晚上，我聽一個平日里吃齋裹著小腳的老婆婆講故事;她講道：「為什麼以前的女人都包小腳？那是因為男人們都壞，怕自己的老婆娶回來跟別人走了，所以都讓女孩子從四歲開始包小腳，包裹小腳的女人走路走得慢，像鴨子那樣兩邊搖晃，什麼重活都幹不了。」那個婆婆說：「你們現在多好啊，解放啦，再也不用包小腳。」

我又跑到前面幾家，聽一個老伯伯說道：「在東門城外，過了木頭做的東門橋，外面有個城隍廟，城隍廟廟裡有三個木製的菩薩。」後來城隍廟改成了戲院，我也跟著外公去看過幾次大戲，也聽不明白臺上的大花臉在唱啥？

那個老伯伯說，他的兄弟每天晚上都挑著木頭擔子，在戲院門口賣餛飩。有一天晚上生意特別好，所有的餛飩沒等戲散場的時候就全部賣完了！他兄弟非常高興地挑著擔子，提早回家休息。賣了很多零錢，也沒顧得去數。等到第二天早上醒來，卻發現抽屜裡面的錢全部都變成了一張張上墳用的黃色的小黃紙條！他的兄弟嚇得哇哇大哭，然後又跑到戲院門口，看見還有很多餛飩倒在地上。然後他大聲叫喊，昨天晚上他見到鬼啦！逢人就說他見到鬼了。後來就瘋瘋癲癲，三十多歲就死了。

聽見我的外婆大聲叫我：「阿玲吶，快點回來幫我剝白扁豆。」她也在大聲地說：「你們這些小朋友一起幫我剝白扁豆，白扁豆明天早上要拿到街上去賣的！快點幫剝完我就跟你們講故事。」幾個男孩女孩一起問今天講什麼？外婆說她講開天門，講仙女下凡的故事。

很快外婆的兩籃子的白扁豆都剝完了殼。外婆開始講故事，她一邊給自已扇扇子，一邊說：「很久很久以前，天都黑了，突然看見天上紅光閃閃，轟隆一聲，天空中打開了一道門，有幾個仙女從通天樓梯走了下來，每個人都拿著一個花籃，從天上飄了下來，問地上的人都想要什麼？」小朋友問：「天上什麼都有嗎？」外婆說：「有的，你們想要什麼？」

隔壁的二桃說她最喜歡吃紅燒肉，如果能吃一大碗最好。我說最喜歡吃雞，一個人吃兩隻雞腿。還有六弟七弟，他們兩個說豬油拌飯能吃兩碗就行。還有跟我一樣大的女孩有娣，她說能夠吃一大碗麵條就好了。小朋友們都說著自己想吃的東西。然後外婆說：「你們要吃的東西等過年的時候都能吃到。」她拿著一大盆剝好的扁豆進屋裡去了，童年夥伴們還在你爭我吵訴說著自己想要吃的東西。

天氣太熱睡不著，地面還是滾燙的。往東面 100 多米張家大門口，我和小夥伴們，聽見有一個叫香月的女孩在唱《南泥灣》，」花籃的花兒香，聽我來唱一唱」，唱得很好聽。我們走過去的時候她差不多已經唱完，大家給她熱烈鼓掌，她又唱了一首《紅梅贊》，紅岩上紅梅兒開，千里腳下冰雪踩」。她當時在一間衛校上學，所以很會唱歌。我上小學之後也非常愛唱歌，喜歡讀書。

我也上學了

就快要過年了，我正坐在自己家裡的門檻上玩，住在隔壁弄堂里的八弟拿了一塊長形的旁邊帶齒的餅乾給我，我問他這是什麼東西？他說是好吃的零食，然後又給我看一下他手上有一個漂亮黃色的小汽車。我問他這個是什麼？他說是他爸爸送給他的玩具。這是我第一次吃上洋餅乾，看見了汽車玩具。

在此之前，我幼小的心裡從來不知道什麼是零食？什麼是玩具？每天能看見的，就是門口街上鋪著大塊的鵝卵石馬路，東面遠處有一座《西遊記》裡面寫作的信州府、鵝湖山，西面遠遠有一座山，叫著天排山。

沒有小朋友玩的時候，我和自己的小姨坐在大門口，看見門口街上有三三兩兩的人群走過。春天的時候，各家各戶都要清除自家門前從鵝卵石裡面長出來的雜草！

一天下午，外婆帶著戶口本叫我去學校報名，要上小學讀書了。外婆用三毛錢買了一條咖啡色女人用的四方圍巾，做成一個布書包，讓我背著書包去上學。第一天回來，要寫拼音字母，我的手一直在打震不聽使喚！舅舅教我拿鉛筆和筷子是不一樣的。外公外婆對我說：「讀書是小孩子自己的事，在學校一定要聽清楚老師講什麼，儘快在天黑之前做完自己的功課，然後再出去玩！家裡的油燈看不見寫字。」

一年級的時候我當了班長。二年級的時候我當了班主席。老師叫我參加朗誦比賽，我得了第 1 名：小河流過我門前，我請小河站一站。我請小河停一停，小河搖頭不答應，日日夜夜奔向前。每一個班主任都誇我的記性好，所有的語文課文我都可以倒背如流。到現在我依然記得每一位班主任的名字。

整個古鎮里只有一座小學，有二十幾個班級。我每天早上很早起來在家裡背書，然後再喝一碗外婆煮的米湯水，就去上學。上午的時候學校就要做早操，做完早操，肚子就餓得咕嚕咕嚕地響。放學之後連跑帶跳地回到家裡。第一時間，我就會踮著腳，用兩隻手打開杉木，木頭做的鍋蓋，看下有什麼好吃的？如果看見是半鍋子米糠煮的黃葉菜，再用鼻子聞一聞，像豬吃的食物帶有一股酸味，我情願餓著肚子也不吃！等著晚上吃晚飯的時候，吃外婆給我們留下的半碗米飯！到 1964 年老師說，國家領導人主張「三戶一包四大自由」，這一年吃的東西比較豐富！

善惡終有報

有一個隔了幾戶人家的男孩叫三林，比我大幾歲，整天欺負我，平白無故拿著棍子打我的頭。我坐在自己家裡喝粥，他走到我的旁邊搶走我的碗，三口兩口就喝完了我的粥。我只能告訴外婆，三林這麼壞。冬天我戴了母親買的一條橙黃色的圍巾，他隨便搶過去圍在自己的脖子上，然後還放在泥巴地下用腳去踩。我只能哭著撿回家向外婆投訴。

這個男孩子到底有多壞？過去，學校的大門口都是泥沙地，他在門口埋下碎玻璃，所有的學生除了下雪天有鞋子穿，春天和夏天幾乎百分之八十的學生都是光著腳上學的。他看見別人的腳扎破了在流血，他就十分開心，哈哈大笑。

到了晚上的時候，他經常用一根粗草繩橫著綁在門口的馬路上。等走過的人跌倒了，他同樣會哈哈大笑！還常常跑到別人的菜地里，拔掉別人的秧苗！將人家種的瓜果還沒有熟，全部摘下來踩個稀巴爛！三兩天頭就聽見鄰居們在大街上罵，是哪個短命鬼？糟蹋我們的蔬菜瓜果？幾乎所有鄰居家的水缸裡面，都被他扔過樹葉子和泥巴，不能再喝，又要重新洗水缸，再去挑井水，沒有一個鄰居不在罵他。

後來他太調皮，跟別人打賭，他能爬上一架正在上坡汽車上。結果雙手吊在後門上，沒有爬上去，汽車往後一退，將他壓扁了！所有的鄰居都拍手稱好，說他壞事做得太多，十六歲就被老天爺收掉了！

第三章
和外公外婆相依為命

要想吃飽，就得自己想辦法

父母因為一些原因不再是工廠的工人，我被送到外公外婆家裡生活。從我記事的時候開始，外婆就是母親，母親就是外婆。外婆只要有空，我都會粘著她，特別是晚上，我會牽著她的衣角，一步不離地跟著她，因為晚上太黑，伸手不見五指。

有一個夏天的晚上，外婆叫我去將大門拴上，外面還有點月亮，我摸著黑從房間穿過飯廳，將靠大街的門關上拴好。這時有兩隻超大隻的老鼠，唧唧唧地從我的右手爬過肩膀，再從左手跳走了。冰冷冰冷的毛茸茸的老鼠在我雙手和脖子上面走過，我嚇得嚎啕大哭，外公外婆問我為什麼哭？我哭個不停，說有兩隻大老鼠。他們說老鼠有什麼害怕的，下次看見打死它們。我哭啼啼地說：「以後再也不要叫我去關門！」外婆抱著我說：「好了，不用怕，跟我上床睡覺吧。」

外婆會經常走東家串西家，向鄰居們借點米，借點油，我也會跟著她去;然後要還給別人的時候，就是我去辦。有一天我對外婆說：「有個同學叫任徐玲，她的文具盒很漂亮，還有幾個同學的書包也很漂亮，我的圍巾做的布書包，一年都沒到，下面的角就破了，土裡土氣的不好看。」外婆說：「我們沒有錢，買不起。不過你可以自己存錢買。」我每年有 1 塊多的壓歲錢，外婆教我每天跟她去菜園子裡摘菜去賣，每次給我兩分錢。

到三年級的時候，我攢下了三元錢，帶著外婆去百貨店，買了一個印有北京萬壽山，彩色圖案的鐵皮文具盒，還買了一個全咖啡色的人造皮，上面印滿了小梅花的書包。還剩下一點錢，買了兩根油條給外婆和自己吃，這也是我一輩子唯一買的一個書包。回到學校，很多同學都來看我的文具盒，摸我的書包。大家都說真漂亮。我心裡特別地高興。

從此以後，我更勤勞地跟著外婆去幹活，一大早還跟著外婆去賣菜，總想讓外婆給我買五分錢一個的大肉包子吃。那肉包子蒸出來的時候，香氣飄得很遠，小時候的我聞著就流口水！去賣了很多次菜，外婆也沒給我買包子。她說賣了很少錢，還要留著買種子和日用品。

有一天我生氣了，從早上就躲起來，躲到別人的柴火間里，中午沒有回家吃飯。無論外公外婆怎麼喊我的名字，我聽見他們喊我很多次，我就是不回家！到了下午 4 點多肚子餓得咕咕響，才不情不願地走回家。外婆抱著我的肩膀，連聲說：「你去哪裡了？嚇死我們啦。我們以為你給別人拐跑了！」我跟她說：「你又不給我買包子。」外婆連連說：「明天早上給你買。」

外婆經常帶著我去到菜園裡摘菜，還會到山旁邊去開荒。我和小姨坐在地上玩，什麼也不會幹，看著大人們先用柴火刀砍掉山邊的野草，再用尖鋤頭挖掉野草根，把土挖開，將地裡面的石頭丟到一邊，平整好土地，再去家裡挑點肥料放在地裡。有時候種小米，有時候種紅薯。外婆對我們說：「你們都看見了，要想吃得飽，就要自己想辦法！」外婆長得中等的個子，留著短頭髮，清清瘦瘦的，穿著左邊開扣的便裝衣服，自己做的黑布鞋，做什麼事都很快！她說如果慢吞吞的，家裡的事永遠都做不完！

夏天她會到河裡去洗衣服，我也跟著她去玩。小時候河裡面的小魚成群結隊的，隨便拿個竹籃子就能撈上來十幾條，比吃飯的筷子粗一點。我會帶著小玻璃瓶，將小魚裝進去帶回家，還給幾粒米飯餵小魚。心裡邊想，這些小魚能長大就好了，就可以吃了。瓶子裡面的小魚缺氧氣，到晚上全部都死了。

生孩子就像去鬼門關走一遭

有一天早上，早飯過後，有人在門口喊我的外婆：「德宜嬸嬸，我老婆美娟快生孩子了，你趕緊去幫幫忙。」我馬上拉著外婆的手，要跟著他一起去。她不同意，說：「小孩子又不會幫忙，你去幹什麼？」我從來沒有看見別的婦女生孩子，用兩隻手拖著外婆一定要去。外婆只有帶著我一起去！

看見那個美娟躺在古老雕花的木板床上，旁邊還有兩個女人。外婆拉著她的手鼓勵她用力，停一停再用力。很快就生出來一個男孩，大家都很高興。我看見接生婆用手托著嬰兒，身上粘著很多血，然後我們就回家了！兩個小時之後，美娟的老公又跑來找外婆，他說：「不得了啦，看見美娟下體在不斷地流血，滿床都被血浸透了。」當我的外婆去到的時候，美娟已經停止了呼吸。後來聽見鄰居們說，婦女生孩子就是從鬼門關里走出來！

我的兩位舅舅

我的父母親從 1957 年秋天就開始到外面去養蜜蜂，開始去的最多的地方是福建、江西山區裡面。養蜜蜂的人經常搬家，都在荒郊野外，如果帶著孩子們，孩子是沒有辦法上學的，所以我只能跟著外公外婆一起生活。沒有他們的照顧，也就沒有今天的我。我的父母親有錢的時候，就會給我寄十塊錢生活費，沒有錢的時候，幾個月也不寄一毛錢！

我的大舅舅叫任建權，他從 16 歲開始就去一間公社的石灰廠當學徒，每天早上 6 點多就出門，晚上 7 點多才回家，每天都要步行來回走 20 多里路去上班，下大雨的時候就在廠裡面過夜不回家。我也跟著去看過他工作的地方，靠近大馬路邊蓋著兩個大茅草棚子。

看見他們的同事到後面山上，用炸藥將那些灰色的石頭炸開，再用長柄的大鎚子砸開，變成一塊一塊的石頭，然後再挑回到茅草棚子下面，將那些大小不一的石頭塊擺放成一個大圓形，大概方圓有十來米，高度也有十幾尺左右，名稱叫：石灰窯，下面是要燒煤炭的。石灰窯裡面中間是空心的，煤炭一直燃燒。大概燒兩星期之後，師傅們就會封掉石灰窯，等全部的灰色石頭都變成了白石灰，再等那些石頭冷卻之後，就可以打開石灰窯賣石灰了。

二舅叫任祖權，只念了三年書就要出去謀生。我記得有一年冬天，外面下著鵝毛大雪，二舅舅他穿著個破棉襖和一條很薄的褲子往外跑，外婆叫他趕緊回來穿上棉褲再出去玩。二舅舅的棉褲，就是大人的破棉襖剪下來的兩個袖子。外婆給他每邊穿一條繩子，給二舅舅套在脖子上，然後將兩條繩子交叉地綁在他的胸前。二舅舅說：「這個棉褲不好看。」外婆大聲地罵他：「你是要好看？還是想凍死！」

然後我外公也說他：「十幾歲了，還去打雪仗？」等過完年，給他找一個做竹製品的蔑匠師傅，讓他去做學徒。可是一個星期後，他就偷偷地跑回來了。他說：「鄉下不好玩，師父師母一天到晚叫他做這個做那個！」外公狠狠地揍了他一頓，第二天又送他去師父那裡做學徒。還不到一個月後的一天傍晚，又看見二舅舅跑回來了！

外公又用棍子拼命地打他：「你不去做學徒，在家裡沒有飯吃，你會餓死的！」這次聽見二舅舅說打死他也不去！第二年，有一間國營農場在招年輕人，外公將他送去城外的農場當農民。在家里，城鎮居民每一個月的供應只有 16 斤大米，去了農場有 26 斤大米一個月，還有一個月兩塊的工錢，他就不會挨餓了！

二舅舅在農場里工作很積極，還當上了組長。他成年之後，鼻樑長得高高的，眼睛大大的，烏黑的頭髮還有點天然卷。二舅舅的朋友們給他取了別名：美國佬！

二舅舅只讀了三年小學，但他很喜歡畫畫，最喜歡畫春夏秋冬的景色。當時特別流行的小人書連環畫，裡面的各式人物他都能夠畫出來。沒有去農場之前，二舅舅夏天常常背著我在河裡游泳，到河中央的沙洲地上挖花甲魚蛋，每次都能挖十幾個甲魚蛋回來。

他還會將一條筷子那麼粗的鐵絲的一頭磨得尖尖的，然後去插躲在大石頭縫裡面的魚，有時候一天能抓十幾條，大約一斤來重。晚上回家外婆加上很多辣椒炒一大盤，那就是我們平時最好的菜了。

我第一次吃蜂蜜

在我很小的時候，有一年父母親將蜜蜂搬到外公家裡西門城外的洋橋頭，去採烏桕花蜜。也是在馬路邊搭的一個帳篷住。一天下午，外婆帶著我一起去看父母養的蜜蜂。看見我的父親正在檢查蜜蜂，將箱子裡面的蜜蜂一排一排拿出來，看完之後又放回去。我和小姨站得遠遠的，不敢靠近。父親告訴我們不用怕，蜜蜂的性格是人不犯我我不犯人！只要不去拍打蜜蜂就行，蜜蜂不會隨便蜇你。

然後外婆問：「這裡有很多烏桕樹，現在有蜜嗎？」父親說有的。說著我們都走進了帳篷。我看見帳篷裡面有兩張並排放的單人帆布床，還掛了蚊帳！我父親從一個桶裡面舀了一點蜂蜜給我們吃，沒有兌水，那也是我第一次吃蜂蜜。拿勺子將蜂蜜放在口裡吞下，哎喲！這蜂蜜真甜！還有淡淡的花香味，真的好吃！

父親問我們蜂蜜好吃嗎？我搶先回答太好吃了！父親又說你長大了想養蜜蜂嗎？我說好啊！父親叫我和小姨到帳篷外面，蜜蜂箱的旁邊蹲下，去數數看，每一群有多少隻蜜蜂？他們三個大人坐在帳篷里說的什麼話，我也不知道。

我怎麼樣數也數不清楚。看著蜜蜂在蜂箱門口進進出出忙個不停，根本數不清有多少隻蜜蜂！後來又回到帳篷里去坐下，聽見母親說：「旁邊的這個洋橋建造的時候，有很多江浙上海的工人在這裡工作。」當時外婆每天將韭菜洗乾淨切碎，再用磨好的米漿，加一點鹽，攪拌成糊狀，放在一個固定的圓形的鐵勺子裡面，放到鍋子裡面去用油炸。母親是家裡的大姐，小學畢業之後再也沒有讀書，是幫外公外婆家做點小買賣維持家計。她將外婆做好的一籃韭菜餅帶到工地這裡賣。

她本來只在橋頭賣韭菜餅，有一天下午有一個師父大聲說：「小姑娘，將你的韭菜餅提到河邊的橋底去，他們肚子餓了，都想買點。」母親說好的。然後就從橋頭往河邊走到橋底;突然有一根鋼筋從高處掉下來，砸中了母親的右小腿，當時流血不止，那些工人師傅很快將母親送進醫院治療。半年後，母親的小腿才康復，並且留下了終身的疤痕！外婆說：「還好沒有砸中骨頭，當時我還怕你變成瘸子，長大了沒人要！」父親也接著說：「老天有眼，現在不是好好的嗎？」說著說著天黑了，外婆帶著我們回家吃飯，母親也跟著一起回家。

父母開始專職學習養意蜂

五、六月份的時候，父母親又帶著中國蜜蜂（土蜂）去了福建山區。他們說福建山裡有很多野生山花，還有各種各樣的野樹，也會開花。還有油菜、紫雲英、龍眼、荔枝、野桂花、枇杷樹、茶花樹，非常多的花。我們採回來的蜂蜜都會直接賣給當地的政府收購站，收購站收取蜂蜜的時候，會按蜂蜜的等級、顏色、波美度（濃度）來定價，最後統一出口換取外匯。七零年代之前，我國的市場店鋪裡面沒有蜂蜜出售，因為大部分的老百姓都很窮，蜂蜜屬於高級營養品，也是奢侈品，不能當飯吃！老百姓很少會買蜂蜜，全部由國家進出口公司出口換取外匯。

父母親認得很多福建的養蜂朋友師傅。1959 年，國家領導人批准了進口意大利蜜蜂蜂種。意大利蜜蜂產蜜量高，同時可以生產蜂王漿、蜂膠、蜂花粉，但必須在全國遊牧式的流通放養，因為意大利蜜蜂怕熱又怕冷，它們最適宜的溫度是 20 度至 30 度，加上外面有大量的花開。養意大利的蜜蜂收入更高;比我國蜜蜂只是獨沽一味的，只會採取蜂蜜一個品種，而且產量很低，而意蜂產量比土蜂高十倍左右。

我國的國土面積有 960 多萬平方公里，省份與省份之間，有四度的溫差，從南到北，花開不斷。例如我國的油菜，最早開花的是廣東省，在一月份。三月初往北去湖南、江西的油菜跟著開花。四月初去江蘇上海，金黃的油菜也是剛剛開花。再往北去，過了長江，也是油菜開花，最後一個油菜開花的地方是我國青海，已經是七月份了。這是其他任何一個國家都不可能比美的優勢！

花無百日紅，我告訴大家，花期大概只有兩個星期，那些花開茂盛時才有蜂蜜，花朵開始落地什麼蜂蜜也沒有。

我的父母親從 60 年代初期已經開始學習養殖意大利蜜蜂。養蜜蜂必須穿州過省，追花而去，個人的身份在外面行走沒有這麼方便。1964 年起，我的父母帶著四十多群中國蜜蜂，二十多群意大利蜜蜂去一間國營農場，做專職的養蜂工人。

國營農場同意父母親當他們的工人，每年都要從當地的公安局開出介紹信證明，才可以到全國各省去養蜜蜂，否則的話會被當地認為，你在走資本主義道路，會沒收你的蜜蜂，搞不好還會坐牢。

七八十年代的時候，老一輩的人肯定看見過，全國各地的火車編組站都有大量的火車車廂拉著蜜蜂經過，很多時候都能看見蜜蜂專列。那時候，全中國據統計有幾十萬專業養蜂農，在全國的土地上，南來北往地養蜜蜂，遊牧式的養蜜蜂，只能養殖意大利蜜蜂。

意大利蜜蜂的蜂箱是兩層的，分樓上樓下，每一群蜜蜂可以達到 3 至 5 萬隻蜜蜂。我們中國本土蜜蜂，每一群最多 1 萬隻，只能收成蜂蜜一樣產品，南來北往的運費卻是一樣多，變相成本就高了很多！

還有，意大利蜜蜂群強，如果旁邊擺著中國土蜜蜂，它們的蜂蜜在外界花開少的時候，就被意大利蜜蜂搶吃掉蜂蜜！很快中國蜜蜂就會全部餓死。父親第一年帶出去的 40 群中國蜜蜂，到年尾的時候所剩無幾。還好意大利蜜蜂繁殖能力性非常強，當年內一群可以分三群。後來，中國土蜜蜂留在家裡給祖父飼養。

第四章
我的外公外婆

外公的童年

我的外公學名任迅誠，字厚坤，生於 1918 年，排行老五，他上面有四個哥哥，一個妹妹。在他四歲的時候，被過繼給他的三叔當兒子。他的三叔很有生意頭腦，在小小的縣城裡開了很多間造紙廠（稱紙號），紙張全部都是用毛竹製造的。首先，將長大了的毛竹從山上砍下來，竹子的枝葉都不要，然後將那些大毛竹破開，泡在大的石灰水池子里，要浸泡很長時間。之後，將這些浸泡過的毛竹搗碎，變成竹紙漿，工人用長方形的篩子，篩一層薄薄的紙漿，晾乾了之後就是一張張黃色的紙。這些黃色的紙分為兩種，一種是光滑的細紙，用途很廣，以前幾乎家家戶戶的窗戶都是用紙糊的，所有的書籍也是用這種紙製作。一種是比較粗糙的粗紙，只可以拿來當包裝材料！

六七十年代，不管你去什麼店裡買東西，店家都會拿一張厚紙給你包著。外公從六十裡外的鄉下剛剛來到這個小鎮上，看見他的三叔，也就是後來的父親，每天收回來的大洋，都是用一個大銅盆裝著，每天晚上都有一盆滿滿的大洋。他小時候每天都會踮著腳，在他父親的桌子上偷偷地抓一把，一個一個地送給他的小朋友。他的小朋友越玩越多。外公他家裡的長工、保姆、廚師、賬房先生共有二十幾個人。每天能賣出去的紙;一天不少於 30 只船，管家將這些紙通過船運，從信江河支流運出去后，再從長江去到江浙、上海、福建等地。每年賺到錢的時候，他的父親又去買田、買地、買山，再種更多的竹子來做原料。

外公說，對面的半條街，幾百米之內都都是他三叔買下的產業，分了很多個大門進出，還有很多個側門和後門，像迷宮一樣四通八達。就是日本鬼子來的時候，只要一個人躲進去他們家裡，日本鬼子也找不到！

外公六歲的時候，就有老師教他念書，他家裡雖然有錢，但是從來不會橫行霸道！

在外公七歲的那一年，他發了高燒，幾天幾夜都不退，他的父母親都認為他已經死了！給他請了十多個和尚在他家裡念經，又打鑼又敲鼓的。家裡還給他買了一個很大的棺材。第二天上午，他的母親幫他換好漂亮的壽衣，還在往棺材裡面添加陪葬品，這時候外公突然從棺材裡坐了起來，大聲地問道：「為什麼這麼吵？」看見很多和尚穿著袈裟，他說：「為什麼戲班子都跑到他們家裡來了？」他的母親用兩手緊緊地抱著他，說道：「我的寶貝，原來你還沒有死;這幾天你都去了哪裡？我們都以為你死掉了！再過半個時辰我們就會封棺下葬。」

外公說，他跟著別人去看戲了，然後又跟著很多人去看熱鬧，跑到一個大山上，突然間沒有路，他就醒了！他的父母命令下人趕緊拆掉所有的白布，換上紅色的彩布，大開三天筵席，宴請所有的鄉親父老，所有的叫花子都可以來吃免費餐。

秋天就是外公他母親的 60 大壽。他將所有的親朋好友兄弟姐妹都請到他家裡，包吃包住，別人的生日過一天，富裕的女主人她的生日足足過了一個月。在宴會中的後幾天，有人告訴我外公的母親，說有人在廣西買回來幾根大的金絲楠木，做棺材的話，人的屍體不容易腐爛。有錢人才買得起。人過了甲子年，就可以給自己預備壽材。並且說：「月香妹子，趁著你自己的手上有銀兩」的時候，就趕緊買，平時你想買到金絲楠木木做壽材機會很少！

外公的母親，立即叫管家拿出一百兩銀票做訂金，這個天價的楠木棺材，做好了擺在自己的大廳裡，用一塊大紅布蓋著。解放后已經充公。但是她老人家 86 歲才去世，依然睡的是普通的江西產杉木棺材。

外公的青年時代

外公在富裕的家庭慢慢地長大，皮膚很白淨，濃眉大眼，個子很高。在小鎮上讀完初中，他的父母繼續送他到南昌書院讀書。他從小就是一個讀書的料子，四書五經、四大名著、天文地理、中外歷史無所不讀。他說，如果不是日本鬼子來了，他一定會去日本留洋，看看外面的世界。他年輕的志願，是去做一名醫生，能夠救死扶傷，也可以醫治自己和家人。

他的夢想一生都沒有實現！18 歲的時候，他的父母就要他聚親成家。外公他一輩子是老實厚道的人，聽從他父母的安排早早成親。從此以後，就在家裡幫忙，學習管理紙號裡的生意。

他的小夥伴們也長大了！有的不像童年的時候那樣心地善良，經常叫他出去賭錢。原來賭錢是會上癮的，年輕的外公覺得家裡有錢，輸掉幾個大洋沒有問題。小時候都不在乎將大洋送給小朋友。打這以後，再沒有幫他父親打理紙號的生意，每天都被他的狐朋狗友叫去賭錢，他的父親也管不著他。到 25 歲的時候，他父親病倒去世了。之後的日子，外公變成了斷線的風箏，沒有人能管得到他，只有他的母親見到他能說幾句：「你天天這麼賭，不務正業，遲早就會坐吃山空！外婆根本就不敢說他。

外公的童年夥伴，有幾個長大了變成了賭鬼，他們每天輪流圍堵外公一個人。幾年的時間，外公先輸掉了他所有的紙號，後面又將他父親留給他的地契、田契、山契，共有四百多張全部輸了精光！解放的時候，他只剩下一大片房子沒有輸掉！

外地土改工作隊說，從解放的那天計算，凡是年滿 30 周歲一定要打成地主成分。解放前鄰居們不管是誰，向外公借錢借糧食，他從來都沒有追別人歸還，等他們有的時候歸還就行！

當時有很多人幫他求情，他沒有直接剝削老百姓，更沒有在地方上欺行霸市！土改工作隊將所有的房子充公，分配給其他的貧下中農住。還留了一間房子，一個廚房給外公全家人居住。外公解放前已經有五個子女和母親（不包括外婆肚子里，兩個月之後才出生的二舅舅），全家八口人。外公詢問工作隊，可否批准他們全家搬到斜對面的破廟裡居住？工作隊同意了。他們全家帶著自身換洗的衣服住進破廟裡。

廟門前都是竹籬笆做的大門，門前有一條八九米長一米寬的走廊，地面鋪著鵝卵石，房子上面蓋著黑色的土瓦，進門就是空的可作飯廳。飯廳後面有一個小天井，左邊可做廚房，右邊也可以用來存放柴火。從天井上面能看見星星和月亮。後面有三間並排的土牆房間，外公重新修好廟裡面的土瓦和後面的破土牆，這樣就夠全家人居住了。

艱苦的歲月

31 歲的外公正式被劃分為地主。他必須接受貧下中農的再教育，學習自力更生，還要參加義務勞動。他做了下面的安排：大女兒任振幗，也就是我的母親，去賣瓜子花生，賺點生活費。二女兒送給與他自己同年齡的單身長工，帶回山區裡面做養女。三女兒送給西門城外一個農婦做童養媳。四女兒送給六十公里路以外的山區，給別人做女兒。

還有剛剛滿 5 歲的大舅舅也要送給別人，外公的母親死死地抱住她孫子，說道;她就算帶著孫子去要飯，也要將他養大。老太太說這是她的長子嫡孫，如果你堅決要送給別人，她就上吊自殺。大舅舅這才沒有被送走。

從我記事的時候大舅舅就開始工作了。他去公社石灰廠當學徒，每月只有幾塊錢工資。到上個世紀六七十年代，大舅舅他每天有 1 塊錢的工錢，如果適逢大月便有 31 元的工資，多出來的這一塊錢，外公都會去買肉加餐。我們每天很早就吃晚飯，按外公的說法是省油、省燈草。

等大舅舅放工回來，天已經黑了，外公將留給他吃的紅燒豬肉端出來，我就站在桌子旁邊看著他吃。大舅舅問我：「你還想」吃嗎？」我點點頭。他用筷子夾一塊肥肉放在我口裡，我才不好意思地離開。被外公看見了，他說：「阿玲吶，剛才你已經吃過豬肉了，大舅舅要幹活賺錢養家，你以後再不能貪吃，吃掉別人的那份了。」我又點點頭。

還有在解放後出生的老三舅舅、老四舅舅，在外婆肚子里就已經分別送給了兩個沒有兒女的，不同的家庭當兒子。

我曾經跟著我的二姨走了五個小時的羊腸小道，去到她們半山腰的家裡，看見漫山遍野都長滿了青綠色高大的竹子。

每一戶鄰居最少相隔幾十米遠。二姨家的大門是木頭做的，門口有兩米寬好幾米長的平地。我中午的時候進了她的家門，四面都是竹子籬笆做的牆，上面蓋著稻草，裡面開的窗戶只有一尺大。我走進去看，滿屋子都是漆黑漆黑的。前面是開放式的飯廳，最後面還有兩個房間，用竹子做的房門。每間房間，都鋪了一張竹子做的床。房間的周圍還糊上黃色的紙，擋風用的。

再走出來，飯廳里有一張吃飯的桌子，凳子都是毛竹做的。左邊有個廚房，還有一個大水缸，最方便的地方是不用挑水吃;他們家直接把竹子破開兩半，從山上接來山泉水，源源不斷直接流進水缸裡。當水缸裡裝滿了水的時候，會自動流向外面斜坡。

二姨說，她住在山裡這麼多年，吃得最多的就是竹筍，有腌制的酸竹筍。冬天吃冬筍，還有生的、熟的筝乾，無論春天還是冬天，都是用辣椒炒筍。家裡分了幾畝水田，但大山裡面的溫度低，每年只能種一季水稻，所以糧食不夠吃，再種點紅薯、芋頭。並說在她 16 歲的時候，有一天晚上，她的養父霸王硬上弓，將她的身份從養女變成了老婆！這件事讓她一輩子耿耿於懷，十分的無奈。

後來又生了 10 個孩子。她在五十歲過後，生病了沒有錢看醫生，她說不想拖累自己的兒女，喝下一瓶名為樂果的農藥，結束了自己的生命。

有一年冬天外公在西門城外做義務勞動，晚上準備回家的時候，外面下著雨夾雪，看見他的三女兒，戴著斗笠，穿著破棉襖，光著腳在稻田裡面放牛。

外公他不敢走過去叫她，只有站在遠遠的馬路上看著。看完了自己 7 歲的三女兒，外公流著眼淚回到家裡，也不敢告訴已剛生完二舅舅，正在坐月子的外婆。三姨、四姨都是在虛齡十六歲就結婚生子。那個年代的婦女，誰家裡都生了一大堆孩子，生到不能生孩子為止。

三姨家的食物使我終身難忘

三姨的家裡離外公家最近，大約只有一公里多點的路程。我從上小學之後，有幾個同學，都是和三姨同一個大門口進出的鄰居。他們住的房子也是清朝年間建的黑色的瓦房，一進大門就是一個大天井，再進去就是一個大廳，大廳後面又是一個大天井，這也就是古時候的三進三出有錢人家的大屋，有三個天井，有三個大廳，但所有的大廳只供孩子們玩樂和擺紅白喜酒之用，誰也不可佔用。我經常跑到他們家裡去找點吃的。所有的鄰居都住在大廳的兩邊，最多的時候，大門裡住了 21 戶人家。

三姨父是一個非常勤勞的農民，目不識丁，但和我的三姨一輩子恩恩愛愛。他們也生了五女兩男，雖然窮，但兩人從來沒有紅過臉！他家裡種了甘蔗、紅薯、芋頭，熟了的時候，他都會送一籃子到外公家裡給我們吃。還有很多時候，他們家裡做了用米漿做的米果，三姨也會叫我的同學帶口信給我，放學后晚上到他們家裡去吃;吃飽了，再裝一碗帶回外公家裡吃。我每次去到她家的時候，會幫他們燒火，看見三姨父總是笑眯眯地和三姨說話。他們目不識丁，沒有海誓山盟;但真正幸福快樂，白頭到老。但在他們去世前的二十多年裡，我每次回鄉探親時平均各給他們三、五百元人民幣買零食，他們的逢十生日，我會另送他們一份賀禮，以表我的報恩之心。

外婆和她的兩個姐姐

外婆姓祝，名德宜，1918 年出生在一個縣城裡，上面有兩個姐姐，都比她大 10 歲以上，中間的男孩早已夭折。外婆的祖上兩代人都在經營中藥材生意，家裡也有良田百畝，比較的富裕。她在四歲時就開始裹小腳，每次都痛得哇哇大哭。也是那一年，她的母親因為自己生的男孩已經夭折，只剩下三個女孩而憂鬱成疾，悲傷過度，不足 40 歲就離開了人世！

外婆的兩個大姐都是包裹小腳的，她們看見這個小妹妹每一次都吵吵鬧鬧不肯包小腳。外婆說那些長長的白布條，一層一層勒住她的腳，痛得不得了，根本不能走路，只能坐在凳子上，嚎啕大哭，兩個大姐便偷偷地給她放掉，所以外婆的腳還是很大！

外婆的父親 40 出頭，整天要管理生意，家裡都是交給保姆、管家、傭人管理，沒有時間去管理他的三個女兒。但是也覺得他家裡沒有男兒傳宗接代，心裡面總是悶悶不樂，但又找不到好的女人做填房。

有一天她在街上走著走著，看見有一個男人在賣女孩，他看見那個女孩，感覺挺有緣，就買回了家當他自己的使用丫鬟。這時候他學會了抽水煙，這個丫鬟取名叫小月。剛來的時候八歲，天天給他點水煙。水煙壺是銅做的，每天都要清洗，裡面裝上水才能抽。小月跟他一起睡覺，從小就是老爺的玩具。幾年後這個小月變成了美少女。有時候她到外面去買東西，別人說這個小姑娘長得不錯！還有人說等他長大了，將來娶她回去做妻子。

這些話傳到了外婆的家裡，別人稱外婆的父親為祝老爺，他對著丫鬟大聲喝罵道：「你是我買回來的，什麼都屬於我的。何況你早已是我的女人，怎麼有可能嫁給別人？」並且告訴她，如果能給他生一個兒子，就將她扶為正妻。解放前兩年，十七歲的小月真的生下了一個男孩。她本來也應該打成地主婆，但因為她是別人買回來的丫鬟，政府判她的婚姻無效。祝老爺很快也病死了。

外婆的二姐是最早出嫁，據說她嫁給省城裡面一個國民黨高級軍官做繼室，生了一兒一女。她非常得有錢，經常穿著高跟鞋，燙著長頭髮，最愛穿旗袍！回家探親的時候，連兩個小孩子都打扮得特別時髦。別人都很羨慕她很時髦。解放后他們夫婦都要接受批鬥，接受政府的改造。他們可能過慣了自由自在的生活，有一天回家後雙雙自盡。外婆從小就是她大姐帶她長大，當大姐就是母親，比大姐讀書少，只完成年小學畢業。後來在家裡學習繡花，做女妝，外婆踏入 18 歲虛齡就出嫁了！

外婆的嫁妝被搶光

外婆經過別人做媒，她自己的婚姻是明媒正娶，從縣城裡嫁到小鎮上，嫁給我的外公做妻子。新郎新娘都未滿 18 周歲。新娘家裡的陪嫁、嫁妝非常非常得多。按照以前的習慣，在婚禮上，嫁妝要一件一件地讀出來，讓所有的賓客，都知道女方有多少嫁妝陪嫁！

結婚擺酒席，外公家裡十分的豪爽，連續不斷地開了十天。婚後的第二天上午，外婆堅持要用敞開的轎子，讓八個人抬著她在整個古鎮上游街一次，後面敲鑼打鼓。她將所有的黃金、珠寶、首飾、戒指、耳環、首飾都戴在頭上，有的掛在胸前。其中有一條掛在脖子的金項圈，足足有一斤八兩重。轎子從小鎮上的西門口出去，經過南門，再經過北門，然後從東門返回家中，將整個鎮子城裡的行程走完了六公里，整個鎮子上的人們都站在自己的家門口、馬路上看外婆的熱鬧。

這邊的公公婆婆，還有一些長輩都不同意，說這麼張揚會給自己惹禍的，自古以來錢財都不能露眼，不能給別人看見。任性的外婆聽她的大姐說，一定要將自己嫁得風風光光，讓所有的人都知道她是一個無比快樂的新娘！

幾個月之後，有一位國民黨的排長跑到外公家裡，說自己的老婆要來探親，臨時也找不到房子住，外公早就知道官兵不好惹，也不好得罪，推辭說：「家裡面的房子雖然很多，但是工人也很多，全部都住滿了！不信你來我家看看。」排長真的來看了一次，結果看見一間靠近大菜園堆放柴火的一間偏房，說道：「這間就行。」外公也不好推脱只好同意。

幾天后，外公叫人打掃那間房子，租給了排長夫婦居住。同時叫家裡的人看看排長的老婆在做什麼？

也讓外婆和她聊聊天，那女人每天也去鎮上賣菜，洗衣做飯，和平常的婦女沒有什麼分別！外公是個有文化的人，告訴我外婆要多提防一點。

那排長夫婦住了一個多月之後，一個晚上外公外婆剛剛睡著了，他們突然聽見，排長的老婆在敲房門，說她肚子痛，問問可有什麼藥給她一點吃？外公起來說道：「等我點著燈給你找找。」說有工人和孩子們平時吃的葯。於是開了房門，準備給他拿一點葯。

房間門口就是大天井，還有一點月色，突然間有十幾個臉上抹了鍋灰，穿著軍裝的人衝進了房間，每人都拿着槍，槍上插了閃閃發光的刺刀。有兩個人拔出刺刀插在外公外婆的花板床上，他們大聲喝道，叫外公外婆拿出所有的金銀珠寶來;外婆的嫁妝放在床頭的箱子裡面，他們打開之後看了看，然後連小箱子全部給他們拿走了！那些黑臉的匪徒用官腔說道：如果你們不拿出來，就殺死他們兩個人。

外婆坐在床邊上嚇得渾身顫抖，將自己手上戴著的一個黃金戒指偷偷地取下來，隨手丟到床後面。床後面有一缸食用油，有兩個黑面兵同時用他們的槍托將油缸砸爛，裡面的菜油流滿了一地。他們以為油缸裡還藏著好多寶貝。外公外婆坐在床上不敢下地，很久都不敢走出房門。

等到天亮之後，家裡的保姆在大聲喊，說排長的老婆不見了，還有旁邊的後門也沒有關上！又跑去敲外公外婆的房門，重新講一遍。外公回答知道了。之後的一連幾天，外公都在怪外婆：不是你去滿街炫耀你的金銀財寶，就不會招來這麼多匪徒。外婆也很內疚，從此外公說她什麼事她都不敢吱聲。

第五章
我的青少年

我的外婆死了

1966 年 6 月的一天中午，外婆拿著一個草帽，她剛剛到附近的農村，幫別人村子裡面搶收搶種水稻;這是每一年城鎮居民都要去參加的義務勞動。外婆用草帽裝著五個白色的梨瓜（香瓜），叫我用水洗乾淨就可以吃。我馬上放到廚房裡，洗乾淨了自己吃一個，再拿一個給外婆吃，外婆說她很累，想到床上去休息。

下午 3 點，居委會又在門口馬路上大聲呼叫：「馬上快 3 點了，今天下午還要去王洲村割稻子。」我跑到床邊告訴外婆：「說你聽見了嗎？」外婆說她不舒服，發燒了，叫我去找組長;我很快就找到了女組長。她跟著我進房間，用手摸摸外婆的頭，說道：「你真的發高燒了，那下午就不用去了，休息一下明天再去吧。」等晚上的時候，外公和大舅舅都回到家裡，看見外婆燒得滿臉通紅。

第二天早上，大舅舅背著外婆去鎮醫院看病，醫生說只能住院，現在沒有退燒的葯。下午的時候我也去了醫院看見外婆，外婆被放在醫院裡面的水井旁邊，躺在地上小竹床上。醫生叫我的大舅舅不停地從水井裡吊井水上來，用毛巾浸泡后放在外婆的頭上、肚子上降溫。井水是冬暖夏涼的。

高燒了三天，外婆依然高燒不退。然後外公的兄弟大嫂中就有人說，外婆可能中邪了，要趕緊買香燭去她收割稻子的地方祭拜。第四天上午，外婆說一定要回家。大舅舅又背著她回家了，這時候有很多鄰居都來看望外婆;各種各樣的說法都有，有人說她碰見鬼了，有人說她中暑太重，還有人說有人趕著去投胎，要找替死鬼！

我從早到晚都在看著外婆。她什麼都吃不下，氣若遊絲。到下午四點鐘左右，她突然從床上爬起來，在床上跳來跳去的;我聽見她說，有很多鬼來抓她了，還帶著繩子。聽見她在大聲地叫不要綁我！這時候二舅舅剛從外面回來，聽見外婆說：「你這是什麼鬼？敢跑到我家裡來抓我？」

二舅舅說：「我是你的兒子，不是鬼。」外婆她拼命地用兩個拳頭打二舅舅的臉，外公、大舅舅和二舅舅三個人合力才能抱著她，讓她躺在床上，我也不知道她的力氣從哪裡來的。後來外公說，這就是回光返照！

到半夜的時候，我已經睡著了，聽見兩個舅舅都在哭。我又爬起來看一下，外婆已經去世了。我拼命地大聲哭：「外婆你不能死，你死了我怎麼辦？」

因為是六月天，天氣太熱，屍體不能久放。第二天一早，外公的幾個兄弟、大嫂們（他們都不是地主成分），還有很多鄰居都來幫忙。外婆的兩個兒子要披麻戴孝。過去的孝衣孝鞋，都是人死了之後鄰居們幫忙用手工做的，外公外婆的人緣很好，幫忙的鄰居非常多。第二天中午就已經出殯安葬，我的聲音已經哭得沙啞說不出話來。

還有一個李家大嫂，最肯幫忙的鄰居，誰家裡有紅白喜事，她都會免費幫忙;做針線，到廚房裡面去燒飯都行。飯廳里，外婆就快封棺，突然李家大嫂說：「她的外孫女阿玲去了哪裡？」我還在房間裡面哭，他們把我拉出去，在外婆的棺材頭上跪著拜別。鄰居們還說：「德宜孺子，你上天了也要回來看看你的外孫女阿玲，她是你一手帶大的。」我聽到鄰居們這麼說，更加傷心了，突然倒在地上昏過去了。

鄰居們用手掐我的人中，大聲地呼喊：「阿玲吶，你快點醒醒，你還要送你的外婆上山呢！」我才慢慢地醒過來。我的母親大著肚子，等外婆已經下葬埋掉了，第二天她才到趕到外公家裡。我從早哭到晚，對母親沒有任何感覺和依戀。

外婆對我的牽掛

外公叫我和母親睡一張床，我是睡在她的腳上那一頭，天氣炎熱睡不著，床前面的窗戶對著天井，外面的月亮照進來了;外婆去世的第三天，晚上八點多，我和母親都躺在床上，並沒有睡著，我看見外婆穿著一件白色的衣服，頭上還裹了一條白毛巾站在窗戶口看著我，我從床上坐起來，大聲地叫：「婆婆你回來了？婆婆你回來了？」

我母親也坐了起來，說我這麼早就做夢了？住在隔壁兩個房間的外公和兩個舅舅都跑來問我：「你在做夢嗎？不用害怕！」我說：「我根本還沒有睡覺，怎麼會做夢？我剛才就看見外婆站在窗戶口看著我。」第二天我告訴了很多鄰居婆婆，也告訴了很多童年夥伴;鄰居們說：「你外婆惦記你，所以回來看你了！」

後來的三年之內，我經常聽見有人在廚房裡面洗碗的聲音，還有在房間裡面開衣櫃的聲音。半夜的時候還聽見，鍋鏟在鍋子裡面在炒菜的聲音。很多時間都是白天，我都會跑到房間裡看，並大聲地說：「外婆你出來吧，我想見見你，我真是太想你了。」說著說著自己又哭了起來！

三年之後，我再也沒有聽過那些聲音。

班主任邱老師

夏天過去了，我升四年級了，前面的三個班主任都是女的，四年級開始班主任變成了男的，這個班主任姓邱。

外公家裡很窮，所有燒飯用的柴火，都是自己到山上去砍回來的，以前多數是兩個舅舅去砍柴，從外婆去世之後，外公叫我也要學習上山砍柴。有柴火的地方就是五六公裡外的天排山。開始我只能挑回來十幾斤重毛雜草柴火，後來越挑越重。我經常向老師請假不上課，要去砍柴火。邱老師叫我到他的房間裡去，很認真地告訴我，家裡的事一輩子都做不完，讀書的時候，一輩子只有一次，等你長大了再想讀書比登天還難！我只能對低著頭回答說知道了。

現在小鎮上來了幾萬名地質隊和銅礦的工人，他們都帶來很多子女，學校里多了很多新的同學，每一班都加了 20 個人，每班達到 60 人以上。本來每個教室裡面並排放三張桌子，坐六個人，中間的通道很寬，後來每一排就變成四張桌子，一排坐八個人。學校教室裡面的電燈像螢火蟲一樣一點都不亮堂，下雨天都看不清楚黑板上的字，還好我長得個子矮，坐在前面第三排看得很清楚。坐在後面的同學個子都很高，他們經常舉手告訴老師，黑板上寫的字看不清楚！

我們的邱老師，他上課的時候非常安靜，可以說是鴉雀無聲。

其他老師上課的時候;同學太多總是嗡嗡聲地聽不清楚！

邱老師一開課的時候，他首先告訴同學們今天上課的內容，同學們趕緊做完功課，剩下的時間我就給大家講故事。他有時候會講武松打虎、三打白骨精、哪吒鬧海，所有的同學都非常認真聽他講課。都喜歡聽他講故事;他說的話我一輩子都不會忘記。他告訴我和同學們，你的衣服穿得再漂亮也不值錢！長大了你能寫一手好字，到任何地方都值錢。希望所有的同學都要認真地學習。

但是班上還有一些留級生，是需要成績好的同學幫他們補課，所以我經常放學後也會留在學校免費幫同學們補課一小時才回家。我們班被學校評為全年級最優秀的班。邱老師跟著我們全班同學，一起升學去中學，繼續當我們的班主任。當時在學校里是不可能發生的事！

但是外公看見廚房裡面沒有柴火燒，又叫我和鄰居們一起去上山砍柴，最多時間跟著對面的水香姐去山上砍柴。小時候的天排山，上山的路很陡，等於爬樓梯。站在天排山頂，看見我們的小鎮，周圍都被高山環抱，我們就是住在山窩窩裡。有時候在山上看見有穿山甲，有很大的蛇，還有野羚羊。春天山上都是映山紅，非常漂亮。秋天山上有很多野生的藍莓，野生的小板栗，還有野生的百合，都是小小的只能自己吃，沒有人買。

回憶外婆

外婆還沒去世的頭一年，一天中午我放學回家，看見家裡有很多個工人叔叔，我問外婆他們在我們家裡幹什麼？外婆說他們是銅礦的工人，都是從外地來的，他們帶來了很多馬鈴薯，要放在我們家裡煮熟來吃。

外婆幫他們煮熟了拿一個大盆，裝好放在吃飯的桌子上，然后我也站到桌子邊去看。其中有一個叔叔拿了一個像雞蛋那麼大的馬鈴薯給我，我趕緊躲到房間裡面去吃。大力地咬了一口，有一股青澀味，不甜也不香。我又跑去告訴外婆沒有紅薯好吃！外婆說：「你不喜歡吃給我。」我笑著對外婆說：「早都被我吃掉了。」

原本安靜的小鎮，只有一兩萬人口，突然增加了兩倍以上的人口。家門口的馬路上，本來地面會長野草，後來全部變成水泥馬路，再也不用拔草了。前前後後的鄰居家裡，都租了房子給外地來的小朋友家庭居住。他們都講普通話，我也開始跟他們學習普通話。老師上課的時候也要改用普通話。

我比我的小姨大兩歲多，自從外婆去世了以後，我開始學習煮飯，去河裡洗衣服，到大菜園地裡面去摘菜！這些事以前都是外婆做的。小姨她懵懵懂懂，別人告訴她：「你母親死了，你還在外面玩！」她還問鄰居：「死了好玩嗎？」

記得我第一次做飯的時候，讓小姨幫我燒柴火，所有的米飯都燒糊了。我們兩個沒有飯吃，嚇得跺手跺腳，等外公晚上回來也沒有飯吃，會罵我們。外公回來了，摸摸我倆的頭，說：「這是你們第一次做飯，不怪你們，以後記得開始的時候用大火，等大米在鍋子里煮開的時候，就開始用小火，還剩下一點水的時候，就不要加柴火，等米放在鍋子裡再焖一會，米飯就熟了，肯定不會燒焦的。」

幸運與不幸交織的學生時代

一天下午放學後，我走過大菜園的小路回家，有兩個鄰居男孩同學欺負我，說我是地主家的子女，用地上的泥巴甩在我的臉上和身上，我回到家裡全身都是泥巴。外公問我這是怎麼了？我告訴外公是那兩個男孩子搞得我這麼髒。

本來小時候夏天穿著的衣服，就是男士們用的，白底格子的方手絹，前後各一塊就是我們的衣服。穿的褲子，多數用紅色的條子，藍色的條子被單布，在自己家裡染成黑色，咖啡色，用這種布條幅特別寬，既省錢又省布票。那個年代什麼都是要票的，家裡有糧票、布票、做棉衣棉褲用的棉花票、糖票、豆腐票、肉票、洗衣服用的肥皂票、月餅票，你想到的東西大概都要票，光有錢是買不到的！

我對外公說：「為什麼你要當地主？別人家都不是地主？」他說我也不想當地主，只怪他提前出生了一年！在學校同學們也有人欺負我。個別男同學在我的桌子上吐口水，我會用他的書包去擦掉他自己的口水。

他去校老師投訴我;我們的老師說，一個人出生的成分是不可能自己選擇！然後在班上告訴所有的同學：「你們都是生在紅旗下，長在幸福中，中國未來的接班人。不應該欺負同學才對！」在學校里有老師的公正愛護，幾乎沒有同學敢欺負我！

以前的童年夥伴有六弟、七弟、八弟、占建興、付國梁、張志雨，從來沒有欺負過我。二十多個女孩也沒有欺負我，她們因為歷史原因，逐漸有意無意地疏遠我，不願意和我玩！我告訴外公，我的童年玩伴越來越少。他告訴我你只有找家庭環境相同的子女們玩，你現在主要好好讀書，有空的時候去幫我砍點柴回來，飯都沒有的吃，你還掛著玩？

回到學校里，看看全班有幾個跟我一樣家庭的同學？同學中有三個女同學，一個父親是富農，一個外婆也是地主，還有一個老父親是解放前的老師，當時也是也不被接受的臭老九。同學跟我一起學習，成績都很優秀。下課的時候，我只能和她們一起玩跳繩，踢毽子。

回到家裡還是要找童年夥伴玩;我外公家的大門口放了一個麻石頭做的，中間挖空的大水缸，可能是清朝年代就有的防火用的大水缸，長年累月都裝滿水，大概有六立方米。我的舅舅不知道在哪個山上撿回來一塊粉紅色的，扁形磨刀用的大石頭，放在水缸側面。鄰居們都說：「在這個石頭磨完刀後，刀刃特別鋒利，砍柴的時候特別快！」所以從早到晚都有人來磨刀子。

一天下午，東邊隔壁兩家的鄰居，老易頭在我家門口磨刀子，我坐在大門口的門檻上看著他;他問我為什麼不出去玩？我說沒有人跟我玩！他說你就找我的女兒玩，並且笑著說，我們家跟你家差不多，我女兒不會欺負你。

晚上吃飯的時候，我就問外公：「老易頭說他跟咱們一樣？」外公說：「解放前他在國民黨的縣城當文員，解放後沒有什麼問題，只是一個普通的工人。」

第二天我就去他們家裡玩耍，他有一個女兒，比我大三歲，名字叫惠英。惠英長著瓜子臉，雪白的皮膚，和我一樣扎著長長的雙辮子，長得很漂亮。她還有一個弟弟小兩歲，和一個做木匠的大哥哥。惠英的媽媽也是我外婆的好朋友，她告訴我，如果外面總有人欺負你，你就到我們家裡來玩，關起門來不出去就行。

從此以後，惠英就是我最好的閨蜜，我沒事的時候總是泡在她們家裡。她去河裡洗衣服的時候，我也跟著去。她去她家菜園子裡摘菜，也拉著我一起去。有一次惠英的媽媽叫她去 30 裡外的她外婆家借一斗米回來，她說一個人不敢去！我叫惠英媽媽為虹婆婆，她們說阿玲你今晚回家問你外公，明天早上一早出去，吃完中午飯就回來。

第二天得到外公的同意，我們六點多就開始出門，中午到達她外婆家。她外婆的紅橋村，家裡的蒸米飯隨便吃，桌子上的鹹菜不太鹹，但是油光閃亮的，有很多油，聞起來還特別香。

我們去到的時候，惠英她外婆家已經吃過飯了！就我們兩個人坐在桌子上，吃完一碗又一碗。用鹹菜拌飯，太好吃了！我們十幾歲都沒有吃過有這麼多油的菜，我們兩人吃得飽飽的，休息一會兒就開始回家，我們兩個人輪流用扁擔挑著兩個竹籃子裝的一斗米回到小鎮上，已經快天黑了。

回到家裡我告訴外公，在惠英的外婆家吃了三大碗今年的新米飯，有稻子花開的香味，不像我們從糧站買回來的大米，夏天長滿了白色的蟲子，大米又糙又硬。外公嘟起嘴巴說了一句：「等你長大了就嫁到農村去吧！」

終生難忘的學生時代

自從邱老師說過，每個人不能選擇自己出生的成份！又有很多同學選我做班主席，我的語文、數學成績不是 100 分就是 98 分，可以說是名列前茅。但是還有很多同學不選我，因為我外公是地主。最後的班主席是由銅礦來的新同學姚雪梅當任，她在黑板上得到的正字最多。她成績中上等，平均 80 多分，因為她每天都帶著很多能吃的零食分給其他同學吃，所以她能當上班主席，我只能當副班主席。

同學們的姓名：女同學有祝桂華、王小玉、吳寶仙、周永利、占利娟、丁雙鳳、陳鳳玲、任玉玲、胡春麗、梁欣娜、謝寶琴、王愛平、姚笑娟、丁任林、朱巧英等等。

男同學有吳建芹、陳福軍、於思霖、王發有、張志雨、李加壽、徐健軍、劉六弟、劉七弟。每天放學后才四點半，在學校里面做完功課，就在玩捉迷藏和打仗的遊戲。白天餓得肚子咕咕響，在學校里玩的時候，根本就不記得肚子餓，好像神仙一樣的快樂，無憂無慮。

小學高年班，還要出去表演宣傳毛澤東思想。最會排練的人就是女同學王小玉，她很快就能教會我們表演一個節目，跳集體舞《北京的金山上》，還有扮演《咱們老婆子學毛選》，這些文藝節目我全部都有參加，在學校大禮堂表演。老師帶著我們還會去城外的村子裡表演！高年級時很少上課讀書，天天都在學習《毛主席語錄歌》！表演歌曲：

東方紅太陽升，中國出了個毛澤東

下定決心不怕犧牲，

大海航行靠舵手，

紅旗飄飄軍號餉

中華兒女多奇志，不愛紅裝愛武裝。

紅軍不怕遠征難，萬水千山只等閒。

大部分的歌曲到今天我也沒有忘記！

星期天不用上課，我又跑到惠英家裡去玩。看見他們家裡不是燒柴火，是在燒煤渣。我覺得很奇怪，就趴在他們爐灶門口看一下;將外面有一個鐵皮灶門打開之後，看見裡面有通紅通紅的火。我問閨蜜這是什麼呀？

她告訴我，自從去年地質隊來了，在天排山底下、山腰上面建了很多宿舍，還有幾個洗澡堂子，都需要使用大量的熱水，所以地質隊 24 小時都在用大塊的煤炭燒兩個特大的鍋爐房。那些大塊的煤炭還沒有燃燒盡的時候，工人就在爐子底上，用鐵鉤子勾出來，然後上面繼續不斷地加煤塊。

每天就會有很多煤渣倒出來，她們早上和傍晚都會去拾煤渣。過後，我也經常跟她們母女去拾煤渣。相比砍柴火，我感覺輕鬆了很多，最少少了一半的路程，還不用爬到山頂，撿回來的煤渣也不少了。外公跑到閨蜜家裡去看燒煤的爐灶怎麼搭。用石頭，用黃泥巴和刀剁碎的稻草，裡面做成泥漿，過幾天很快就搭好了燒煤的爐灶。

後來大舅舅告訴我們，他們的石灰窯底下也有很多煤渣。我帶著我的閨蜜，一連去了很多天，撿了很多煤渣回來當柴燒。我就不用向老師請假去砍柴了！

和邱老師一起升中學

很快我們小學畢業了，跟著邱老師一起升上中學。有幾個同學已經離開學校，不讀書了。到了中學裡面，邱老師依然是我們的班主任。中學裡面經常要上民兵訓練課，還要加入共青團。學校裡的規矩還是成份不好的子女一律不準參加！

一個男同學，叫楊二林，他總是帶頭欺負我。春天外面下大雨，每個人都帶一把紙傘上學。全部的紙傘都放在教室後面，撐開擺放;每個人的雨傘都用毛筆寫上自己的名字。我去了隔壁的教室裡玩，回來後看見我的雨傘全部被人撕開，變成了破碎的荷花葉子。我大聲問誰把我的紙傘撕破了？有人用手指給我看，是楊二林。我立即找到他的雨傘，也給他撕個稀巴爛。

上課鈴響了，邱老師回到課室，楊二林投訴說我撕破了他的雨傘。邱老師問所有的同學怎麼回事？同學們說是楊二林先撕別人的雨傘！老師說，這就是人不犯我我不犯人。老師又宣佈，下午接著學習民兵訓練，我依然留在課室裡面不能參加！那個楊二林對著我扮鬼臉，並且大聲說：「地主的女兒地主的孫，留在這里守教室吧！」

從第二天開始，我決定不再去上學。外公也問怎麼不去上學呢？我說學校的活動我沒有資格參加，上中學第二個學期男同學又欺負我，我以後都不上學了。三天之後，邱老師帶來一班同學來我家，叫我一定回去上學，說他正在幫我申請可否能參加學校的活動。幾乎每天放學后，都有同學來叫我回去上學。兩個星期後，邱老師又一次來了我家，對我外公說：「你的外孫女學習成績很好，應該繼續讀書。」外公說：「她不去我也沒辦法！從此以後，我正式離開了學生時代。

動蕩不安的歲月

我每天背著用我自己攢下的錢買回來咖啡色人造皮書包去上學。吃完中午飯，我去邀一個外婆也是地主的女同學平平一起去校。看見她們家裡正在吃飯;她們家裡有姐弟六人，還有一個外婆，加上父母九個人圍著一張矮的桌子。每人有一碗稀粥，桌子中間放了一大碗鹽煮過的鵝卵石頭，上面還有很多鹽水的痕跡，這就是他們家裡的菜。

吃的時候，一個人拿一塊鵝卵石，放進嘴巴裡舔一下，有點鹹味。同學的外婆站起來問我是哪一家的小孩？同學說我們家裡門口有一個大水缸，磨刀用的，阿玲她外公就是地主厚坤。同學的外婆回答：「想起來了，你是德宜嫂子的外孫女。」接著又對我說：「你外婆結婚的時候，我還去喝喜酒，一連喝了很多天。這一轉眼你外婆都去世了！」

然後同學的媽媽也跟著說，她與我的母親任振幗還是同班同學呢！她說我的母親脾氣真好，做什麼事都慢吞吞，一天到晚笑眯眯，好像撿到錢似的。平平同學的父親解放前是佃農，是真正的無產階級。吃石頭當菜的家庭，一樣也要生活，孩子們也要長大！

我們去學校的時候順便路過同學朱秋英的家，也會叫上她一起上學。朱秋英的父親本來是小學里的數學老師，是臭老九已停職，也要接受貧下中農的改造。他們家裡的孩子不多，有一個十八歲的哥哥，還有兩個姐姐都已出嫁了。

古鎮河邊有一座清朝年間建造的六層高的水塔，是防止洪水泛濫鎮水妖用的。有人說那是四舊產物，有一天黃昏的時候，被人放炸藥包炸掉了！大家都很害怕，誰也不敢去點炸藥包，朱同學的哥哥，自告奮勇說他去點火，轟隆轟隆很大的聲音，整個鎮子上面的人都能聽見。那個鎮妖怪的水塔很快就變成了一堆破碎的瓦片。

我們在同學的門口，聽見她的母親說：「死仔，你做了太多壞事，會遭到報應的！家裡的事什麼都不做，每天就知道回來吃飯睡覺。自己的衣服鞋子還是我老婆子給你洗的，你不是要跟我們劃清界限嗎？有本事就別回來吃飯，不要住在我們家裡！」我們看見朱秋英的哥哥，名叫東旺，長得瘦高個子，小小的眼睛，一溜煙地跑掉了;我們三個人一同去上學。

沒過多久，端午節前夕，每天下著傾盆大雨，河裡面的水漲到滿古城牆頂那麼高，站在城牆上可以用手摸到河裡面的水;還有很多小螃蟹爬在城牆上面。我看見河裡面漂著從上游衝下來的活雞、白色毛的鴨子、門板、桌子、凳子，甚至還看見有一頭豬站在木板子上面，在河裡面漂著！大量的家居垃圾，隨著河水往下游衝去！

以前的城門是很厚的用原木，整根樹做木板，下面用生鐵皮包裹，整個木門上面打了很多大鐵釘。木門的後面，用兩條粗的原木，雜木棍牢牢地拴著高大的城門，大水就進不了城。第二天上午依然下著傾盆大雨，下午的雨停了。鄰居們發現靠近城牆邊，別人的菜園地土牆倒塌了，那個東旺被菜園子的土牆壓著他的下半身，別人摸他一下，冰冷冰冷的，早已經死掉了很久。

聽見鄰居們說：「這麼矮，比人才高一點的土牆，就是倒塌下來也不可能壓死人？為什麼他不站起來？」又有很多鄰居在說：「上個月他又用劈柴火的斧頭，劈掉城隍廟裡的菩薩的頭。」那三個菩薩都是木頭製成的，最少被人們供奉了過百年的香火，沒有人敢去褻瀆神靈，更不要說他站在高高的菩薩身上，用斧頭像劈柴火一樣一塊一塊地劈下來。

鄰居們說：「這是老天爺看見他做的壞事太多，收掉他了！」還有鄰居們說：「他以前還劈掉了很多別人家裡的古董，包括舊房子橫樑上的木雕，放在大門口的石雕，別人家裡的花板木床，不管是雕有獅子、龍鳳，還是雕刻的古代人物，他都會用砍柴的刀子斧頭，逐個去摧毀。」還有老人家說：「這樣的死仔留在世上壞事做盡，禍害鄉里，老天爺看得清清楚楚，也只有老天爺才能夠收拾他！」

我記得一天上午，外婆死後不久，我家裡當時沒有大人在家，我和小姨在自己家裡飯廳里玩耍，突然有一個造反隊來到我家門口，拿著一個喇叭筒在門口大聲宣佈：「我們是某某造反隊，現在對地主任迅誠家裡進行抄家，看看有沒有屬於四舊書籍、封建迷信的物件？」

這個青年隊長戴著紅袖套我不認識他，他叫我和小姨坐在吃飯的桌子上不許動，後面跟著的其他人我全部都認識，都是整條街上的女鄰居們。在我外公家裡沒有一本舊書籍，也沒有任何屬於四舊的產品，家裡抄出去的有兩個舅舅冬天穿的衣服，還有一件外婆自己做的便衣棉襖，到她死都未穿過，深藍色燈芯絨棉襖，外公說等鄉下的二姨來的時候送給她穿。還有一雙解放鞋，一雙下雨天穿的套鞋，還有我母親寄回來的兩塊新布，連我自己攢錢買的人造皮書包和我穿的一件燈芯絨夾衣。每一個人手裡拿著一件東西，出了門之後，他們就會各自帶回自己的家！我坐在門口的桌子上看得很清楚。

其中一個鄰居提著我的書包，我趕緊搶了回來，說：「這個書包是我讀書用的，不是四舊物品。」另一個手上拿著我的燈芯絨衣服，我也拉了回來，說：「這是我媽媽去年從上海給我寄回來的燈芯絨布做的衣服，平時我都不都捨得穿，怎麼可以給你拿去？」

那位隊長說：「所有小孩子的東西不可以拿。」他們才將這兩樣東西丟在桌子上給我。那塊燈芯絨布是青草綠色的底，上面的格子是黑色，柳丁黃色互相交叉的印在上面。做好衣服的時候我穿在身上，整個學校所有的同學老師都說真漂亮，所有的鄰居們，童年夥伴都說從來沒有見過這麼漂亮的燈芯絨衣服。小鎮子上只有深藍色的、黑色的燈芯絨布賣。

學生時代最後的記憶

我在學校依然努力地學習。記得老師曾經教導我們，一個人一輩子讀書的時間是有限的。有時候外公又叫我去砍柴，晚上我已經向老師寫好了請假條，明天不上學。將請假條交給在隔壁住的同學張志雨帶給邱老師。但是第二天我還是依然去上學了，老師問我不是請假了嗎？我回答老師：「明天星期天，我再去山上砍柴火。」老師表揚我說：「這就對了，不要耽誤自己讀書的時間。」

我坐在教室的中間位置，兩張桌子相連，每張桌子一男一女同學隔開。我們中間一排坐了四個同學，我左邊的男同學是小胖子，右邊是女同學，外號小蘿蔔頭。最右邊又是男同學，叫張志雨。老師說一男一女同學隔著坐一張桌子就不容易吵架打架。

老師讓我每天放學后負責給小胖子同學補習功課，張志雨要負責給同學小蘿蔔頭補習功課。我前面有一個女同學長得很漂亮，夏天穿裙子，黑色的皮鞋，冬天戴著帽子，穿的衣服很漂亮，但是她的學習成績都是很差，全部都在 60 分以下不合格！

老師經常點到她名字：「梁紅娜你只有時髦的名字，一年到頭都穿漂漂亮亮的衣服，我要告訴你，這隻是青皮梨子，好吃不好看！希望你抓緊時間好好學習，不懂得的功課，可以向成績好的同學請教。你的成績跟不上，是會留級的，更不可能考上中學。」在邱老師教育啟發下，同學們的成績都在突飛猛進，所以我們班上是同年級最優秀的班。

我們班在作文比賽中獲得了全校第一名，數學比賽也是全校第一，手工課、唱歌表演都是全校第一名。有的童年夥伴聊天的時候就說：「為什麼你們班這麼厲害？」我們說：「老師講課的時候，我們很認真聽，很快就完成了功課。成績差的同學，老師叫我們去幫他們補習。老師有時還會講很多故事給我們聽。」

童年夥伴們說：「早知道我也選去你們班上課。」張志雨的爸爸還到我家裡來問，說他的兒子成績也很優秀，毛筆字還寫得非常好，為什麼當不了班主席？我說我有給他報名，當時同學們不舉手，我也不清楚。最後老師在黑板上寫上正字，誰得的正字最多，誰就是班主席。我還告訴他說：「你兒子也是組長，只不過他比較內向，不喜歡和同學們玩耍，只喜歡打乒乓球。」

有一天，一大班的同學說：「我們很久都沒有吃過豬肉了。」我們知道小蘿蔔頭的母親是一個國營的飯店採購員，每天都會采購很多豬肉以及煲湯用的豬骨頭。有幾個同學說：「我們天天幫你補習功課，你家裡什麼時候有肉吃請我們去嘗嘗。」小蘿蔔頭說，今天中午她媽媽就做了一大碗紅燒肉，是留著晚上吃的。我們有五六個男女同學下午放學后跟著小蘿蔔頭回家。他們家住在南門附近，離學校不遠。她用一把古老長形的銅鑰匙打開了家中的木板門，讓我們到她家裡去玩。我們一進門就看見她家的飯桌上，桌子上面有一個大圓形竹罩箕蓋著的紅燒肉有滿滿的一大碗。那紅燒肉肥瘦相間，醬黃色，非常香;我和同學們看見那一大碗紅燒肉，大家的口水都快流出來了！同學們說：「我們一人吃一塊行嗎？小蘿蔔頭說可以。我們圍在桌子上，用手抓，你一塊，我一塊，三下五除二就將桌子上的紅燒肉吃得乾乾淨淨。有個男同學拿著大碗放在嘴巴裡，將碗裡面的豬油都吃的乾乾淨淨。

小蘿蔔頭嚇哭了;她說道，等一下她的媽媽回來了會罵死她。我們的同學都很聰明，告訴小蘿蔔頭：「你就說給外面的野貓偷吃掉了！」然後我們一窩蜂各自回家去了。第二天我們在學校里輕輕地問小蘿蔔頭：「你媽媽有沒有打你？」她照我們的說法，紅燒肉全部被野貓偷吃掉了！

她媽媽說：「下次什麼菜放在桌子上，罩箕上面都要壓一個重的東西，那些野貓就打不開了。」王小玉說：「我們的同學都很聰明，今天晚上又要排練北京的金山上舞蹈，我們班已經報了名，國慶節在學校大禮堂參加表演。男同學還要表演朗誦董存瑞、黃繼光的故事。」

每年的國慶節，學校後面菜地里都種了很多小麥。這些小麥平時是老師和高年級的同學種的，學校的廚房都會用這些小麥做成麵粉，加上紅糖蒸小小的饅頭，所有的同學每人兩個，我們都不捨得吃，放在口袋裡帶回家！

回家的時候我請外公吃一個，他說不用了，你跟小姨一人吃一個就行！所有的家長都說學校做得好，讓孩子們一邊勞動，邊分享自己的果實，等他們長大后，就知道所有的糧食來之不易。

五六十年代的父母們，日夜不停地給自己的家庭幹活、帶孩子，還有開荒種地，學校從來也不會叫家長去學校開家長會。

每個月有兩三次，老師會在下午放學之後，去同學們家裡進行家訪。老師事先告訴下周幾會去哪個同學的家裡，讓同學們通知自己的家長最好在家裡跟老師見一見。不管是的成績好，還是成績差的同學，一個學期最少會輪到你家裡去進行一次家訪。

有一天下午老師到我們家裡，我給老師端了一碗水喝，告訴老師我家裡沒有家長，外婆死掉了，外公臨時去外面參加義務勞動不在家裡。老師只好去下一家了！看見老師去了斜對面同學家裡，同學的父母親大聲說：「你不要來家訪了，我的女兒下個星期就不讀書了！要在家裡幫忙帶弟弟妹妹。」老師說：「你的女兒還小，起碼要讓她讀完小學畢業。」那個同學的父母非常沒有禮貌，大聲地說：「你們當老師的吃得飽沒事幹嗎？我家裡不歡迎你，你趕緊走。」

我看見邱老師低著頭，從他們的家門口走下幾級石板台階，又去了另外的同學家裡做家訪。我以為第二天上學的時候，老師會批評那位女同學，但是老師一個字也沒有提。後來我長大了才知道，什麼人大度，什麼人做工作認真負責，什麼人才能為人師表。

小小的肩膀，挑起家庭重任

我自離開了學校之後，更多的時間去到大菜園裡面和外公種菜、摘菜，也和鄰居到山上去砍柴、撿煤渣，還有就是去撿枇杷葉子，曬乾之後用稻草紮成一小扎，然後賣給政府的收購站，一毛錢一斤，做中藥用的。平時撿到的破銅爛鐵都會送去收購站賣錢，有時候能賣到三毛、五毛錢，都當我自己的零用錢。也和閨蜜母女倆去河裡面挖沙子，掙點小錢。或者到河裡面去撿鵝卵石頭，從河裡面挑上來，堆放在馬路邊，要堆成四方形，按立方計價，半個月才能賺得兩三塊錢。每一個立方只有一元左右。

石頭沙子在地上堆放越久，外面經過下雨，石頭和沙子都會下沉。因為有地質隊和銅礦他們需要做大量的工程建房子，修馬路。我有時候也跟著他們去做小工，一天有五毛錢工錢。別人挖土，我去挑土，非常得累。小小的年紀在家裡什麼都不做那就變成廢物，這時候又想著還是讀書好！

每天我依然是樂呵呵;我又記住邱老師說的話：「家裡的事一輩子做不完！」但是再回去學校跟不上原班就要降級，我又想起新的同學可能更會欺負我，所以從此便打消了重新上學的念頭，還是經常跟著閨蜜惠英去外面做小工。

有一年端午節，我們兩個閨蜜合資三毛錢，每個人花了一毛五分錢去照相館照了生平第一張黑白的兩寸大相片，相片每人只洗了一張，非常的珍貴，我一直帶在身邊。

1969 年左閨蜜與阿玲合影

生平第一次照的相片（右阿玲、左惠英）

有一天剛剛下過大雨，外公叫我到大菜園裡種大麻葉後面的那幾塊菜地里去摘長豆角，我帶著一個四方竹子做的小凳子，站高一點才能夠摘到竹子架頂上的長豆角。

我站在凳子上，突然看見地下面有一個女人戴在頭上的銅釵，一半還埋在土裡面，我將它撥了出來。又看見對面的泥土上面還有一個古銅錢，我將泥土都抹掉了，放在我的豆角籃子裡上面帶回家，再找點水洗乾淨，拿給外公看，為什麼菜地裡會有這些東西？

外公和我一起搬了兩個小凳子坐在飯廳裡面，將豆角兩頭不能吃的都摘掉。

傳說皇姑宅院變成了大菜園

外公他說：「據前輩們講，在乾隆年間，大菜園裡面住著一家皇帝的姑姑皇姑，裡面的客廳、天井都是十三出十三進，你想想那個房子到底會有多大？裡面雕龍畫鳳，很多都是按照皇宮裡的建築做的。大菜園的面積有幾百平方米那麼大，整個的地皮是高高低低不平整的，是經過鄰居們，長年累月你也去挖一點，他也去挖一點。要先將泥巴裡面的碎瓦片、碎石頭一塊一塊用手挑出來，再挑到河邊扔掉，才能變成可以種菜的土地。」

以前的房子都是木頭建的，傳說後來被大火燒掉了，大火燒了十幾天才燒完。過去沒有消防系統。記得我念小學三年級的時候，寒冬臘月，外面下著大雪，房子頂上都有四寸厚的積雪，房子門口的屋簷下還掛著五六寸長的冰柱。

下雪天，各家各戶都睡得很晚才起來，人都躲在被子里取暖。鄰居們都是吃兩頓飯。

上午十點多聽見有人敲鑼，我們剛剛吃完早餐，說在小學附近，穿過大菜園就能看見，有一間房子著火了，叫大家想辦法去救火。

我看著很多鄰居拿著水桶準備去救火，我也跟著跑去看。我站在遠遠的地方，看見很多人用鋤頭在房子四周挖壕溝，另外有很多人帶著水桶，但是周圍沒有水，只有旁邊的一口井，可井裡的水也結了冰，打不上來。只聽見上百個鄰居們說：「這麼大的火，都已經燒到房子頂上去了！根本沒有辦法再救了。」

我看見整棟房子都是熊熊大火，所有的人站在那裡，看著房子被大火燒得倒塌了為止。以前每天晚上都有一個男人敲著竹板，在小鎮子的馬路上大聲告訴各家各戶，水缸裡要裝滿水，小心火燭。

小鎮上總共有九十九口水井，三兩戶人家就有一口水井，有的水井在馬路邊上，有的水井就在別人的院子里，還有住在後面弄堂裡面一個姓賈的老鄰居，水井就在他家廚房門口，他平時還開玩笑說，他們家從來不用挑水，只要用水桶從井裡面吊上來，直接就可以放到鍋子里煮飯，吃的水最新鮮。但他們住的房子，是左穿右插四通八達的，住在裡面的人都可以在這個井裡打水。

第六章
成長中的我

我的女同學閨蜜

我小的時候只有兩個閨蜜，一個是同學，一個是鄰居。在學校的時候，什麼事都可以跟同學閨蜜講，這個閨蜜名叫祝桂華。她有兩個哥哥，年紀比她大很多。我們上學的時候，她兩個哥哥都已經分家另外住了，都有自己的小孩。同學閨蜜經常放學之後帶我到她家裡去玩。她的父母親在大街上做小買賣。

有一天她告訴我，她的母親當著她的面，和她的舅舅說要將閨蜜桂華嫁給她舅舅的兒子，也就是讓她做表哥的老婆。閨蜜說她的表哥比她大了很多歲，她根本就不喜歡！問我怎麼辦？並且說要和我她一起逃走。我對閨蜜說逃到哪裡去？到哪裡去吃飯？到哪裡去睡覺？我們逃到外面就會變成叫花子。我們兩個都躺在她的床上，她便拉著我的手嗚嗚地大聲哭了起來！

閨蜜比我大 1 歲，在我升讀中學的時候，她在媽媽的包辦婚姻下，早早地嫁給了她的表哥，16 歲的時候便生下一個女兒。但是她一點都不高興，天天吵著要離婚，兩年之後她真的離婚了，按照自己的選擇，嫁給了一個工人階級。她住在離小鎮上幾公里之外，她有時候會去鎮上買東西，我偶爾才能見到她一次。我心裡面想，為什麼她的父母要強迫她嫁給一個不喜歡的人？如果是我肯定不幹。

坐在我前面一排有一個姓胡的男同學，他的姐姐和我一起撿煤渣，我認識她。她們的母親在過年前，一定要將同學的姐姐嫁給自己一起玩的朋友做兒媳婦。但是同學的姐姐已經有了初戀情人，她堅決反對這個婚姻安排。他們的父母依然選好時辰八字，大擺宴席，將他們的女兒出嫁了！

到了第二天，全城的人都知道了。新郎說新娘子，整個晚上坐在床邊沒有睡覺。因為他發現她的內衣褲，全部用密密麻麻的針線縫補連接在一塊，外面穿上棉褲。新娘子告訴新郎：「你敢動我一下，我就用這把用鋒利的剪刀殺死自己。」新郎只好自己一個人睡覺。新郎第二天一大早就去告訴他的父母，趕緊將這新娘子送回娘家，我不想看見她死在我面前！這個父母包辦婚姻也就自動終止。

我們種的菜，別人吃

一天中午我放學之後，回到家裡看到有七八個老頭子坐在我們吃飯的桌子上，地上還擺滿了竹絲、白紙，桌子上有的人在用米糊將小白紙條粘上竹絲架子上。我問外公：「你們在幹什麼？」外公說他們在做下午遊街的高帽子。外公指著一群人說，他們都不會寫字，要我的外公幫助他們寫上成份和名字。

我跑到廚房裡打開鍋蓋子看一下，裡面有幾個小紅薯，我拿了兩個放在自己的口袋裡就去上學了。等我晚上放學回來，外公叫我去房間里去幫他做點事。外公穿的便衣後面全部都開了花，他叫我幫他在背上抹上白酒。因為還是四伏天，他說如果不抹白酒，他的背上就會爛掉。我一邊幫他抹，一邊看見外公的身體在顫抖，我也不知道為什麼，外公叫我不要問。

從我記事的時候開始，就看見外公三天兩頭去做義務勞動，他說應該的，因為解放前他什麼都不會做。解放後接受改造兩年之後，他向居委會申請做叮叮糖，用兩個籮筐挑到附近的鄉下去換廢品。換回來的有雞毛、雞內金，還有鵝毛、鴨毛，然後放在門口的地上曬乾，再拿去收購站賣。能賺多少錢我也不清楚，外公說：「這就是自力更生，自食其力。」

後來外公有一點小本錢，他會從城裡買一些鄉下人需要用的物品，每天來回走了上百裡路，每天淩晨四五點就出門，回到家的時候已經是晚上七點多，有時候回來有一大把的零錢，一毛、二毛，還有很多一分錢、兩分錢、五分錢的紙鈔票，叫我幫他分開數清楚！我告訴外公：「有的錢又髒又爛，以後你要看清楚才收回來。」

我清楚地記得，在我七歲、八歲、九歲的這三年，每年過大年的時候我都在生病。大年三十的晚上，都是我的大舅舅從房間裡背著我，去外面的飯廳桌子上坐下吃團圓飯。我看見桌子上有平時沒有的紅燒肉，整條的紅燒魚，還有香菇焖雞、當地的肉圓子、雞蛋卷，全是好吃的菜。但是我一看見就哇哇地想吐，大舅舅又背我回房間裡床上躺下。外公外婆都說「你快點好，給你留下很多好吃的菜。」以前的冬天很冷，所有的肉類放在外面兩個星期也不壞。

有天下午外公躺在床上，他對著我說：「阿玲吶;我不想活了，我想去自殺！」他說解放的時候，外地的土改工作隊只叫他寫檢查，接受貧下中農的再教育，要自力更生，不能再過地主的生活，並沒有人身鞭打。現在三天兩頭就遊街一次，然後就是抽打他們，實在受不了啦。我跪在床邊大聲哭著對他說：「你死了我和小姨怎麼辦？家裡沒有別的大人在家，我們都會餓死！外公下床扶我起來：「那好吧，我還是要活著，將你們兩個人撫養大。」從此之後我好像長大了很多，只要外公叫我做什麼，我立即就去做！

外公說兩個大舅舅很少回家，他自己又沒空，所以種的菜少了很多。他告訴我：「下午帶著籃子，去春香家後面的井邊菜地里摘白扁豆回來吃。」我說好的。當我到菜地裡的時候，看一下有四塊地的白扁豆，凡是熟了的都被別人摘掉了！我空著手回家，告訴外公那些白扁豆都被別人偷掉了！外公只好低頭回答：「那就算了吧，看看還有沒有茄子、絲瓜摘點回來吃。」幾天之後，小時候中午我是不會睡覺的，我又跑到大菜園子裡，站在別人的菜架子後面，看見有一個女人正在偷我們家的白扁豆。我也不敢說她，快步跑回家告訴外公：「我知道是誰在偷我們家的白扁豆了。」外公說他早就知道，但他是地主成分，跟誰說也沒有用！

有一天我中午放學的時候，還看見有一個男人在我們家的菜地裡，砍走菜地里一半的名叫上海青的大白菜。我跑過去說：「你為什麼砍我們家的大白菜？他說：「地主家的菜吃點怕什麼？」然後挑著兩個裝滿大白菜的擔箕，大搖大擺地走了。

從此以後我們家種的菜，再也不能到街上去賣了！自己還沒有吃，別人就先吃著，我們只能啞口無言！

我經常跟著童年夥伴去砍柴，有幾個男孩說不許我跟一起著去;我們的孩子頭劉天明、六弟、七弟，還有女孩子頭水香大姐說：「阿玲從小跟著我們一起長大，一起捉迷藏，她外公是地主，可她不是啊。她也沒有剝削你們呢。願意帶阿玲一起去砍柴的站在左邊，不願意的站在右邊。」結果沒有人分開，我們還是一大群孩子一路走一路說笑，跑到六公里以外的天排山上去砍柴！

有兩個叫四毛仔、五毛仔的男孩子，他們是兩兄弟，比我小兩三歲，他們兩個經常帶著更小的小男孩五六個人，跑到我家門口，用小石頭、黃泥巴扔進我們的飯廳里，然後在門口喊口號：「地主的女兒，地主的仔！」我們也不敢罵他們，更不敢打他們，只好關緊大門。在門縫裡看見他們叫得非常得高興。

他們隔三差五就這麼做，我和小姨躲在家裡不敢出去玩。只要有一個大人鄰居走過，就會訓責他們：「你們這麼多人不能欺負人，都趕緊回家。他們才會甘休。與我同一年齡段的男孩子只有極少數會欺負我們，所有的女孩子從來不會欺負我們。

有一個晚上，我們家門口是馬路上最寬的一段，有很多小朋友玩耍，我正在跳繩。有一個叫小毛的男孩，拿著一支燒火鉗那麼粗的鐵棍，砰的一聲敲到我的頭上。我的右邊額頭立即流出了很多血，流得滿臉都是，我只能跑回家找外公包紮。第二天，他的母親送來一碗六個生雞蛋，說是給我補血的。說他的兒子做得不對，她會好好地教導。外公說小孩子是無意的，叫他以後不要隨便打人就好了！

別人家裡都有父母和一大堆兄弟姐妹，我們家經常是沒有大人的，僅自己和小姨在家裡看門口。如果有願意和我們玩的小朋友在我們家裡玩的時候，那兩兄弟就不敢欺負我們，也不會大叫口號，或者扔石頭和泥巴。

我心裡想：我的父母親長年累月在全中國養蜜蜂，只有她要生孩子的時候，才跑到外公家裡坐月子。隔一年就生一個。有一天上午，我們一群孩子坐在大門口地上玩，突然有一個接生婆提著一個木箱子過來。她說道：「你們這一群小鬼都讓開。」我問她：「進去幹什麼？」她大聲說：「給你媽媽接生。」我也聽不明白什麼是接生？她又說：「你媽媽要生毛毛了！」不一會她就出來了。我說：「你這麼快就走了？」那個接生婆笑著對我說：「你想留住我在你們家裡過年嗎？」

我趕緊跑進房間，看見我媽媽旁邊真的多了一個小寶寶！但是滿月之後她就會離開。只要有大人在家，那些小孩子就不敢欺負我們。我的母親前面一連生了幾個女兒，她每次都跑到外公家裡坐月子。我的二姨和三姨對外公說：「為什麼大姐生孩子你就要照顧她？生完一個又一個。我們生孩子你為什麼不會照顧？」她們兩個都很嫉妒，並且說她們的孩子都要自己照顧，外公從來不幫忙照顧。

外公說：「我三天兩頭就要去做義務勞動，根本就不在家裡，哪裡有時間給你們看孩子。再說了，你們的孩子放在我這裡，他們一定不高興，因為隔天有其他的小朋友會欺負他們。」三姨說這個是事實。有一次她上街買東西的時候，路過外公門口親眼看見有一群小朋友正在向我們家裡去扔石頭和泥巴。三姨大聲地說：「你們這一班小鬼在幹什麼？」那一群小孩子一溜煙地都跑掉了！

外公接著說，他正和我媽媽商量，叫我的父母親將我帶走呢！你們的大姐長年累月在外面養蜜蜂，根本沒有可能讓孩子們上學。我的兩個妹妹，到了上小學的時候，都是放在外公家裡上學。那個大妹妹每天都要坐在家裡大哭兩個小時以上，我和小姨聽見都覺得煩死掉了，怎麼哄她也不行。她每天必須哭兩個小時以上，才會自動停止再哭。外公給她拿一個小凳子，牽著她的手，叫她們坐在後面的菜園裡哭飽了再回家！有其他小朋友都來笑她：「天天坐在菜園地裡大聲哭好玩嗎？」鄰居那個李家大嫂有兩個小女兒，和我的妹妹差不多大，後來她們天天來我家裡跟妹妹們玩，妹妹們才不哭了。

來自五湖四海的小朋友

外公也說，我和小姨都可以到他們家裡去玩。李家大嫂她婆婆是拜菩薩的，解放前帶著兒子到處要飯，在外面還撿了一個小女孩回來養，就是後來的媳婦李家大嫂。外公以前也曾救濟過他們。他們家裡雖然很窮，但是很老實，從來不會像其他婦女那樣，東家長西家短地搬弄是非。

我和外公說，他們家裡一點都不好玩。他們家大門口左邊有一個吃飯的四方桌子，桌子四面有四條雙人座的木板凳，右邊就放著很多農具，有鋤頭、鐵耙、籮筐扁擔，還有牛犁地的犁頭。飯廳裡堆得滿滿的沒有位置玩。有時候還看見李家大嫂的婆婆坐在她們的門口搓細麻繩，納鞋底用的，有時候還會編織草鞋。因為他們是農民戶口。

再往裡面走，有三個直通的房間，都是黑漆漆的，兩邊沒有窗戶，整個房子是一個很長的條形位置，最後面是廁所。他們家還養了兩頭豬。他們家的大女兒香花十五歲就出嫁了，嫁去三公裡之外的農村。午飯後上花轎的時候，她坐在房間裡嚎啕大哭，她不肯上花轎。我跟著鄰居們跑到她房間裡去看，聽見鄰居們說：「這麼小就出嫁，也不知道她那邊的婆婆會對她怎麼樣？」

還有鄰居們說，他們家兄弟姐妹一大堆，這麼早出嫁也是沒辦法的事。有的人在勸她，有的人在同情她。聽見她哭得聲音都沙啞了，門口的迎親隊伍拚命地敲鑼打鼓，告訴裡面的人好時辰已到，應該上花轎了。香花坐在床上不肯起身，他的大哥一把抱住她，放進了門口的花轎里。接親的隊伍吹著樂器滴滴答答的，有四個男人抬著新娘子走了。

自從有地質隊、銅礦大量的工人進駐我們這個千年古鎮，原本冷清的街道，到處人頭湧湧，各家各戶空閒的房屋都住滿了人。我外公住的房子本來就是一間破廟，家門口有約八米長的走廊，約一米多寬，上面還有瓦蓋著可以遮風擋雨，坐北向南，冬天很早就有太陽曬著。這時候前後左右附近，那些工人家庭的子女，都會跑到我們家門口玩。

斜對面住有一個歐陽婆婆，她家是武漢的，她在自己門口放兩把竹椅子，每天沒事的時候都坐在門口，有時候也在門口摘菜。她很喜歡和鄰居們聊天。她講的是漢川口音，但是我也聽得懂。她告訴我們，她家住在武漢的長江邊上，長江裡面有很多大船小船，往返來回。長江裡面還有很多種魚，還有很多大魚。我問她大魚有多大？她說比我的人都高！我們小鎮上河裡面的魚最多也就是兩斤重一條，水庫裡面的草魚，每年年底抓上來最大的魚大概有五六斤一條吧。她有兩個孫子一個孫女，經常來我們家裡玩。還有隔壁幾家有七八個小孩子跟我年齡差不多大，這些小朋友分別來自廣東、湖南長沙、上海、蘇州、山東、北京，最遠的來自黑龍江，全部都說著流利的普通話。

有一個男孩告訴我，他們家在黑龍江，冬天的雪能把整個大腿都埋進去了，走路非常艱難。下雪的時候眉毛上面都會結冰！有位小女孩是北京人，她告訴我北京天安門很大很大。我問她有多大呢？她說她爸爸從前門帶她到天安門玩了一次，走了小半天，回到家裡腳都疼了！

一幫來自五湖四海的小朋友，他們有空的時候也會常跑過來我家裡玩，講著他們不同的故事。因為我家門口很寬，有很多位置，家裡很少有大人在家，沒有人管我們，怎麼玩都行。他們從來都不會欺負我們。這時候那四毛仔、五毛仔兄弟看見我們人多，有一天下午，他們又想欺負我和小姨，對面的歐陽婆婆大聲喝止他們，對他們說：「扔石頭和泥巴，會砸到人，叫你們家賠錢，賠醫藥費！」那一群專門欺負人的小朋友從此以後不敢再放肆亂扔石頭！

這些新來的小朋友，他們也給我帶來了新的知識。他們的母親都會編制各種花式的毛衣、毛褲、手套、帽子，五顏六色的搭配非常漂亮。以前我們踢的毽子，都是用公雞的尾巴毛做的。自從他們來了之後，用各式各樣的毛線，穿在銅錢上變成非常漂亮的毽子。還有幾個工人阿姨，她們燒火煮飯的時候，會將他們的小寶寶抱到我家裡，叫我幫忙帶著！我很會哄小朋友，他們的小寶寶放在我家裡玩從來都不會哭。

那些工人家屬的阿姨也會給我講故事，還會給我一些零食。有一個江阿姨，她告訴我，他們家離蘇聯很近，經常能看見蘇聯人，說：「蘇聯人的鼻子都很大。」我問她：「鼻子有多大？」她說：「要找一根繩子將鼻子綁起來掛在脖子上。」笑得我前俯後仰肚子都疼了。我說：「蘇聯人的鼻子這麼長，那不變成妖怪了？」

有一天下午，兩個湖南籍的高姓兄妹來到我家裡玩，每人嘴上都叼着一根紅色的辣椒干。我對他們說：「你們家的辣椒幹是」甜的嗎？他們兩個搖搖頭。我外公經常會做整條煎辣椒，辣椒炒菜，辣椒炒腌菜，還有腌酸辣椒，剁碎了的腌制紅辣椒，我從來也沒有看見人直接吃紅辣椒干。

他們兩兄妹將辣椒幹放在手上，說他們的爸爸媽媽還沒有下班，肚子很餓，家裡沒有吃的東西，他們在廚房裡找到了一大串紅辣椒干，每人用手扯下一條先吃著。我們家裡自己種的南瓜，裡面的南瓜子曬乾之後都留起來，我這裡剛剛炒熟了，給你分一點吃吧。他們兄妹倆連瓜子殼都吃掉了！

從小便飽經人間的冷暖

我的三舅舅、四舅舅都被外公外婆送給別人做兒子了。以前逢年過節，他們會到外公家拜年送禮，後來因為歷史的原因，他們就不來了。當然不是他們的過錯，他們的年紀分別只比我大三至五歲。他們的養父養母自己沒有生下半個兒女，但是都沒有一點感恩之情。大人不來情有可原，要劃清界限，但是跟小孩子沒關係，看望他們自己的親生父母也不會犯法。小時候我還會去他們家裡，代替外公去祝賀他們的生日，我長大之後也沒有去看望他們一次！

以前外公的四個兄弟、四個大嫂，外公說解放前在經濟上沒有少接濟他們，除了外婆去世那一次他們來了，之後我都沒有見過他們到我們家來。更不要說叫他們幫忙，或者借點什麼？外公說：「富在深山有遠親，窮在鬧市無人問，這就是人間真實的寫照。」我每天能看見的鄰居，就是住在弄堂裡的賈老頭和賈老太。他們家裡有三個兒子，分三家人吃飯，賈老頭跟他的大兒子一夥，賈老太太帶著她的小兒子一夥，中間的兒子在外面工作很少回家，自己一夥。

賈老頭瘦瘦的，中等個子，五十幾歲的時候牙齒就掉光了，說起話來的時候總是扁扁嘴。但是他會煮大鍋飯，去到別人家裡做酒席，不管是誰家裡有紅白喜事，都有人請他去做大廚。他只要一有空就站在我們的飯廳里，我們在煮飯的時候，他就站在廚房裡，給我外公吹牛，

說昨天誰家裡給了他一大碗紅燒肉帶回來，明天又說誰家裡又給了他一瓶油，所以他家裡的油水非常多，可以用油當水去做菜！說他的大兒子都說，油太多都吃不下了！我心裡想，每個月城鎮戶口只有四兩油供應，他和他的大兒子每個月只有八兩菜油，誰家裡都窮得叮噹三響，有誰家裡會給他這麼多油？我還問外公：「你為什麼不向他借點油呢？」外公說：「他說的話半點都不能信。他說去了東邊，你就到西邊去找他！他的牛皮也不怕吹破了天！」

他的老婆賈老太天天也泡在我們家裡說，他們家幾個月都沒有看見豬肉了，她和小兒子都是用紅鍋煮菜，連個油沫子都沒看見。小兒子還天天都怪她，什麼時候能買點肉回來吃吃。聽見她說完，我和外公都哈哈大笑！」你們家的老頭子剛剛說的，他家里的煮菜的油多到都吃膩了，你為什麼不向他借點？」

賈老太太說：「他的牛皮吹上了天！剛才中午看見老頭子在炒菜，半點油都沒有，我都吃了一口，他炒出來的菜黃黃的、乾巴巴的一點都不好吃。」他們家是要排隊先後燒飯的！

這兩個老頭老太太，兩人輪流每天最少來我們家五六次，說著同樣的故事。一個說他們家的油水太好了！一個說他們家實在太窮了！他們兩個人說的故事，我和外公的耳朵都聽出繭子來了。但我們從來沒有說過，讓他們不要再講啦！反正我們家裡也沒有其他鄰居進來聊天！

我的鄰居閨蜜笑著說：「去你外公家裡的大人都是要到哪裡去做義務勞動，壞分子都到你們家門口集合。」

閨蜜惠英對我說：「要做高帽子遊街的時候，也是要你外公去跟他們寫名字。」我告訴她：「每天早上和傍旁的時候，在我們家門口磨刀的人就不是你說的那樣的人！閨蜜說：「但他們也沒有進你們的家裡，磨刀的人不算！」

我說那也對。我有空的時候，就會看著閨蜜的媽媽，虹婆婆用破布加米糊一層一層地粘，粘在畫好要的尺寸，再用刀子切掉多餘的布邊好做鞋底。她對我說：「你的外婆已經死了，你的母親又不在這裡，你自己要學會縫補衣服。」

她還教會我用紙剪鞋樣，用麻繩納鞋底，讓我和她的女兒惠英比賽，給自己做一雙黑布、方口布鞋給自己穿。結果我們兩個人花了好多天的時間學習，每個人都做了一雙合適的布鞋給自己穿上。我回家告訴外公：「這是虹婆婆教我做的鞋子，好看嗎？外公表揚我：「你要努力學習，這兩年你外婆死了，我和你兩個舅舅只能買解放鞋穿，以後你也跟我們各做一雙布鞋吧！」我嘟起嘴巴說「你們的腳 43 碼，我到哪裡去找那些碎布回來粘鞋底？後來街上有白色的塑膠鞋底賣，我只要做一個鞋子面就行。又跑去找閨蜜的媽媽，請教她如何將鞋面和塑膠鞋底粘在一塊？」

虹婆婆很有耐心，教我用一個空心的鑽子，先在塑膠鞋底邊上鑽洞，然後再用針穿上麻線，來回要做雙針，這樣才結實。我真的給我外公做了一雙塑膠底，黑色布面的圓口便鞋。然後拿給外公試穿，剛剛好，不大不小。外公穿好了，站起來哈哈大笑！說道：「不錯不錯，我的小阿玲也會做鞋子了！」後來我又和閨蜜向她媽媽學習，做簡單的胸圍和自己穿的短褲。還可以買一些很便宜的人造毛線，學習給自己織毛衣，織毛褲子。

我的母親看見我干這個很快，一個星期就可以織好一件成人穿的毛衣。她從其他地方買了很多不同顏色人造毛線，我給兩個舅舅以及外公每個人都織了一件淺咖啡人造的毛線衣。這種毛衣穿在身上很重，就跟麻布袋子差不多！

母親每一年冬天都會回來外公家裡住兩個月。她說她們養的蜜蜂冬天要冬眠，放在北方的房子里。等十二月末的時候，再運到廣東去重新繁殖，所以她回來兩個月時間。我天天給他們，包括弟弟妹妹，織毛衣、毛褲子。

大人小孩都能分善惡

有時候我坐在門口又會想起老師說的話：人不犯我我不犯人！這句話真正的含義是什麼？十幾歲的我似懂非懂。有天吃午飯的時候，我看見外公的盤子裡有像雞蛋那麼大個，一個一個的米糠團，外公每咬一口就會大口地喝水。我說：「外公，這麼好吃的東西怎麼可以留著你一個人吃，不給我們吃嗎？他說：「你想吃就試試吧。」我拿起一個米糠團咬了一口，好像有魚刺在喉嚨裡面卡著，吞不進去也吐不出來！原來米糠團就像鋒利的刀子，想割破我的喉嚨。外公笑嘻嘻地說：「叫你不要吃吧，你還以為有好東西不給你們吃！這下難受了吧，趕緊大口喝水吞進去。」

看見外公一連吃掉了四個，我又去給他端了一碗水。我再問他：「為什麼鄰居們都變了？有的鄰居們以前對外婆都很客氣，現在都不理我們了。有時候他們大人還欺負我的小姨，說這地主的女兒沒有一個是好的！」

我的小姨經常放學回來都被別人罵，有時候還被別人打，她只有哭著跑回家。外公只好叫她不要念書，坐在家裡玩，少點出門。小姨她只讀了三年級，就自動停學了。小姨的老師從來不會幫她，隨便讓其他同學平白無故地欺負小姨，吐口水，扔沙子在她的頭上和臉上，小姨她從來都不敢說一句話！有的鄰居說小姨從小沒有父母親管教，也是一個可憐的孩子！她只能在家裡幫忙去砍柴，撿煤渣。

還好我和小姨有一個共同的童年夥伴小陶，她經常會到我們家裡玩，跟我的年齡一樣大。她住在右面隔壁弄堂張家大院裡。大院有兩個大門，兩個側門。大院裡住著五戶人家，有 40 多口人，只有一戶人家是姓張，其他的都是別姓。張家大院也是清朝時建造的舊屋，一進了麻石頭做的大門，就能看見一個過百平方的天井，地上鋪著鵝卵石頭，正面有一個大廳。往左邊走有六公尺大的小天井，再往前走又是一個用鵝卵石鋪的大天井。這些天井以前是用來通風的，同時也保證了所有的家庭照明，也可以用來曬衣服、曬菜乾。誰家裡有大喜事，都可以在這裡擺宴席！整個大院裡擺放幾十桌宴席都沒有問題。小天井是照明用的。每戶人家都有三個房間，一個廚房，大廳是共用的。

小時候我總是不明白，小陶家裡為什麼會有一個爺爺兩個奶奶？父親母親，還有一個哥哥，一個姐姐，都比她大了很多歲，他們家吃什麼東西，都要分成八份，每人只吃自己的一份，他們家的老人家要吃煮得爛爛的食物，放在鍋里重新再煮一次，年輕人不喜歡！我問外公別人家只有一個奶奶，他們家怎麼會有兩個奶奶？外公說她的小奶奶，是他爺爺解放前跟別人賭錢的時候贏回來的！

小陶的爺爺和小奶奶住在進大門口一間右邊的側面的廂房裡面，白天在汽車站賣瓜子花生，還有水果糖。到了晚上，我們很多小朋友都會跑到他家裡去買水果糖，五分錢六個，一毛錢 12 個。很多時候一個小朋友買，其他小朋友都能分到一個水果糖。

那就是我們最好的零食。張家大院共有五戶人家，每家都有很多孩子。外公曾經告訴我哪一家的歷史是怎麼樣的。告訴我要睜大眼睛看清楚人的本性，右邊的三戶人家你都可以去玩，左邊的兩戶，以前的事你沒看見，他們兩家的孩子沒有少欺負你們吧？

一個家庭里，父母將孩子們教養得好，孩子們就會心地善良，辛勤勞動，助人為樂，不會無端端的害人騙人。中間的那戶姓張的人家，他們家爺爺解放前也是個教書的先生，他們家的子弟都不會仗勢欺人，學習成績都很好！他家裡孩子們的母親，只管好自己家裡的洗衣做飯，縫縫補補，從來不會去貪小便宜，更不會去別人家裡搬弄是非！

從古至今，吃一樣的米能養出千奇百怪的人。有的人一輩子積善行德，助人為樂！有的人做夢的時候都在算計別人，怎樣才能將別人的東西變成他的！這樣的人不勞而獲，就想輕而易舉地得到別人的財產。他們也不能富貴終身，因為蒼天可鑒。任何時候我們都要摸著良心走正路，用自己的智慧和心血賺取你的財富，才會活得心安理得，否則也會變成竹籃子打水一場空。

艱難生活中我和閨蜜一起成長

離開學校的三年時間里，我經常去做小工。大舅舅他們工作的石灰廠，夏天是淡季，很多時候都沒有工作可以干！這時候的地質隊，不知道他們從哪裡運回來很多粉紅色的泥土，更不清楚那些泥巴用來幹什麼用？這些粉紅色的泥土是大塊大塊的軟土塊。他們的解放牌車子會將泥土運到天排山腳下，堆放在馬路旁邊的地上。所有小鎮裡的人，只要你有力氣，都可以去幫他們挑土上山頂。這些泥土挑到天排山頂，一斤一分錢。一天只能挑一次，已經累到兩隻腳都又酸又痛。

整個天排山都是像爬樓梯那麼陡的山路，在全是泥土的山路會打滑。所有的人只能穿草鞋，每走幾步就要休息一次。走得快的人用四個小時能挑上去，我要用五個小時以上才能挑上去。如果沒有爬過山的人，空手走上去都喘不過氣來！更不要說要挑起泥巴一起走。

我每一次只能挑五十斤左右;我們將泥巴挑到山頂地質隊的鑽機帳篷裡面，他們會支付現金。我一天能賺到五毛錢，最重的一次也只挑了五十四斤。我的大舅舅可以挑一百二十多斤，還經常和舅舅小姨，跑到十多公裡以外公裡外的山裡面，去砍雜木棍柴火，預備冬天燒的。燒飯之後，在爐灶裡面還有很多未燒盡的木炭，這些就叫做雜木棍子柴，外公會裝進鐵火盆裡面取暖。

生活雖然很艱難，但我也在不斷地長大了。

還有很多鄰居誇我，說：「這是誰家的女孩，小臉蛋長得像蘋果似的，紅彤彤的好像抹了胭脂。也有人說：「她外公是地主，你敢娶回去當兒媳婦嗎？」不管他們說什麼，我也不會理會。我有空的時候就和鄰居閨蜜玩，她的母親說的話和我外公一樣，全是真實的，沒有半點虛假！我曾經看見兩個女鄰居，她們兩個在別人面前總說對方壞，當面的時候還是笑裡藏刀，說你有多好多好！

一天我在家吃中飯的時候，聽見大街上男女混罵，什麼罵人的粗口都有，從來沒聽見過的粗口他們都說出來了！祖宗八代都被對方互罵了一次，我手上端著飯碗，站在馬路上聽了半天，大概聽明白了：兩個女人都有搬弄別人的是非，第三方要她們兩個人當面對質，三個女人吵架的時候，她們家的三個男人也站出來，一起奮戰！喊打喊殺，半斤八兩的誰也不讓誰！

後來有更多的鄰居多走出來看熱鬧。我聽見有兩個年長的爺爺輩的鄰居說：「我們都住在一條街上幾十年了，抬頭不見低頭見，孩子們又一起玩，這又打又鬧的，太不像話了，你們罵完了都該回家待著！」這場風波才算平息。我心裡想：那兩個女人真是吃飽了撐的沒事幹。但她們認為自己的丈夫都是幹部，高人一等呢。

一天早上我上完廁所，發現自己的內褲有一點紅色;我趕緊跑到閨蜜家裡，並告訴她的母親虹婆婆。虹婆婆笑眯眯地說：「阿玲吶恭喜你，你這是要做大人了。」我和閨蜜相互望一眼，沒有聽明白她母親說什麼。閨蜜雖然比我大三歲，但是她還沒有來經期。我們兩個同時問到那怎麼辦？虹婆婆說：「你們兩個趕緊去百貨商店買兩條衛生帶回來。」並且問我有錢嗎？我回答說：「我有兩塊多錢，她說足夠了。」

我和閨蜜快步走到百貨商店，告訴服務員我們要買衛生帶。那個服務員阿姨也是笑嘻嘻地說：「你們兩個都要買嗎？」閨蜜告訴服務員她不買，是我一個人要買兩條。服務員拿出兩個四方的包裝，叫我們回去再拆開看，每一條三毛錢。我們兩個趕緊又回到閨蜜家裡。

虹婆婆叫我們兩個人一人拆開一條，看見裡面一條是粉紅色軟皮，中間位置有兩條隔開幾寸，各有兩條橡皮筋橫釘在上面。

一頭兩邊有兩根繩子，裡頭有一個布條打的孔，另一條是藍色的。虹婆婆說這些都是女人用的東西，不能給別人看見，叫我趕緊去給她們家關上大門。婆婆走進她們房間裡拿出來一卷白紙，折成長方條，裝進衛生帶那兩條橡皮筋的中間。然後穿著她自己的褲子外面，示範一次給我們兩個人看。並且說道：「你們兩個」人都看清楚了，就是這麼穿的！紙巾濕了就要換掉，要不然裡面就會發炎。」並告訴我們：「她們的年代叫衛生帶是騎馬片。」我和閨蜜兩個人看見她的母親一邊示範一邊說，我們兩個人的肚子都笑疼了！

這時我才說，小時候我也看見我的外婆，她每個月都會在家裡用破布做七，八條長形的小口袋，然後到燒柴火的爐灶裡，往這些舊布條做的袋子裡面裝上柴火灰，然後又用針線將另一頭縫好，我問她這是幹什麼？

外婆說等你長大了自然就知道。虹婆婆說：「以前的女人是這樣，連衛生帶都是自己做的，現在你們可以在商店裡面買到，簡單多了。不過你要記住，這是女人的秘密，每一個月都有一次，每次都有五六天時間。之後你要洗乾淨衛生帶，用其他衣服遮起來，放在外面去曬乾下次再用。你們兩個記清楚了嗎？」我和閨蜜還在笑個不停，一起點點頭表示知道了。半年後惠英才和我一樣進入成年。

學習養蠶賺錢的趣事

我們家很早就吃完午飯，我又跑到閨蜜的家裡玩。她們家正在吃午飯，看見閨蜜她們姐弟倆在桌子上吃飯，她們的母親還在廚房裡忙著。桌子上面有一大碗白色的蘿蔔絲，裡面還有切碎了的辣椒。她們姐弟倆不斷地在碗裡面挑，我站在桌子旁邊問：「你們兩個在挑什麼？」這時候虹婆婆穿著黑色的圍裙從廚房裡走出來，她說：「這姐弟倆長得像猴子似的，瘦骨嶙峋的，也沒有營養。我前天買了鄉下人拿來賣的，在田裡面抓的小蝦干，一毛錢一竹筒，剛才炒蘿蔔絲的時候，抓了一把放進去！」

白蘿蔔沒有油真的不好吃，所以她們兩個人在碗裡面挑著差不多綠豆那麼小的小蝦干。我連忙說是的，我和我的小姨也不喜歡吃白蘿蔔絲，有一天我們兩個也在碗裡面挑小蝦乾。我們的二舅舅放工回來，他剛放下鋤頭就看見我們兩個人在碗裡面挑來挑去的。他走過來，端起了那大碗蘿蔔絲說道：「要不要倒在桌子讓你們兩個挑？」我們兩個說好啊！看見外公從裡面走出來，說：「你們不要浪費，我們家還有自己種的蘿蔔吃，很多人家裡都沒有，你們也想去當叫花子嗎？嚇得我們都不敢出聲！

閨蜜的母親一邊吃飯一邊說：「聽說齊家大院裡面的鄰居，大海和他的母親養蠶養得不錯，蠶繭可以賣給收購站，也能賺點錢。等一下我們吃完飯，帶你們兩個去他家裡看看好嗎？」我們說好啊。稍後虹婆婆將她們的飯碗收拾好，放在廚房大鍋子裡面用水泡著，還沒有洗。

我們一行三人從他們的廚房後門進了齊家大院;這大院大門口兩邊堆滿了雜草的柴火，有一個兩百多平米大的天井，看見一個做蔑匝的師傅正在破開毛竹，將毛竹青皮再破開變成毛竹絲，編製籮筐、籃子用的。

進去又是一個大廳，一直走進去，有三個天井，中間隔了兩個大廳，裡面兩邊共住了十戶人家。有做木匠的，做瓦匠的，做桶匠的，還有當老師，做小買賣的和當售貨員的。我們小時候捉迷藏，晚上從來不敢進去齊家大院！各家各戶都點著玻璃罩的煤油燈，早早地關上房門，躲在家裡不出來！那些天井大廳都是空洞洞的，一點東西都沒有，到了晚上黑咕隆咚，總覺得陰沉沉，所有的小朋友都害怕裡面有鬼！

我們一行三人走到最後面的天井右側;那個男孩子叫大海，他媽媽正在門口。虹婆婆說：「我們聽鄰居們說，你們母子二人養蠶養得很好，我們來參觀一下。」大海的媽媽帶著我們進了她們的飯廳，看見她們家用很多個特大的圓形簸箕養了很多蠶寶寶;我第一次看見這麼多蠶寶寶。虹婆婆問她：「這些蠶很容易養嗎？'大海的媽媽說：「很容易，只要摘桑葉回來給它們吃就行。」我也問：「這桑葉在哪裡摘的？」大海的媽媽說：「所有的菜園子角落裡面都有桑樹，野生的，不是人家種的，可以隨便採摘。」

我們問：「你這些蠶寶寶會賣嗎？她說會賣的;我問她賣多少錢一條？她說：「像豆角那麼粗半寸長的，一毛錢五條。如果是沒有孵化的蠶卵，一毛錢 100 個，都是粘在紙上面的。」我又問她：「怎麼能孵化出來？」她說：「很容易，找點舊棉花放在將蠶卵包在中間，放在自己的口袋裡有溫度。春天經過幾天的時間，蠶卵就會孵化成小寶寶出來。」之後我真的買了一毛錢的蠶卵，照她說的方法，回家孵化出來黑黑的小蠶蟲，再去大菜園子裡面摘桑葉給它們吃。但是外公反對，他說很臟，養這幾條蠶蛹能賣幾個錢？還惹老鼠，我只好全部送給別人。

接新娘，賺吃喜酒

一天我和閨蜜正在她家裡織毛衣，她的母親從外面回來，高興地告訴我們：「有一個鄰居過幾天要娶兒媳婦，他們想讓你們兩個人幫他們去城外幾里路的村子接新娘，有酒席吃的，你們兩個願意嗎？」

我和閨蜜兩個人一起拍手，當然願意啦！我們從來也沒有去接過新娘。一周后的農曆十月，我和閨蜜都穿上自己織的毛衣去接新娘。跟著一隊樂班吹吹打打，還有四個人抬的轎子，去接新娘了！

新娘上轎的時間是由風水師傅一早挑好的時辰。六十年代末，一些講究的新娘子要新郎家裡給做 10 套新衣服。當時的布分很多種，夏天有的確良，秋天有棉花布，冬天最好的就是燈芯絨，沒有十套新衣服新娘子就覺得沒有面子！新娘子頭上戴一朵紙紅花，或到店裡買的紅花。那個時代大家都扎著兩個長辮子。我們一群人浩浩蕩蕩地去到新娘的家裡，看見也擺了很多桌子酒席，但是我們的任務是要催促新娘子按時辰上花轎，也沒有在新娘子家裡吃酒席。下午 4 點多就將新娘子接回來城裡了。我們要陪著新娘子在房間裡面說話。

晚上新郎家的酒席開了，我們就可以坐在桌子上吃飯。每桌酒席上面有一碗紅燒肉、一條紅燒魚、海帶、香菇、粉條、蘿蔔白菜、酸辣湯、芋頭煮泥鰍都可以上酒席的！蒸大米白飯隨便吃，那天晚上我們吃得非常飽。還有新郎自己家裡做的土白酒，很多男人們繼續喝酒。

按照當地的規定，新郎家裡最少要給一頭豬肉、幾十斤草魚，新娘子家裡請客用的。本來我們吃完飯我們就可以走了，但我也想看看別人是怎麼鬧新房的。天色漸黑，外面的酒席差不多已經吃得精光！很多人就跑到新郎的房間里，說要鬧洞房。新郎的房間里也有幾個他的好友，將房門關起來。外面拚命推，裡面拚命頂著。還是新郎的父親大聲說：「大家不要推了，馬上給大家派喜糖。」這時新娘子的房門打開了，我們趕緊跑出去大廳裡面，等著搶喜糖。看見新郎用手抓一把大紅紙包著的喜糖（裡面就是用冰糖砸碎像芝麻綠豆那麼小的粒，叫雪子糖），每一包裡面大概有十幾粒，我在地上撿到五包。

第二天我又告訴閨蜜的母親：「為什麼他們家的喜糖這麼少？」虹婆婆說：「喜糖應該是買水果糖，但是他們家裡要省錢，所以將冰糖砸得碎碎的，再用紅紙包起來，也可以叫喜糖吶！」我和閨蜜齊聲說他們家太小氣了。

山窩窩的新年時光又到了

大年初一，陽光普照，房子頂上的雪都開始融化了，碧藍的天空下，每家每戶門口的屋簷下，都在滴滴答答地下著（雪融后的）「大雨」。我們的習慣大年初一是要吃麵條的。吃完麵之後我和閨蜜、小姨、小陶都站在我們家門口等其他的女孩子，我們要一起到街上去玩。大概有八九個同年紀的童年女夥伴，我們全部都穿上過年的新衣服。每一年只要不下大雨，我們都會走路先到北門橋上面逛一逛。

北門橋是唐朝年間，由一個姓任，名叫任百萬的土豪，主要是他出資，地方百姓也有人出錢出力共同建造的，全部用大塊的石板修建而成。橋底下有五個像公雞頭那樣的橋墩，橋面上鋪的都是石板塊，橋面中間的石板已被獨輪車子壓出來的有四五寸深的車輪印。在橋上面，我們可以非常清楚地看見東面的鵝湖山，山頂上面還有一半被大雪覆蓋著。橋底下的河水非常的清澈，夏天會看見有很多魚兒成群結隊地在河裡面游來游去。下雪天一條魚也看不見！

我們都覺得橋面上的風很大，又跑到東門街上，看見有很多小攤販，在他們自己的門口，在賣著小朋友玩的東西。我們一群女孩子最喜歡的就是橡皮筋、頭髮夾子、好看的花絲帶條，我們每個人都買了兩條，大約一尺長一寸寬，邊上有齒的人造綢緞布條，有大紅色、綠色、藍色、粉紅色等很多顏色給我們挑，每人都用了一毛錢買了一對，馬上就相互扎在自己的辮子尾巴上，我們都覺得非常漂亮。在街上轉了一個大圈，我們都高高興興地回家了。

回到家我又問外公：「家門口東面的鵝湖山，看起來離我們都不遠，山上也有很多柴火，為什麼我們從來不到那裡去砍柴？」外公說：「鵝湖山上全部都是石頭山，到那裡去砍柴，柴刀都會砍破了！」

「西邊天排山有大大小小的山連在一起，這邊都是土山，你今年砍完了山上的柴火，明年它又會長得很高。」哦，原來是這樣。外公又說：「你很快就不用去砍柴了！」我問他為什麼？

他說前幾天收到我父母親的來信，他們現在在廣東叢化放養蜜蜂，三月份會回到江西上饒市郊區，他們已經答應了，我可以跟著他們一起去養蜜蜂了。我高興得跳了起來，說道：「是真的嗎？」外公說：「是真的，你可以去看信。」我第一時間跑去告訴閨蜜，然後見到人就說我要跟父母親出去養蜜蜂了！

閨蜜曲折的婚事

閨蜜的母親虹婆婆說：「阿玲你可以跟著父母親到大城市裡去看看。」在我們的千年古鎮，山窩窩裡面從來沒有見過大世面！我們連公共汽車都沒有坐過，更不知道火車、大輪船、飛機長啥樣？到哪裡去都是靠自己一雙腳走路去。女孩子長大了都要嫁人，可能有的會嫁得很遠！也有很多女孩子可能會嫁到大城市裡面去，但是也有很多女孩的父母親，認為嫁到鄉下才好，才能吃得飽飯。這時候的閨蜜惠英，她家裡有很多媒人開始來幫她做媒了！

第一個來說媒的人，是三十里之外一個父子都會做紙雨傘、斗笠、燈籠的男孩子。閨蜜說：「不同意盲婚啞嫁，一定要見過他本人。」這個男孩真的來了。我看見他長得挺帥的，中等的個子，說話很有禮貌，笑容滿面，閨蜜也很滿意那位男孩子的樣貌。見過幾次之後，準備訂婚了，突然間一個女鄰居也說想娶閨蜜她做兒媳婦。後來虹婆婆全家人決定，惠英嫁得近肯定比嫁得遠更好。

那個做燈籠的男孩三天兩頭就會跑到閨蜜家裡，問：「為什麼會取消訂婚？」有時候閨蜜見到他來的時候，就會躲進自己的房間里不出來。那個男孩子就坐在閨蜜的大門口，大石條的門檻上等上大半天。虹婆婆還叫我去告訴那個男孩說惠英不在家裡，叫他不要等啦！後來這個男孩經常坐在閨蜜的大門口。我聽見鄰居們說：「人家的女孩不願嫁給你，你就不用在這裡賴著不走！」他三天兩頭地到來，在街上大聲地說：「我有什麼不好？我到底哪裡不好？鄰居們說他這是在發花癲了！後來他的父親叫了幾個人，強行地將他拖回家了。

不久之後，閨蜜真的和鄰居的兒子訂了婚。大家都住在一條街上相互瞭解。這位鄰居別人叫她蘭嬸，她生了一大堆兒子，很多都是夭折了，跟閨蜜訂婚的是她的大兒子！自幼人品都不錯，不會橫行霸道欺壓別人！從來沒有欺負過我們。但他的母親口無遮攔。她的兒子已經訂了婚，還到處說要去找張三、李四、王五的女兒回來當兒媳婦。閨蜜的父親解放前是在國民黨縣政府裡面做事的，也是有文化的人。他說這樣的母親，以後把女兒嫁過去，怎樣跟她相處？結果半年後又退婚了，最後閨蜜遠嫁到外省江蘇城裡去了。

小鄉巴佬出城了;幾天之後，我也離開了這個生活過十五年的山窩窩。

第七章
成為正式的養蜂人

離開生活十五年的山窩窩

1971 年 3 月 18 號，這是一個好日子，也是我成年的日子。吃完早飯，我的外公和我的小姨、好朋友三陶走到西門城外汽車站。外公幫我們三個人買了三張車票，我們第一次坐上了公交車。上了車，首先路過的是古鎮上的洋橋，一路坐在汽車上搖搖晃晃，三陶坐在我左邊說有一點頭暈，她閉著眼睛不說話。我對她說：「我以前走在馬路上，每當車子走過的時候，我都覺得汽油的味道很香。」我坐在中間位置，和小姨在看著汽車離開千年古鎮的山窩窩，越來越遠，看見我們以前走過的很多地方。

汽車左轉右轉，在彎彎的馬路上行駛，中間還要停兩個站。我們以前只有停過的地方，但是我從來沒有去過。四十公里的路程，汽車足足走了兩個小時，差不多中午的時候才到達上饒市汽車站。我的父親來接我們。他頭頂上戴著一個純白色頻寬邊的工人安全帽，穿一件米黃色的襯衣，筆直的深色西褲，黑色的皮鞋。我心裡面想，父親穿得真洋氣。

他問我為什麼會有三個人來？我用手指一下小姨和三陶，她們是來專門送我的。父親請我們在車站旁邊飯館裡面，每個人都吃了一碗肉絲湯米粉，然後他說還要坐二十分鐘汽車才到他養蜜蜂的地方。我們又上了公共汽車，路過了信江大橋。我說：「這個河面比我們古鎮上的河面，最少寬了四倍多那麼大。」父親說：「這個不是河，這個是信江。」並且說：「小河的水會流進大河裡，大河裡的水會流進大江，最後千條江河的水都歸了大海。」

說著說著我們就下車了，進了旁邊一條村子。馬路邊上是一個生產隊的曬谷場，曬谷場上擺放了上百箱的蜜蜂，全部都是雙層的繼箱，看見蜜蜂在漫天飛舞。我們繞過旁邊，走到一個生產隊的糧倉，看見我的母親。她不再扎兩個長辮子，而是將自己的頭髮剪得齊脖子那麼長，兩邊都用黑色的頭髮夾子夾著。她的皮膚很白淨，比我高出半個頭。她正在用藍色的煤油爐子煮飯。房子裡面還有兩個弟弟。母親笑嘻嘻地問我們吃過飯沒有，我們全部回答吃過了！

我們三個人在裡面看了一下，這個生產隊的糧倉，地面是水泥的，很光滑。我們原本住的古鎮上，家家戶戶的地面都是泥巴地，一下雨的時候就粘在鞋子上面，很少有水泥地。看見裡面鋪了兩個相連的鋼絲床，還有很多裝蜂蜜用的綠色的大鐵桶，和很多空的蜜蜂箱子。然後我母親對著我們說：「我們養蜜蜂的人四海為家，在哪裡都是隨隨便便地就可以住下，現在不要搭帳篷，省了很多事。」然後就跟我父親說，他們二人一起搬來六個大臥式十六框的空蜜蜂箱子，排在進門的靠牆位置，幫我們搭了一個大床，再鋪上棉花被子，叫我們三人今天晚上就睡在這裡，並說蓋的被子也有的。我們三個人一起說好的。

然後我們到外面去看看，看見一大片水田裡長著紫色的花。父親說這是紫雲英。紫雲英花上面有很多蜜蜂在那裡採蜜。再往遠處看，還有很多很多金黃金黃的油菜也在開花。花在盛開的時候，花蕊中間才會有甜甜的蜂蜜水。蜜蜂用它的尖尖的嘴吸回到肚子裡面，再吐到蜂巢裡，然後又吸進肚子里，反反覆復要加工八十次左右，將裡面的水分揮發乾掉，才會變成蜂蜜。

上饒市附近幾乎都是平地。我們三個人都非常害怕蜜蜂蜇我們，三陶還用手來拍打飛過來的蜜蜂！父親說：「千萬不要用手拍蜜蜂，它們就是飛到你的頭上臉上，休息一會自動會飛走。如果你用手拍它，它們會犧牲自己的性命用尾巴上的針來蜇你。蜜蜂蜇了你之後，它的腸子都拉出來了，然後它在地上打幾個圈圈就死掉了！」

晚上，我的母親用一個鋼筋鍋子悶了一鍋子米飯，再用炒菜的鋼筋鍋子，用半肥瘦的豬肉煮大白菜，做了一鍋子滿滿的，我們三個人每人裝了一大碗飯，看見鍋子裡面的飯所剩無幾。本來我們在家裡都是非常能吃的，每人吃兩大碗飯剛剛夠飽。晚上我們三個人是睡在蜜蜂箱子鋪的一張床上，小姨和三陶說：「我們明天早上就回去了！」我問她們：「為什麼不陪我玩兩天？」三陶輕輕地對我說：「你媽媽做一鍋子飯，還不夠我們三個人吃呢。」

第二天早上，母親煮了一大鍋麵條，我們每人都吃了一大碗。然後父親說，他送小姨她們二人到上饒市汽車站，給她們買好了車票就會回家了。父親還告訴母親，等他回來的時候今天要搖蜂蜜，叫她事先準備好工具。這時候我才看見兩個弟弟。大弟坐在地上玩，小的才有幾個月，躺在床上踢踢腳地自己玩，他們很乖，一點都沒有哭。我從小到大從來都沒有叫過自己的爸爸媽媽，因為我剛剛一歲的時候就已經去了外公外婆家裡，外公外婆就如同我的父母，從來沒有打過罵過我一次。我心裡便想著：雖然這是我的父母，不知道他們對我會怎麼樣？他們難不難相處？

母親叫我幫忙清洗打蜂蜜的搖蜜機（圓桶形），首先倒半壺開水到裡面去洗刷一次，然後反過來放在蜂箱上面，將裡面的水晾曬乾，再用一個臉盆裝大半盆冷水放在地上備用，並且給我一個長長的毛刷子，叫我直接放在水盆裡就行，說這個是掃蜜蜂用的（蜂掃）。

她又去找出來一把一尺多長的刀子，告訴我這是專門用來割蜂蜜的（割蜜刀）。然後又拿來了一個刀子，上面一頭有一個缺口，下面是斜形的刀子。母親說：「這個是起釘子和刮蜂箱用的（起刮刀），所有的意蜂都會采回來很多蜂膠蜂蠟混合在一起，將每個蜂巢木框粘得緊緊的，必須要用起刮刀撬開，才方便取出來。」母親再給我找了一個草帽，裝上一個後面是白色的紗布，前面一塊四方的是黑色的紗布，她說這個是防止蜜蜂蜇人的（面網）。

很快父親就回來了。他稱呼我的母親為孩子的媽，我母親稱呼他為孩子的爸，我聽幾十年他們都是這樣互相稱呼對方的。父親問道：「看見你們都準備好了，現在我們開始搖蜂蜜。」我看見他自己也戴上純白色的寬邊塑膠帽子，再套上和我戴的一樣的面網。他打開蜜蜂箱，將蜜蜂框提出來兩個，放在那個蜜蜂箱子的腳下，然後他用兩隻手輕輕地提起一框蜜蜂，兩隻手同時用內力，輕輕地一抖，那些蜜蜂都掉到蜂箱裡面去了，然後還有少數蜜蜂留在蜂巢上面。他再拿起臉盆裡面放著的蜂掃，將水甩掉，把那些比較年輕的蜜蜂掃回蜂箱裡面去。

然後將這個沒有蜜蜂的蜂巢交給母親，母親像切西瓜一樣，將蜂巢上面已經封蓋的蜂蠟輕輕地切下來，再放到像洗衣機內膽一樣的搖蜜機裡面去，然後抓住搖蜜機手柄，搖幾下，那些蜂蜜就被甩進了搖蜜機的底部。兩個蜂巢對換一次，再搖一次，那些蜂巢裡面的蜂蜜就會甩得乾乾淨淨。

母親教了我一次，說：「別的你暫時不會，你可以幫忙搖蜂蜜。」我說好的。我將蜂巢放進搖蜜機裡面，用手大力一搖，對換蜂巢的時候，看見兩個蜂巢都被我甩爛了！母親說：「不能用這麼大的力，要輕一點。」整個下午只完成打出蜂蜜四十箱，天黑了就不能幹，成年的蜜蜂回來了最喜歡蜇人，父親說明天再找人來幫忙。

開始跟著父母學習養蜜蜂

阿玲的父母 1971 年與右大弟弟，左二弟弟在上海留影

第二天早上六點多，我聽見小弟弟哇哇叫，他吵著要吃奶。我和父親都起來了。父親拿著兩個鐵桶到村子裡面去挑水，然後他就騎著永久牌自行車，去叫朋友過來幫忙打蜂蜜。母親叫他順便買多點菜回來。我洗完臉刷完牙，母親叫我拿一個打火機去點著那個藍色的大煤油爐子燒水，我蹲在地上怎麼也點不著。

這是我第一次叫媽媽，我不知道怎麼樣才能點著這個煤油爐子。看著母親在把熱水壺裡面的熱水倒進去奶瓶子裡，再往裡面放幾勺子上海出產的袋裝光明奶粉，又叫我拿一個裝了蜂蜜的瓶子給她，看見她再從裡面取一小勺蜂蜜放進奶瓶裡面，然後將奶瓶蓋子蓋好，用手大力地搖一搖，將一滴牛奶滴在她的左手背上試溫度，她對我說：「可以了，你來給弟弟餵牛奶，我來點爐子。」

我母親生了一大堆孩子，我從來沒有給他們喂過牛奶。我從床上抱起了小弟弟放在我的腿上坐著，將奶瓶子放進他的嘴巴里，看見他唧唧唧地吸了起來。然後停一會兒，用他一雙小眼睛看著我，又繼續努力地吃他的牛奶。然後我問母親，為什麼要加一勺蜂蜜進去？母親回答奶粉很熱氣，小孩子容易上火拉不出來大便，所以要給一小勺蜂蜜。我又問她為什麼我點不著煤油爐子？

我看見煤油爐子有兩個一大一小，綠色的更小，這藍色的是十六頭燈芯，大概有一尺高，八寸大的直徑。我問這煤油爐子是從哪裡買的？母親說：「這是從廣州友誼商店買的，還是要憑票購買的。那個小的只有十個頭燈芯綠色的外殼爐子，是廣東中山一位姓尹的養蜂師傅送給我們的。」那個尹師傅說，五十年代，他們都可以每天自由地進出香港，可以到香港去買糧油副食品，再帶回廣東，還可以做生意！這也是我第一次聽見香港兩個字，香港在哪裡我也不清楚！

看見母親很快就點著了煤油爐子。她說：「下面有一個加油的口子，旁邊有一個鐵絲開關，往上拉燈芯，全部露出來才能點火，往下按爐火就會滅掉！然後我笑著說：「我是鄉下人，從來都沒見過這是什麼爐子？」母親用雞蛋煮麵條，我們兩個人很快吃完，她還要餵大的弟弟吃。這時候小弟弟的奶也喝完了，他又哇哇地哭起來。然後母親說：「他這是認生，沒見過你！」

我又和母親調換工作，我去喂大的弟弟吃麵條。洗完碗之後，就看見父親騎自行車回來了。自行車後面還帶來了一個別人的搖蜜機，前面掛了一個籃子，裡面買了很多菜，有兩斤半肥瘦的豬肉、一大扎鮮大蒜、綠色的白菜、黃色的包菜，還有紅蘿蔔。

第一次幫忙去打蜂蜜

不一會兒，來了一個浙江的養蜜蜂高個子張師傅，他騎著自行車後面還帶來一個安徽年輕人，名叫小鄒。父親說，這個小鄒是他的徒弟。又來了兩個上饒本地姓鐘的兄弟倆，一高一矮，兩人都是養蜂師傅，他們同樣是騎著自行車來的。兩人都戴著防蜂帽來。父親說分兩組一起打蜂蜜！他和張師傅兩個人，負責抖掉蜜蜂，鍾姓兩兄弟負責割開蜂巢臘蓋，我和小鄒各人負責用一個搖蜜機打蜜。

我們分工合作，很快就打完了所有的蜂群裡面的蜂蜜。我也拿了兩塊剛割下的蜂巢蜜，塞進自己的口裡，眯了一下眼睛，在心裡對自己說：「這蜂蜜真香真好吃。」母親負責做中午飯。她用兩個爐子煮了兩鍋飯，父親買回來的菜和肉一頓就吃光了。原來蜂農的蜜蜂箱子可以當床鋪睡覺，也可以當桌子吃飯，還可以當凳子坐的。

下午父親又去幫他們的養蜂場打蜂蜜。我問母親為什麼不把他們養的蜜蜂放在我們一塊，這樣就很容易打蜜呀？母親說不可以的，每個家庭都養了很多蜜蜂，每一群蜜蜂都有三萬到五萬隻。每一群蜜蜂需要三畝地面積的鮮花，這樣才能夠讓它們採到大量蜂蜜和蜂王漿。如果是平原上一眼望不到邊的植物花，那就可以擺放多一些蜜蜂。在平原上，蜜蜂的飛行記憶差不多直線是五公里範圍，如果是山區，蜜蜂只能飛三公里範圍。太多的蜜蜂放在一塊，如果外面的花開面積不夠，他們就會互相打架。所以每一個養蜂場，都相隔距離都有兩三公里之外。

蜂農如何在全國各地找養蜂場地？

我又問母親，怎麼知道別人的村子裡有多少花開面積？她說：「我們的行規，每一個養蜂隊都會選出一位養蜜蜂經驗豐富，能說會道的老師傅先去到全國各地看場地，這位師傅的差旅費、工資要由跟著他養蜜蜂的家庭共同承擔，按所有養蜜蜂的箱數平均分配，各自承擔自己的費用。」

並說：「你的父親經常也要去看場地，有時候十天八天才回來，這時候我們自己的養蜂場的工作，其他的師父們都會來幫忙做。」所以每個家庭大概都有三到四人去養蜜蜂，差不多要養

200 箱（群），如果養得太少，長年累月在外面走，運費都付不起！大量養殖蜜蜂的人，都是從南到北追花而去，每家都帶著帳篷過著遊牧式的生活，在森林、草原、荒郊野外，甚至是墳墓旁邊，選一塊較平的土地。還不能擺在低窪處，低窪處下大雨的時候會淹死蜜蜂！我以前根本不知道養蜜蜂是這麼艱難？只知道蜂蜜好吃甜甜的，對養蜂農的辛酸是一無所知。

首次看見蜂王漿從哪裡來

第三天早飯後，我父親說，今天夠時間去取蜂王漿。過去我從來也沒看見過，更沒有聽見蜂王漿是啥東西？父親昨天早已經叫了他的徒弟小鄒，早飯後來幫忙。父親叫我也學著點，我說好的。很快他就開啟蜂箱，將中間有一框比蜜蜂巢框小一半尺寸的，專門做蜂王漿的半寸寬王漿框拿出來，將蜜蜂抖掉。我看見每一個王漿框上面，間隔開共有五根木條，每條都有二十個蜂王台，都取了出來。那些蜂王台比圓珠筆還粗一些，每個蜂王台大約有一寸長。父親說這些蜂王台剛剛達到六十個小時，是蜂王漿最多的時候，裡面的小蜂王吃不完。

每一個蜂王台裡面大約有一克以上蜂王漿，像小孩子吃的米糊一樣，淺黃色的，也有些是米黃色的。見父親的徒弟用剃鬍子的刀片，割掉了蜂王檯上面一半的蜂蠟，用小鉗子夾走小幼蟲蜂王，再用扁形的油畫筆將裡面的蜂王漿取出來，放進塑膠瓶子里。這些蜂王漿跟蜂蜜一樣，都送到附近的收購站，由國家統一收購，出口換取外匯。

父親快手快腳地將那些蜂王台的木框子全部拿了出來，我也幫忙取蜂王漿。我還偷偷地嘗了一下味道，酸酸的一點都不好吃。然後父親說，這些全部都要重新移入新的工蜂幼蟲，將這些取過蜂王漿王台再放回蜜蜂箱裡，等六十個小時之後再取出來！並且說，蜂王漿收購的價格很貴，當時的收購價一斤六十元人民幣，但蜂蜜的價格是一元一斤。他也教我把雞毛管子削成了尖尖針狀，再用鐵銼挫得薄一點，變得軟軟的，這個就叫做移蟲針。當天我就學會了移蟲做蜂王漿，而且做得很快，平均不到五分鐘，我就可以移好一框做蜂王漿的幼蟲。

蜂農的辛苦外人看不見

養蜂場的工作雖然不是天天幹體力勞動，沒有上山砍柴那麼累，但是非常繁忙，從早到晚都沒有空閒。每三天要做一次蜂王漿，晴天一周要打兩次蜂蜜，還要檢查下面一層蜂王產卵的情況，箱底下可能有其他垃圾，也要經常清除乾淨。有空的時候，還要修理蜂箱頂上面的油毛氈，給蜜蜂防雨用的，破了就要換新的。還要經常查看蜜蜂箱是否有破損，破了的蜂箱在運輸時，蜜蜂就會逃走。

花一凋謝，我們就要準備搬家。搬家前，要將所有的蜜蜂巢木框用鐵釘固定在蜂箱兩頭，框與框之間要用小木條夾在上面，每一層蜂箱都要留夠足夠的空位讓它們透氣的。在蜂巢裡面最外的一塊隔板，每邊要加一個兩寸長的鐵釘，釘在蜂箱板上面固定。上下兩層蜂箱也要拿鐵片、竹片鏈條鏈在一起，否則運輸途中搖搖晃晃的，大量的蜜蜂就會被壓死！

清明節之後，紫雲英被當地的農民用犁頭翻到田裡做肥料了，油菜花也開始凋謝。父親說要搬家去上海郊區寶山縣繼續採油菜花蜂蜜。父親包了一個六十噸，沒有頂蓋的火車皮（貨車車廂），除了幫我們打蜂蜜的那幾個師傅，又多了上饒本地的蜂農姚師傅夫婦、老楊夫婦，還帶了一個像我一樣大的女兒，王緒明兄弟跟我們一起去上海。我們要等晚上蜜蜂全部回家了，關上蜜蜂的門口，才可搬上去火車皮里。六十噸的車皮很長，兩頭堆放空蜂箱和日用品，上面再蓋上帳篷，蜂箱上面就是大家的睡覺的大床鋪。

所有的蜜蜂箱子，每一個上面的內蓋都是用可以通風的紗窗做的。每一層蜜蜂的箱子，在它們倆頭都有一個三寸高、六寸寬的紗窗，在所有的運輸途中，這些紗窗都是打開的。如果是白天溫度高，還要不停地給它們噴水降溫。在火車皮上面，蜜蜂箱子擺成四排，中間留了兩個人行道，方便噴水工作，也方便我們的蜂農上下火車休息。

熱情有禮貌的上海鄰居

我們的蜜蜂在火車上度過了兩天兩夜，到達了上海東編組站。我們所有的人都將自己的蜜蜂箱，用扁擔挑到馬路邊上擺放。每個養蜂家庭的蜜蜂箱子和日用品，一眼就能看出來。在編組站也是搭上自己的帳篷睡覺。

第二天早上，父親請來幾輛沒有棚的解放牌貨車，將我們所有的蜜蜂運往上海郊區寶山縣。我看見上海的柏油馬路很平穩，我想我外公家裡的馬路全部是沙子鋪出來的，車子走在上面，搖搖晃晃。

我們家的蜜蜂放在一個叫橋頭鎮張家村的地方，村子坐南向北，東面就是去寶山鋼鐵廠的公路，北面是上海市，南面就是橋頭鎮，村子正好是在丁字形馬路口。村長是個退伍軍人，會講普通話，他叫我們的蜜蜂分成五行，就擺在他們的曬谷場上。後面有一個糧倉，非常大，裡面沒有東西，就給我們暫住。

父親的徒弟，小鄒他也養了二十幾個臥式箱蜜蜂，就擺在右邊的油菜地旁邊。他和浙江的張師傅，住在東麵一公里之外馬路邊村民休息的小房子里，他和我們一起吃飯，一起管理蜜蜂。

整個村子有二十多戶人家，都是住在茅草蓋的房子里，大門是竹子做的，只有他們的糧倉蓋著土黃色的洋瓦。村子的中間有一個水塘，所有的村民都可到裡面去洗米洗菜。這裡的水是全村人的食用水，所以村裡面規定不可以在水塘里洗衣服。洗衣服要放自己家門口木盆子裡面洗，洗衣服的水不能倒進水塘里。

我看見村子里家家戶戶的女人都會手織條子花紋的土布，所有的女人都會用一塊她們自己織的花土布裹在自己的頭上。她們穿的衣服，大部分都是直條子土布做的。她們都說著上海話。開始兩天我也聽不明白，第三天開始似懂非懂。她們每天都在曬谷場旁邊集合，等待隊長的分工，所以我每天都能見到她們。

村子裡面的老百姓對我們非常客氣，我覺得他們的上海話很好聽。有一個阿姨問我：「儂是啥地方銀？」我說：「江西人。她又對其他人說：「依啦是缸西銀。」隊長的女兒阿芳跟我一樣大，」她還在上高中。她告訴我：「上海話中，你就是儂，我就是阿拉，他就是依。」我笑著對她說：「你有空的時候多教我學點上海話。她說好的。

我去過阿芳他們家裡兩次，還有曬谷場左邊第一家。我去他們家裡借個大木盆洗衣服。他們家裡有一個 60 多歲的阿婆，她也聽不明白我說什麼？我用手比劃要借她們的木盆洗衣服，她聽明白了馬上去廚房裡拿給我。我跟著她一起去廚房，看見廚房裡有一隻非常大的海龜。我從來沒有見過那麼大的海龜，也不知道她家大海龜放在廚房裡幹什麼用？我想問她，但阿婆她也聽不明白普通話。

後來我問阿芳，她說那些大海龜是用來餵豬的！我問她：「我們鄉下都使用野草餵豬，買一隻大海龜多貴呀！」她說：「不貴一隻一塊錢。」我又問她：「海龜好吃嗎？」她說：「酸酸的，一點都不好吃！」他們的村民認為大海龜用來餵豬最便宜，而且豬特別喜歡吃。我當時很疑惑，心裡想：豬也要吃肉嗎？

其他村子的人家我都沒去過！

第二天早上，看見很多工人成群結隊地騎著自行車往寶鋼工廠方向去上班。有人停下自行車問：「養蜜蜂的師傅，有蜂蜜賣嗎？」我的父親回答過兩天就有。

我們儘快拆除了所有蜂箱裡面的釘子，上海的勝利油菜，長得像我的人那麼高。剛剛盛開，天氣晴朗，蜜蜂非常活躍地去採蜜，同時間採回了很多金黃色的花粉。花粉是蜜蜂寶寶自己吃的奶粉。

父親的徒弟小鄒

傍晚的時候，我和父親一起去幫他的徒弟小鄒拆釘子。我的父親一邊拆一邊說：「叫你不要用臥式蜂箱又大又笨，產量還少！就是你裝滿一箱蜜蜂，也不能產很多蜂蜜，因為蜂王會在每一個蜂脾（蜂巢）上面產卵，蜂箱裡面沒有空位子來給蜜蜂裝蜂蜜！」

父親又說：「你看看我們現在的繼箱，下面一層只有六個蜂巢給蜂王產卵，中間用竹子做的隔王板隔開，蜂王的肚子太大，它不能爬到上面一層蜂箱去產卵。我們上面一層放了八個蜂巢，每一個蜂巢可以裝三斤蜂蜜，還可以生產蜂王漿。小鄒你看看，你的產量比我們低很多！」小鄒用安徽話說：「我是買別人不要的臥式蜜蜂箱，很便宜，等賺了錢的時候再換繼箱。」

第二天早上我們開始打蜂蜜了，中午的時候就有人來買蜂蜜。他們自己會帶著瓶子罐子來裝。父親長年累月都帶了一桿秤，他問我：「會稱蜂蜜嗎？」我說：「沒問題，從小都會賣菜。父親說：「找一個籃子，裝上別人的瓶子稱有多重。我們自己有漏鬥，將蜂蜜裝在他們的瓶子裡再稱總重，然後減掉毛重，就是別人蜂蜜的重量。」他們一般只買兩斤或者三斤，父親依然按收購價一元一斤賣給他們。並且告訴我多一兩二兩不要收錢。

每天都有八至十個人來買蜂蜜，每天都能收到二十幾元，我從來未見過這麼多錢！心裡邊想：父母親都穿得很時髦，他們兩個都有戴手錶、穿皮鞋，他們到底能賺多錢？過了幾天，我們打了十六桶一百公斤多一點的蜂蜜，要送去橋頭鎮收購站賣。我說我也想去收購站看一下，父親同意了。我看見收購站的院子裡面，有過千個外面是綠色的，裡面是白色的搪瓷蜂蜜桶，敲一下會當當響。

收購站的人將每一個蜂蜜桶的蓋子都打開，用棍子攪一攪，再用一個玻璃的專門用來量蜂蜜密度的密度表，去測試蜂蜜面裡的水分。如果達波美度近 39 至 40 度，就是一元一斤，達不到的話價格就會下降九毛錢一斤。約 40 波美度就是我們國家規定的標準，國家規定蜂蜜的含水量不能低於 40 度。但任何養蜂場也不到這個 40 度的標準。

一天中午我們都在吃午飯，父親對我說：「你別看小鄒穿的衣服破爛，他可是高中畢業生，一手字寫得非常漂亮，你有空的時候要向他學習。字寫得漂亮，到任何地方別人都會誇你！如果你的字寫得像雞腳那樣，別人看見就會搖頭。」

父親又說，明天星期天，他和母親到上海市裡面去買點衣服，晚上回來。他們最喜歡海派服裝，他們說耐穿，好看，不褪色！兩個弟弟叫我來帶，並且說小鄒會幫忙煮飯。我點點頭說好的。外面馬路口就有公交車，來回上海市。午飯過後，那位小鄒告訴我他是安徽人，他說他家裡的六口人全部都餓死了！

我很驚訝地問：「你為怎麼沒有餓死？他說他正在縣城裡面讀書。我還是有點不相信。他告訴我，他現在穿著一套很舊的綠軍裝，衣服的肩膀上有補丁，褲子前面兩塊補丁，屁股上還有兩塊一樣大的補丁，這些衣服褲子都是他自己縫補的，什麼事都是他自己做。說著說著，眼淚都快流出來了！

我沒有看不起他，也不知道他的身世。自此之後，他對我非常客氣，我做什麼事他都來幫忙。避開我的父母，每過幾天就寫一封信給我。我看見仿牛皮紙封面上我的名字寫得很漂亮，還有點草體。但我從來都沒有收過。我只是說：「你有什麼話當面說，不用寫信給我，我的文化水準不高！」他信裡面寫什麼，我永遠都不會知道！

他寫了幾個月，我開始討厭他，這個人的臉皮怎麼這麼厚？也不敢告訴父母。父親說是他收回來徒弟。國慶節之後，北方已經開始打霜結冰，蜜蜂在北方也開始冬眠，父親給我放假，叫我和母親帶著兩個弟弟都到外公家裡去玩，等春節前夕再去廣州。我告訴父母，如果小鄒還跟著他們，我就不去養蜜蜂了。

父親帶我到上海去購物

在上海張家村裡，每天早上 8 點鐘，都有一個 50 多歲的老伯開著手扶拖拉機，在曬谷場旁邊，大聲叫道：「有沒有人要去上海市？要去的人趕緊上車！」然後那一位老伯還對我說上海話：「阿玲，儂去勿去上海白香白香（去玩）？」我告訴他：「阿啦要搞蜜蜂，勿去，沒空。」

我又問阿芳：「為什麼阿伯天天要叫別人去上海？」她說道：「阿伯開的手扶拖拉機，就是等於在村子裡上班，每天都來回上海市，接送村民，買東西，買日用品和種子。」她笑著對我說：「阿伯開的手扶拖拉機，就是我們村子里的阿鄉小轎車。」

我一個人不敢去上海。又到了星期天，我叫父親帶我去上海看看。我們坐在亞伯開的手扶拖拉機上，去了上海。手扶拖拉機後面車門上可以坐六個人。父親第一時間帶我坐有路軌的，會發出叮叮聲的電車，在南京路上和淮海路上，我看見人頭湧湧，電車發出的叮噹叮噹聲，到站下車，公交車、自行車南來北往，穿梭不停。父親首先給我買了兩件衣服。服裝店不可試衣的，裡面的服務員拿尺子量一下我的衣服，幫我挑了一件深色米黃花的確良襯衣，又挑了一件黑白相間大格子的確良襯衣。那些上海師傅說：「這兩件衣服，小姑娘，儂一定合穿。」

然後父親帶我進了永安公司，買了一個紅旗牌的收音機，價格是 117 元人民幣。我心想，這等於大舅舅四個月的工資。店員還送我一個咖啡色的豬皮做的套子。服務員還說：「小姑娘儂老高興了。」並且說，這是上海市目前最小的收音機，與我的巴掌差不多大，專門供出口用的。我們問服務員怎麼開關？服務員指著收音機的上面右邊的一個開關，按一下就打開，第二個開關按一下就關機。左邊有一條天線，共有五節，遇到信號不好的時候全部拉出來就會聽得很清楚。收音機正面左邊有一個圓形的，像齒輪一樣的開關，往左往右轉都行，是收聽所有電台節目的。你想聽唱歌的，轉一下找到就可以聽。想聽新聞的，轉到新聞台就可以收聽。這個收音機套子外面是有帶子的，我想不是很複雜。

我直接將收音機掛在自己的腰上，心裡無比的高興。心裡面想：這麼貴的收音機父親都捨得買給我。然後又去了一家新華書店，父親給我買了幾本仿宋體學習的課本，又給我買了一支鋼筆和一瓶藍墨水，還給我買了一本新華字典。他自己還買了幾本書，其中一本我最喜歡看的是魯迅散文。父親對我說：「你讀的書太少，有空的時候要學習寫字，多看小說，不認得的字就去查字典。」如果沒有父親這樣的教導，可能我這一生認的中文字也不會太多！

然後父親又幫我買了一張上海製造的單人鋼絲床，可以折起來的。鋼絲床先讓村子裡的拖拉機帶回去了。我和父親繼續在淮海路、南京路上走，一邊走一邊看，看得我眼花繚亂。這麼多店鋪，什麼東西都有賣的。父親帶著我在大街上，我跟著父親左右拐進了很多店鋪。我說：「這條小街剛剛不是來過了嗎？」父親說：「上海的店鋪看起來是差不多的樣子，你跟著我肯定不會走錯。」我非常佩服父親，他的記性真好。有的店鋪沒有買東西，他說什麼都要看看！」

然後又走到一個專門賣自行車的店鋪，我站在旁邊看著父親，他用手摸著一輛新出的永久牌黑色的電動自行車。父親走過去問服務員：「這輛電動車賣多少錢？」那務員說：「過一千元多點。父親說：「謝謝知道了！「然後我們就走出來」。父親說：「今天沒有帶這麼多錢，下次再買吧。」我告訴父親：「肚子餓了，找點東西吃吧。他說好的。我們找了一間上海飯館。

他點了一個紅燒獅子頭，一個炒肚片（他說最喜歡吃），然後點了一盤子油炸花生米，一碟青菜，叫服務員給他一大瓶青島啤酒，要來兩個杯子，給我也倒一杯。我說：「我不會喝酒，我只會吃江西老家的甜米酒。」父親說：「啤酒很好喝，到了大城市，什麼都要嘗嘗，要不然你真是一個鄉巴佬！什麼都沒有見過，什麼也沒有吃過。我們的人生，既要勞動，也要享受一下自己的勞動成果。」

他將啤酒倒在杯子裡面，我看見有很多泡泡，覺得很好玩，大力地喝了一口，不是像白酒那樣辣喉嚨。這一頓吃得飽飽的，啤酒還可以接受。之後我也很喜歡喝青島啤酒。父親說：「在外面養蜜蜂，要會說話，會交際，文字要寫得好，衣服也要穿得整齊，這樣別人才會尊重你。」

吃完午飯之後，我們看見一間賣皮鞋的店鋪，父親對我說：「看看你腳上穿的布鞋，腳趾頭都露出來了，我們進去看一下，給你買雙皮鞋吧。」他讓我自己挑，我看中了一雙豬皮翻毛黑色的皮鞋，我穿起來很漂亮，綁繩子的。我丟掉了舊布鞋，打算直接穿新鞋回家。

父親又帶我走進一個賣煙酒的店鋪，他買了四條三個五牌的香煙。我問他抽得完嗎？三個五牌的香煙非常貴。他說是有用的，不是給他自己抽。他自己只抽飛鴿牌香煙。不管在哪裡，凡是要票的東西，父親都能找到票。

天色漸黑，街燈、路燈以及店鋪裡面的燈全部都打開了，原來大城市的夜晚可以像白天那樣光亮。沒走幾步，我看見一間店鋪門口的玻璃窗，裡面放了很多洋娃娃，還有小孩子玩的大、小汽車。我再抬起頭來看下店鋪的招牌：兒童玩具商店。父親說：「你都多大了，還想買玩具？」我想起來小時候，小鄰居八弟給我看過一輛玩具車，之後再也沒有見過什麼玩具。心裡面想：大城市裡真好，還有專賣給孩子們的玩具店。

我上了一步台階，進到店裡，服務員阿姨很熱情，問我想買什麼玩具？父親也跟了進去，我說給大弟弟買一個小汽車吧。我們挑了一個黑色的小汽車，裝進父親帶來的兩個上海牌灰色的人造皮腰形的大旅行袋裡面。我看見兩個旅行袋多差不多裝滿了，父親又用一個大尼龍網袋扭成的繩子，將兩個旅行袋的提手捆綁在一起，前後各一個搭在肩膀上，他又說吃完飯晚上才回家。

我們走進對面的街上，看見一家陽春麵館。我們進了麵館，我也不知道陽春面到底是什麼？父親說二兩糧票加一毛錢一碗，我說要買三碗才夠吃。先買票后吃麵。看見服務員端來了三碗陽春麵，裡面有醬油清湯，上面加了一點豬油，還有一點蔥花。我大聲說：「哎喲，這陽春面裡面連個肉沫子都沒有？」

很快我們就吃完回家。回到家裡差不多晚上 8 點鐘。我們身上帶著全國糧票，到哪裡都可以吃飯。

第一次參觀上海動物園

又過了幾天，上饒的老楊師傅過來幫我們打蜂蜜。他問父親：「在這裡的收成不錯吧？」父親哈哈大笑說：「可以可以，今年的天氣好，剛來上海的時候下了一天雨，其他都是晴天，已經打了四次油菜蜂蜜，還取了二十多斤蜂王漿，又分出來二十多個新蜂王。」我說：「新蜂王長啥樣？我還沒見過！」他說：「新蜂王已經出生了，過幾天就會交配，到時候教你看。」

聽見楊師傅說：「不如我們都帶著自己的女兒，去上海西郊公園看看，然後再逛逛城隍廟，讓兩個女孩子也見見世面。」我的父親說：「好啊，那就後天去吧。」

楊師傅他們的蜜蜂放在橋頭鎮旁邊。上海是平原，郊區的油菜花實在是太多了，金黃金黃的，微風吹來輕輕擺動，美得就像十八歲的大姑娘。一眼都看不到邊！他們離我們幾公里。我們一大早六點半就上了公交車，父親在街上走得非常快，我要一路小跑才能追上他。楊師傅比我父親大了很多歲，他也招手讓我父親走慢點。父親帶著我們轉了幾次公交車，才去到上海西郊公園。我們進去之後，首先看見了很多動物，有獅子、老虎、長頸鹿、猴子，還有斑馬、梅花鹿、羚羊、大象、鴕鳥、天鵝。這些動物我從來都沒有見過，過去只是聽老人家講故事的時候聽過。我跟著楊師傅的女兒娟娟走在後面。她也很高興，我們從來都不知道上海還有這麼大的動物園？

動物園裡的動物多到數不清;我們又去看了爬蟲館，還有各種各樣的大小顏色都不一樣的蛇，像小碗粗大的蛇、上百斤的大烏龜、大蜥蜴。我們一邊看一邊走，又看到了很多鸚鵡，羽毛有黃的、綠的、紅色的、藍色的，旁邊還有兩隻黑色的八哥鳥。看見一大群人圍著看，我也擠到人群裡，看他們在做什麼？聽見那只八哥說：「儂勿曉得，阿啦曉得（你不知道我知道）。」我非常好奇，招呼父親他們三個人趕緊來看，這隻八哥會講上海話。這隻鳥怎麼這麼聰明，不知道是誰教它的？

然後我們繼續走，又看見了很多猴子，大大小小的猴子都有，有的灰色的毛，有的黑白色的毛，還有金黃色的毛。那些猴子在超的大鐵籠子裡面，架了很多幹樹枝，樹枝之間還有捆了很多粗繩子，那些猴子在繩子上面打著秋幹，在樹幹上跳來跳去。

看見他們無憂無慮地在公園裡面生活，可以讓更多的老百姓，大人小孩看見它們，瞭解它們的生活習慣。我心裡面想住在鄉下什麼也看不見，對外面的世界是一無所知！

我們在偌大的公園裡轉著轉著，不知不覺又快到中午了！父親和楊師傅說：「現在坐公交車去城隍廟吃午飯，那裡吃的東西多，吃完了就讓兩個女孩子在這裡面看看風景。」我父親做導遊，很快就到了城隍廟。城隍廟裡面的街道店鋪都是按照清朝的模式建造的，古色古香，樓臺亭閣，多數都是木建築，非常的漂亮，游人也非常多。有非常多的店鋪賣小吃，我們找了一個飯館坐下來，外面就能看見湖面上的九曲橋。兩個父親都去點菜了，我們兩個女孩坐在桌子上看外面的風景。

他們點回來的菜有宮保雞丁、紅燒帶魚、糖醋排骨，還有我父親愛吃的炒豬肚片，另外加一碟花生米，一碟醬滷味豬耳朵，照樣來兩大瓶青島啤酒，每人一碗白飯。我從來沒有吃過紅燒帶魚，更沒有聽過宮保雞丁是什麼菜？我們一邊吃一邊說話，四個人吃得乾乾淨淨。我們走出去，先到木板做的九曲橋上面看看，然後將城隍廟所有的店鋪都看了一遍。看了那些賣點心的店鋪，每個店有幾十種五顏六色的糕點，這個不要糧票，直接用錢買就行。我挑了七八個品種，每樣都買了一斤。服務員用粗皮紙包好了，我叫父親付錢。父親說：「很貴的，要買這麼多嗎？」我撒嬌地跟他說：「我從來都沒有吃過，回去給媽媽弟弟也吃點。」父親說好吧！

娟娟和我一樣，也買了很多種點心。這時候父親說：「時間還早，我們去四川路的蜜蜂工具店鋪，去買點養蜂場要用的東西。」我們又跟著父親乘公交車，大約一個小時才到達四川路。反正在街上走的路非常多。我父親說」再走兩個街口，就到了蜂具商店。」父親買了新的蜂巢，純蜂蠟做的蜂巢底片（巢礎），每盒三十片，他總共買了十盒，他又是用一個大的尼龍網袋放在他自己肩膀上背回家。我問他為什麼要買這麼多？

他說只有省城大城市才有得賣。楊師傅也買了幾盒巢礎。然后父親叫我看清楚店裡面的工具，有防蜂帽、小鐵錘、起刮刀、蜂掃、長長的割蜂蜜的刀子、蜜蜂箱用的紗窗，新的蜂箱上下層可以分開單買。隔王板、噴煙器、紗窗可按米來買，蜜蜂箱頂上防雨的油毛氈也是按卷賣的，父親說這個到處都有的賣。

還有大小尺寸各異的鐵釘子，做新蜂巢用 26 號的細鐵絲，還有銅的埋線器，將鐵絲鑲嵌到巢礎裡面，裝新蜂王的小王籠。我看見一個角落裡，有一些四寸長的移蟲針，我趕緊叫父親買，問服務員為什麼這上面都帶彈簧？服務員說這樣移蟲更快。父親又買了十支。

晚上 6 點就回到家了，我趕緊將點心拆開來，給父母親以及三歲的大弟弟各拿兩塊吃，自己也吃著。有的點心很甜，有的很香，有的很酥脆，反正我從來也沒有吃過這麼好吃的點心。吃完我就去開收音機，第一個台就是上海話，父親說聽不懂，再轉台聽普通話，就是中央新聞台。我再轉一下聽見收音機裡面，李鐵梅在唱京劇革命樣板戲《紅燈記》，「我家的表叔數不清，沒有大事不登門......」父母親一起說就聽這個，聽完了我們才睡覺。

第二天早上最後一次取蜂王漿，運輸途中什麼也不做。我又問父親，你還沒有教我看新蜂王呢？他說下午 3 點才看。我提醒父親 3 點鐘到了，我想去看新蜂王。他帶著我走到我們住的房子後面，指了一下那些分開擺在樹底下，東一個西一個只有一層高的蜜蜂箱子（平箱），說這些都是新分出來的蜂王。前後各開一個小門，他打開一箱給我看，一個箱裡面有四個蜂巢（蜂脾），中間由一個木板隔開，兩邊的蜜蜂只能從它們自己的前面、後面的小門口進出。

父親提起來一個蜂巢給我看，指著中間有一個橙黃色的新蜂王，個子、肚子都比工蜂大一點。他說這個蜂王已經交配了，過兩天就會產卵。又看一下另外一邊，那個蜂王不在。他趕緊蓋好蜜蜂箱蓋子，叫我蹲在門口看，突然天空中大概四五米高處，有一大群蜜蜂在飛舞。他說新蜂王的交配就是在空中完成的，它同一時間可以與幾十或上百隻不同的雄蜂交配。蜂王一輩子只交配一次。然後我們看見很多蜜蜂飛回來蜂箱門口，父親用手指給我看，一隻新的蜂王和十幾隻蜜蜂飛回蜂箱門口停了一會，我看見蜂王的尾部是張開的，還有一些碎渣留在尾巴上。父親說這一隻新蜂王也交配成功。我問父親：「你怎麼知道蜂王在那裡交配？'他說這是他二十多年的養蜂經驗。父親說：「明天你要準備釘好蜂箱，我們要準備搬家了，我還要去上海市裡面買那輛永久牌的電動自行車。」

第八章
下雨天和晚上的蜜蜂最愛螫人

準備離開上海

午飯後，父親的徒弟小鄒爭著要去洗碗。母親說：「你們兩個趕緊去釘好所有的蜂箱。」我們兩個人各人提了一個木製工具箱;工具箱上面一層分成六格，裡面有各種尺寸的釘子，兩分的、半寸的、八分的、一寸的，還有兩寸的釘子。下面一層有鋼絲鉗、小鐵鎚、螺絲刀、鐵銼、刀片、噴煙器、起刮刀、蜂掃等工具。

小鄒他在前面一排釘蜂箱，我在後面一排釘蜂箱。我正準備打開蜂箱蓋子，看見小鄒走到我跟前。他從口袋裡面掏出來一封信給我，我生氣對他說：「叫你不要寫信給我！你沒有看見我的一雙手都給蜜蜂蜇得像大饅頭一樣大。」我將他的信搶過來，撕開兩半丟在地上。然後他自己撿起來走開了，過了一會我聽見嗚嗚的車子響，父親真的騎著那輛黑色的永久牌電動自行車回來了。他將車子放在門口，戴上防蜂帽和我一起釘蜂箱。他看見我的兩只手又腫又大，大聲地對前面的小鄒說：「你看見蜜蜂蜇人，為什麼不點著噴煙器噴一噴煙？蜜蜂們就會躲到蜂箱底下，不容易出來蜇人！」

然後我的父親自己去用廢報紙點燃那個噴煙器，用手指壓幾下（像風琴那樣的皮），鐵皮做的噴煙器就會噴出很多煙來。所有的蜜蜂都怕煙，它們都很快躲到下面去！我們快速地釘好蜂箱。父親說：「明天晚上就要走了！天黑了就不能去搞蜜蜂，晚上搞蜜蜂，蜜蜂最喜歡蜇人。」

吃過晚飯父親對我說，他買的電動自行車後面有一尺多長的位置，可以坐一個人，他說叫我坐在車子的後面，要帶我到橋頭鎮兜個風再回來，我真的坐上去了;電動自行車和摩托車也差不多，在平坦的柏油馬路上走得很快，我坐在後面看見，電動車呼呼地將大面積的油菜花，遠遠地甩在後面，但不一會我們就回來了！第二天繼續收拾整理蜜蜂，下午就開始收拾日用品，衣服棉被都要拿大布袋子裝好。母親交代煤油爐子，還有小桶裝的煤油、熱水壺，一定要放在當眼的位置，方便燒熱水，因為小弟弟隨時要吃奶。母親個子很高，但不管生了哪個孩子，都是沒有人奶的。

到了晚上七點鐘，馬路上的街燈早已亮了！村子裡很多人都知道我們要搬家了，他們都來道別。還有那個開手扶拖拉機的老伯，阿芳父女，兩個很熱情的阿姨。解放牌的貨車到了門口，他們一直看著我們裝車，幾個人一起裝，所有的東西很快就裝好了，父親指揮每一排蜂箱兩邊前後，都要在車廂外面的鉤子上，將兩邊用繩子紮緊，運輸車隊規定，蜜蜂的繼箱最高可以擺放四個，不能再超高。晚上 8 點鐘全部裝好，我和母親一人抱一個小弟弟，坐在前面的駕駛室裡面，男士們都坐在車頂，留幾個蜂箱位置比較低的地方當座位。

司機開始啟動車輛，發出轟隆隆的響聲，地面那幾位鄉親大聲地喊我的名字：「阿玲，儂明年又來上海哦。」我向他們招招手，說了幾聲上海話：「再會，再會。」我們的車子在有路燈的馬路上，向上海東站駛去。

我們依然是原班人馬，包了一個六十噸的無棚火車皮，下一站去安徽淮北。

本來是晚上 11 點鐘裝車皮，父親去貨車站問了很多次，對方都說車皮還沒有到！我父親回來馬上在地面搭起一個帳篷，鋪上兩張鋼絲床，讓母親和我帶著兩個小弟弟睡覺。結果晚上都沒有車皮給我們裝車。到第二天早上十點多車站才有火車皮給我們;大約近中午的時候，我們的車皮先是被拉到南翔鎮編組站。所有南來北往的貨車，每到一個大站，整列貨車就要拆開重新編組，然後發去不同的地方。

為吃小籠包，我掉隊千里

父親告訴我南翔鎮的小籠包全國聞名，非常好吃。我們站在車皮所在的位置，他用手指一指對面鐵路邊右邊的出口，出去就是南翔鎮，裡面有幾家小籠包店鋪。我叫他去買小籠包，他說要到編組站去打兩壺開水給小弟弟沖奶粉，車上其他的人都下車各自去找東西吃，有的人去找廁所。

父親給我三塊錢，三斤全國糧票，用一張紙寫好我們車皮的號碼，再給我一個上海做的小竹籃子。我飛快地跑去南翔鎮買小籠包，很快就買了 30 個小籠包。服務員還送我一塊蒸籠布蓋著包子。可是回來的時候我走錯了方向，半個小時之後我才找到原來的出口，但是看不見我們那個車牌號碼的火車車箱了。

我急忙跑到南翔編組站辦公室，那裡的工作人員告訴我這個車牌號碼已經走了半個小時。我問他們：「那我怎麼辦呢？我身上只有這一籃子小籠包，什麼都沒有！」有一個中年男站長出來對我說：「小姑娘不用怕。」這時候有一列貨車馬上向北走的，那個站長帶我上了車尾最後一節車廂，交代車上面的車長，將我送到蘇州站。

四月末的天氣晚上還是很冷，我只穿了一件棉織花布衣服。那位車長在火車上烤著燒煤的火爐。他用搪瓷杯給我倒了一杯熱開水，我給他兩個小籠包，他說吃過飯了，叫我留著自己吃。我咬著小籠包心裡邊責怪自己：我怎麼這麼貪吃？掉隊了怎麼辦？我覺得很冷，那位車長叔叔將他自己穿的棉大衣給我披上。

到了蘇州站那位叔叔說他下班了，我說：「這個大衣怎麼辦？」他說：：「你到任何一個車站找到你父親為止，大衣留在那個車站就行。」蘇州站一位女站長說，查過了我們的車皮號碼，離開蘇州已經超過一個小時了。她又安慰我：「小姑娘不用害怕，我給你寫封信，你馬上就坐客車去南京，一定能追到你的父親他們。」我都用普通話說，謝謝你！我還是提著一籃南翔小籠包子，穿著那位車長的棉大衣，我上了去南京的客車，這也是我第一次坐上火車的客車。

上車之後，列車長給我找了一個位置坐下來。到了南京站他又帶我下車，連同蘇州女站長寫的信交給南京站火車站長。南京客運站馬上打電話查詢，然後告訴我：「你們的車皮號碼已經離開了兩個多小時！」我心裡非常害怕也很著急，差一點就哭了，問自己到底什麼時候才能追上父親他們的火車廂？南京站站長又給了我一張客票，說從南京開往徐州的火車馬上開車。列車長給我找到一個位置，叫我坐下，要喝水去找他，肚子餓了也可以找他。我對站長說：「我還有很多小籠包子。」

經過一天一夜的追趕，次日晚上 9 點鐘到達徐州站。徐州站長馬上幫我查詢我們的車皮，還在徐州沒有走。他們叫我坐在他們編組的火車頭上，火車司機直接將我拉到我們車皮停在那條路軌上面，然後用手指給我看：「你下去之後，往火車頭後面的第 3 卡車廂就是你父親的那個車廂號碼。」我又說了一聲：「師父，謝謝！」然後將那件棉大衣脫下來放在他的火車上，走到我們裝蜜蜂的那個車廂。

我站在車下面用鄉音大聲叫：「爸爸我回來了！」他們所有的人都聽見了，都跑到車廂門口，用手將我拉上車廂。七嘴八舌地問道：「阿玲在上海丟了你不害怕嗎？」還有上饒的姚師傅問：「這一天一夜，你哭了多少次？」大家你一言我一語，問我怎麼樣才追回我們的蜜蜂車廂？我媽媽問我餓壞了吧？我將籃子裡的白布打開，說：「我這一天一夜吃掉了一大半包子，肚子沒有餓著。」然後母親又說：「晚上很冷，我們都怕你凍壞了！」我告訴他們：「一路上鐵路上的阿姨叔叔們真好，沒有他們的幫忙，我怎樣也找不到你們。」在我的心裡一輩子都在感謝這些從來沒有見過的好人。

淮北的風情

我上了車廂之後娟娟問我：「你一個人怎麼這麼大膽，敢跑去南翔鎮買小籠包？叫我是不敢去！你看見南京大橋了嗎？」我回答她：「這一天一夜，我心裡面想的就是如何追到我們的裝蜜蜂車皮，要不就是睡覺，哪裡還有心思去看什麼南京大橋？除了睡覺，下車去找火車站的站長，我什麼都沒看見！」那位小鄒走也過來，用他有點扁的嘴巴說著：「我們非常著急，生怕你丟了！我沒有理他。」父親說趕緊喝點開水暖暖身子。我帶回來的小籠包都變得硬邦邦的，不好吃。母親說她已經開了煤油爐子，等一下放在鋼精鍋裡面蒸一蒸再吃。我撅起嘴巴說：「我都吃了一天一夜的小籠包了，你還叫我吃。

他們有人找出了一塊燒餅給我，我咬了一口挺香的，不錯，這個真好吃，我十五年來從來也沒有吃過燒餅。那位愛說笑的姚師傅說道：「到了長江以北，以後你想吃米飯都難。北方人主要的糧食就是小麥、高粱、玉米、小米，以後叫你吃得怕怕。全國糧票在北方的糧站也買不到大米，北方的糧站是要一半粗糧一半細糧，搭配著賣給你，細糧包括麵粉、大米、麵條。」

「北方粗糧包括高粱米、高粱粉、小米、玉米粒、玉米碴子、紅薯幹。」我聽了這一串的糧食名字，我問他：「這些都不好吃嗎？」他笑笑說：「到時候你吃了不要哭就行！」我跟他們說：「你們都回到自己的座位上，我現在想睡覺。」我找了一個靠車皮邊上的位置，蓋著被子很快就睡著了。

第二天天還沒有亮，就聽見父親大聲說：「大家都起床，夾溝站到了！」這時候我坐起來，打開帳篷的一角看看外面的鐵路，只有三條鐵軌，我們的車廂被甩在靠馬路邊的一條路軌上。我看見有兩個鐵路工人說著淮北話：「奶奶的，今天都 5 月 1 日了，這天氣還怪冷的。」很快我們的蜜蜂箱都下到地上。天亮后，父親去叫了很多架木頭做的牛車、馬車來。父親說不夠車的人就可以加，鐵路旁邊有很多人在那裡等著，他們專門搬運東西的。然後父親對我和母親說：「蜜蜂全部都要拉到十多公里以外山溝里去，你們和兩個小孩子不用去，在這裡不會取蜂王漿，和其他養蜂場都很近！你們還是住在火車站旁邊第三家劉大娘的家裡。」

我們的衣服被子，煮飯用的煤油爐子、熱水壺，小弟弟的奶粉、奶瓶，再加兩張鋼絲床，直接搬進劉大娘家裡，由另外一輛馬車，連人帶物拉到劉大娘家門口。這劉大娘六十多歲，矮小的個子，她還裹著小腳。火車站門口黑泥土馬路的兩邊有十幾戶人家。他們的房子頂上都是小麥桿子蓋的，經過風雨的洗刷，全部變成了黑色的屋頂。大娘的門口大概有二十多平方米寬平的土地，左邊一個門，右邊一個門。在兩個門中間，搭了一個泥巴做的爐灶，上面有一個大鐵鍋，鍋蓋子是用蘆葦稈子做的，爐灶的右邊還有一個手拉風箱。大娘說她正準備做早飯，然後告訴我們住在右邊的那間房子里。這時候劉大爺從左邊房門鑽出來，他說：「張師傅又來了。」我父親說：「是的，又來麻煩你們了！」

我父親很快就將那些自家物品全部搬進了房子里，我也幫忙拿一些小物件進房子里。進去一看，房間很大，地面和牆上都是黑泥巴做的，裡面只有一張長得歪歪斜斜的雜木棍子做的床，中間都拉了草繩，中間的位置是凹下去的。房子中間對著門口，還有一個兩個巴掌那麼大的窗戶。我心裡面在想：這劉大娘的家，比我二姨在江西山裡的房子還要黑。

然後我又出門去拿東西，一到門口將自己的頭撞了一個大包，他們是房間裡面低一步，整個大門也是用雜木棍子做的門框，大門不夠一米五高。然後我就去問劉大娘。她在用右手拉著風箱，往爐灶裡面添樹葉子。我說：「大娘，你家的大門為什麼做得這麼矮小？我這麼矮都會撞頭。」大娘說：「俺這邊風大，門做大了冬天太冷！」一連三天，我出房門總是不記得低著頭鑽出去，每一次都撞到了頭。

我們的東西都搬好了，母親叫我去大娘家鍋里打點開水煮麵條。大娘說水缸裡沒有水了，等你大爺去挑水回來才有水。不一會看見劉大爺挑了兩鐵桶水回來。他的個子很高，和我父親差不多。他很客氣地問我：「小大姐你叫啥名？」我還沒有聽明白他為什麼叫我小大姐？母親說：「淮北的稱呼就是這樣，十多歲的女孩統稱小大姐。」我告訴了大爺我的名字。

大約中午的時候，大娘隔壁的鄰居有五六個孩子，他們都跑過來看熱鬧。兩個大的跟我差不多年齡。過了兩天，就是夾溝鎮趕集的日子。我看見這個鄰居家門口擺了幾張小桌子和小凳子，他們家在給趕集路過的人賣茶，一分錢一碗。

我有空的時候就跟大娘聊天;我說：「大家都很窮，他們家有那麼多茶葉嗎？」大娘說：「他們就是用洋槐樹的葉子，曬乾，還會加一點乾洋槐花一起煮茶賣。」

在淮北趕集

頭一個晚上剛剛下過大雨，我看見趕集的人下了火車川流不息地去鎮上趕集。我跟母親說：「我也想去看看趕集是怎麼樣的。」母親說：「你出門走不動，你沒看見外面走路的人嗎？鞋子上面泥巴都粘滿了腳。」

我接著說：「在上海的時候，我看上了一雙淺藍色的高套鞋，父親給我買下來了，我還沒有穿過。穿著套鞋去總可以吧！我穿著套鞋，挎著一個籃子，母親給我兩塊錢說：「可以買點菜，豬肉和魚也可以買。」趕集的時候，都是農民拿來賣的，不需要憑票。

從火車站到鎮上有段路程。我每走幾步，兩隻腳粘著的爛泥巴就會變得非常沉重，我只得找個瓦片將泥巴刮下來才能繼續走。我想著，這比在雪地裡面走路艱難多了！我走走停停，走了一個多小時才到達鎮上。

北方的趕集和南方完全不同;南方人帶著竹籃子，扁擔籮筐都是竹子做的。北方人的籃子、筐子都是楊柳樹枝編織的，扁擔都是木頭的。北方的蔬菜品種很少，我當天只買了一斤黃豆芽，買了兩大塊老豆腐，還有一大把蔥。此外，還買了兩斤半肥瘦帶骨頭的豬肉，一斤韭菜和一斤多河裡面的小魚。因為走路太辛苦，其他的東西我沒有多看，又踩著爛泥巴，一步一個腳印地走回家。我看見床頭上蜜蜂箱做的桌子上，有一大碗白色的一塊塊的東西，我問：「母親這是什麼？」她說：「是大娘剛剛煮好送給我們的地瓜干（紅薯幹），他們是當飯吃的。」我放在嘴裏嘗嘗有一點點甜味，好像還沒有煮透。

與老家迥然不同的飲食

我們老家的紅薯乾刨皮之後，切厚片，放在熱水裡面去燙熟了再曬乾。淮北的地瓜乾是在地裡面挖起來，不用洗，連地瓜皮一起切厚片，直接丟到地裡面曬乾，之後才收回家，當飯吃的。我說：「一點都不好吃。」母親說：「我們每年都會在南方買三百斤大米，裝在鐵桶裡面，留著去北方慢慢吃。」我最喜歡母親從來都不會煮稀飯，全部都是乾飯，這樣吃進肚子裡才夠飽。我們的養蜂場在夾溝只收了一次洋槐蜂蜜，父親騎著電動車帶我進去山溝里看了一次。山溝里的兩面山上漫山遍野都是盛開的一串串的白色洋槐花。一同來的所有的人都住在山溝裡面。火車站旁邊也有一些洋槐樹，山溝里的洋槐花白茫茫的一大片，香氣撲鼻，聞起來非常的舒服，就好像自己掉到花海裡去了。

父親和張師傅、小鄒共住一個帳篷。我看見小鄒摘了很多洋槐花回來，他正在用洋槐花炒雞蛋。我也吃了一塊，挺好吃的。

他說：「洋槐花還可以煮粉糊糊，當飯吃。也可以烙餅子、炒雞蛋、涼拌都行、洋槐花曬乾了還可以沖茶喝，藥房裡面也會收購的，主要是清熱氣。」我說原來洋槐花有這麼多好處？我還嘗了一塊在蜂巢上割下來的淡白色的洋槐蜂蜜，吃在嘴裏真好吃，甜而不膩。

第二天又下大雨了還刮著大風，洋槐花掉了一地，這樣就不會有大量的蜂蜜。父親馬上召集他們開會，說：「要立即搬家，下一站去青島采洋槐蜂蜜。我和父親回到家裡。」又是週末，我看見一個非常高的女孩，扎著兩個刷子形的短辮子，穿著運動服，低頭彎著腰進了我們的房子里。我也低著頭走進去。

母親剛剛給小弟喝完牛奶放在床上，站起來說：「哎喲，這不是小五嗎？怎麼長得這麼高？」原來這個小五就是大娘的第五個孩子，前面有兩個大哥兩個大姐，都早已成家了。小五叫我的母親作嫂子。她說她現在在徐州市裡面專門學習打籃球。她比我父親還高了半個頭。

又過了兩天晚上，我們又開始裝火車皮。父親說他包了兩個六十噸的車皮，是連在一塊的。除了上海來的一班師傅，又增加了老谷夫婦，他們帶一個兒子。一對姓宋的夫妻，更年輕，沒有孩子，但帶了一個弟弟。另外還有一位名字叫梁永久的師傅和他的一位朋友。一共又多了八個人。

從淮北往北去青島上千里路程;父親基本上每年都是走相同的路線，但是沒去養蜂場之前，他已經到過當地看了，有多少花開的面積，保證每一個養蜜蜂家庭，一定能得到好的收穫。他每到一個地方，會向當地的公社，用書面申請何年何月何日，有多少個養蜂場會到達他們當地。還要去每個村子裡去看一下，是否真的有這麼多植物開花？要保證每一群蜜蜂有三畝地的花開面積。

在申請書裡寫好：希望所有的村民在我們到達的時候，不打任何農藥，我們走了就可以打農藥。打了農藥的地方蜜蜂飛過就會被毒死掉！但草原，森林、山上的野生植物從來沒有人會去打農藥。公社就會通知生產大隊和我們到達的村子（小隊）。

火車途中的時光

因為下大雨，我們在淮北只停留了一個星期。那些盛開的槐花，都被大風雨刮在地上。父親的經驗很豐富，說剩下一小部分的花，采不到多少蜂蜜，所以決定馬上北上青島，青島的溫度比淮北更低幾度。兩個火車皮馬上裝車北上，又經過兩天兩夜才能到達青島。

我們坐在車皮上沒有事，除了到火車站裡面去打開水、挑冷水、買食物就是睡覺。大家都吃完午飯後，父親叫所有的人都坐在我們這邊火車車廂的這一頭，大家都聊聊天吧。火車廂另一頭的人全部走過我們這邊來坐下。

那位老鄉姚師傅說：「首先說說我的故事。我倆夫妻是養蜂場個子最矮的人。」大家都笑了，六七十年代，老百姓不可以隨意地到處亂走，所有養蜜蜂的人必須有公社、街道委員會開出的個人證明，只有這樣才可以出去養蜜蜂。如果你沒有證明，就會被當地沒收所有的財產。姚師傅說他們有五個孩子，大兒子正在學習開火車，其他都還小，孩子們叫他的岳父岳母看管。

老楊師傅接著說：「我的年紀最大，有兩個兒子兩個女兒，都已經分別成家了，只有將這個小女兒娟娟帶著身邊學習養蜜蜂，你們可不准欺負她哦！」

王緒明兄弟接著說，他們以前都有正式的工廠工作，後來雙雙被刷了下來。到現在三十好幾了，還是「王老五」，家裡也沒有其他人。

鍾師傅接著說：「我家裡住在郊區，父母親已年邁，老婆剛剛生了個小孩，在家裡照顧老人家和小孩。我們家裡都是真正的貧下中農，在家裡掙工分真的吃不飽，只有出來養蜜蜂，想掙多點錢;我大哥一人在家裡種田。」

最後是浙江江山的張師傅說：「我今年 40 歲，個子雖然很高，但是我一個字也不認識。我家裡有一個老婆，也是年初剛剛生了孩子，還有一個年近 80 歲的老母親需要照顧。」

大家都介紹完了，姚師傅的老婆對他說：你這麼喜歡表演，不如你給大家唱個歌吧。他們以前都是文工團的工作人員，真的給我們唱了一段江西贛劇《打漁殺家》。反正我也聽不明白，我坐在一個角落裡，偷偷地打開收音機聽樣板戲。姚師傅說：「我不唱了。」然後叫我將收音機的聲音開大點，讓大家都聽紅燈記吧！

收音機裡面李玉和正在唱：「提籃小賣拾煤渣，擔水劈柴全靠她。」

接著李奶奶又唱道：「十七年風雨狂，怕談以往，怕的是你年幼小智不剛。」

我們所有的人都豎起耳朵來聽革命樣板戲紅燈記，因為沒有別的更好聽的節目可以選擇。每到達一個大火車站，我們的車皮就會停下最少半個小時，多的時候有一個小時，蒸汽機的火車車頭要大量的加水加煤，才可以有動力讓火車頭繼續往前開。火車司機自己最清楚停多長時間，我們會派一個人跑到火車頭司機那裡去問，然後自己掌握時間去找廁所，去買東西吃。

我再也不敢一個人離開火車

自從有了上次教訓，我再也不敢離開火車車廂獨自去買東西吃了，父親還介紹說：「大家都記住全中國有很多火車站都有出名的小吃，福建的手打魚丸，湖南衡陽的醬豬腳，上海南翔的小籠包，南京的板鴨，安徽符離集的燒雞，山東德州的扒雞，天津的狗不理包子，北京的烤鴨，內蒙古的綿羊肉，華北的驢肉。我們到了不同的省份，都有地方特色好吃的東西，我們在外面養蜜蜂都很辛苦。大家都記得去嘗嘗。」

正說著又到站了，要下車買晚餐了！大家都是自己買自己家庭的那份，父親買了很多，麵粉做的小蔥煎餅回來。我咬了一口有點鹹味，覺得挺好吃，隨手撕了一塊給大的弟弟吃。母親說慢慢吃，要喝水不要噎著。

第四天一早我們的兩個蜜蜂車廂到了青島貨運編組站，大家趕緊搬蜜蜂箱下車。我的父親找來了幾輛東風牌的大型無棚貨車;我看見青島馬路上，每條街道高高低低，很多房子都是建在山上，有紅色的瓦頂，也有深藍色的房頂，還有圓形的房頂，房屋的建築有世界各國的風情。第一次世界大戰期間，青島曾經是日本鬼子的殖民地，也是世界多國的租界，所以有萬國建築的風格，這裡的房子非常漂亮。這裡的洋槐樹花開到馬路兩邊、大海邊、山邊，到處都是。父親將所有的養蜂場分開擺放，我們自己的蜜蜂就放在中山公園北門裡面靠右邊圍牆底下。很快就搭好了兩個帳篷，一個是自己住的，另一個是浙江張師傅和小鄒住的。

第九章
北方的養蜂生活

青島見聞

青島中山公園南面是海;從南到北一路高上來，東西方向很長，裡面有很多條道路，道路旁邊全部都是雪白的，一串串的洋槐花正在盛開。整個公園不管走到哪裡，都能聞到槐花的香味。這裡的天氣不錯，第三天我們就打了一次洋槐蜂蜜;公園裡也有很多人來看，但是沒有人買蜂蜜！我問父親為什麼這裡的人不買蜂蜜？他回答：「全中國的人都不捨得買蜂蜜，他們都嫌貴，只有上海會有人買蜂蜜。蜂蜜是奢侈品，不可以當飯吃，老百姓只覺得白糖、黃糖更便宜，所以蜂蜜只有賣給國家的收購站，用來出口。」

我問：「父親在青島要做蜂王漿嗎？」他說：「不做，洋槐花的花粉不是太多，做蜂王漿的花期，必須是有大量的蜂蜜，還有大量的花粉，蜂王就會大量地產卵，那個時候最適宜生產蜂王漿，產量最高。

父親接著說：「我們抽時間到青島到處看看風景，反正你也沒有來過！」我說好啊。我從來沒有看過大海，也沒有見過海洋動物。我們的蜜蜂箱都放好，打開了蜂箱門，讓蜜蜂自由飛翔。我們全家人都在公園裡的餐廳吃中午飯。父親買了兩大盤豬肉餃子，還有鹵豬肝片、滷牛肉片，又炒了兩個小菜。父親又說：「青島啤酒就是這裡做的，餐廳里一大壺一大壺地賣。」我看見了飯店門外，有一個與我一般大的小姑娘提著一個腰形柳條籃子。她籃子的一頭賣熟的鹹鵝蛋，另外一頭是賣煮熟了的大對蝦。我又跑回去餐廳告訴父親：「我想嘗嘗鵝蛋和對蝦。」父親每樣買了兩個。鵝蛋白鹹死掉了！對蝦拔掉殼還有點鮮味。然後再吃豬肉餃子，第一次吃覺得餃子很好吃，心裡面想新鮮的豬肝不是炒得更好吃嗎？然後母親說北方人什麼都可以做滷味！

頭兩天我們趕緊搞好我們的蜜蜂;又過了兩天，我們先是在中山公園裡面玩，除了看老虎、獅子、猩猩、金絲猴在上海看過了，在這裡有看見大熊貓、棕熊，還有很多駱駝、梅花鹿。走過它們的圍欄旁邊覺得很臭，還有黑色、白色、藍色的孔雀，它們開屏的時候非常漂亮。最吸引我的是海洋館裡面的一條大黑鯨魚標本，在一個大房子裡面，頭部架得高高的，比公交車還長！還有海豚、鯊魚、魔鬼魚，各種海裡面的五顏六色的大小魚群，我做夢也不知道大海裡面會有這麼多動物？

然後我們還去了青島有名的棧橋，木頭做的棧橋從海邊伸進海裡面去。我第一次聽見海浪會發出嘩啦嘩啦嘩啦的響聲，碧藍的海水在海裡面有節奏的波浪，前呼後擁，永無止境。微微的海風吹在臉上，還有一點腥腥的味道。再往遠看一眼，大海根本看不到邊。

我看見有人在那裡照相，我也照了一張黑白色的相片，父親寫了一個下次我們蜂場要去的位址，但是我們始終沒有收到相片。中午父親又帶我進了一間清真飯館吃飯，我也不知道清真館有什麼好吃的？看見門口馬路上有幾個人騎著自行車，後面帶著一桶啤酒，大聲吆喝地說：「新鮮的啤酒一毛錢一斤（一大碗）。街上到處有人在賣新鮮啤酒。我心想：難道他們喝啤酒就像水一樣隨便喝？

父親說：「清真館就是回民專用的飯館，裡面沒有豬肉賣，回民是不吃豬肉的，牛羊肉都有。」我們點了一盤芹菜牛肉餃子，又點了幾個羊肉燒餅，我覺得非常好吃。然後又抬頭看看房子頂部，和地面一樣，全部都是青花瓷做的。父親說這個房子是阿拉伯的建築，外面是白色的圓頂。還記得姚師傅說北方的食物會讓我吃得怕怕，我想他是騙我吧！

我在青島市裡面玩了兩天，然後回到帳篷里幫忙帶小弟弟，讓母親也出去玩玩。在北門售票的李阿姨走過來問我：「閨女，你娘又生了一個小弟弟？」我說是的。她又問道：「前兩年你奶奶也有出來帶小孩，今年沒有出來了？」我回答沒有。這個姓李的阿姨，笑笑對我說：「你娘真的能生孩子！隔兩年又生了一個，你是最大的大姐嗎？」我說是的。正是傍晚下班的時候，走來了一個，個子很高，有一點胖的男人。他走到我們帳篷前面，問我：「閨女，你父親還沒回來嗎？」我說沒有。看見那個李阿姨說：「張工程師你也下班啦？」

看見那個張工程師，父親告訴我：見到要叫他要叫張大爺。他比我父親大八歲，我想起來了，馬上叫：「張大爺進來坐一會吧。」他說：「你大娘要請你們到我家裡去串門，順便吃個便飯。我來問問明天你們可否有空？最好是後天，我的孩子們都休息。」說完他就走了！

晚上父親回來我說了一遍給他聽。

次日一早，父親他又騎著他的電動自行車，去了北門外面，一路斜坡往上走，去了張大爺工作的地方。大爺在梅花鹿園裡，飼養了很多梅花鹿，他的工作是負責收割鹿茸。第三天，母親和弟弟沒有去他家裡做客，父親只帶我一個人去了張大爺家裡玩。父親還是騎著永久牌電動的自行車，父親跟在張大爺的摩托車后面左轉右轉，好不容易才去到他家裡玩。

他們家裡住在半山腰上，一進門口有一個小花園，裡面種了各種各樣的花，最顯眼的就是玫瑰紅色的月季正在開花。站在他們家的小院子里，能看見一大片青島市的住宅區。在城市裡面擁有一個自己的小花園是非常不錯的。他們家門口掛有一個很漂亮的塑膠繩做的門簾子，然後看見一個非常胖的大娘走出來;大娘的臉不太胖，肚子大，屁股就更大了。她很客氣牽著我的手進了他們的客廳，然後沖了青島嶗山出的茶葉茶。家裡的擺設有沙發、茶幾，上面都蓋著白色的通花布。牆上還掛著很多相片。我站起來看一下，原來這張大爺是當過兵的，大娘問我多大了？她說我比他小兒子還小三歲。他還有兩個大兒子都已經工作了。

坐了一會喝過茶，父親就說要走了，那張大娘無論如何要我留我在她家裡住一晚。她說她們家裡沒有閨女，讓我和她聊聊天。山東話很容易聽得懂。我父親說好吧。晚上在他們家裡吃飯，大娘也是包餃子，他們每個人還拿一條大蔥放在嘴上咬。大娘給我一條蔥，我說：「不要，太辣了。反正我吃得飽飽的。」他們家有三個房間，給了一個房間讓我住。

第二天很早我就起來了，大娘說早餐已經做好了，叫我洗洗臉趕緊吃早餐。我看見他們家的早餐，有一大盆雪白的拳頭般大小的饅頭，七八個帶殼子煮熟的雞蛋，一大壺牛奶，還有幾根油條。我心裡面想：難怪這張大娘會吃得這麼胖！七十年代他們家為什麼會吃得這麼好？我也想不明白。

前往滄州採棗花蜂蜜

一天中午午飯過後，父親一連打開了三箱蜜蜂檢查，我還沒有吃飽，沒有去看。後來他叫我：「阿玲吶，你吃飽了嗎？快過來看一下吧。」我馬上戴上防蜂帽（面網）過去。我問要幹什麼？他說：「我們在這裡已經打了三次洋槐蜂蜜，本來今天應該打第四次的。」他提起一個蜂巢（蜂脾）給我看，發現蜂巢上面並沒有裝滿蜂蜜。然後他蓋好蜜蜂箱的蓋子，說：「我們去看一看樹上的槐花。」走了大約 100 米，他說洋槐花已經開完，樹上沒有未開的花蕾！

他用手指一指說道：「這洋槐樹上全是白花。」又用手摘下兩棵不同樹上的兩串洋槐花，用手撥開來看，裡面的分泌蜜珠很少，說道：「我們要趕緊搬家，得趕緊走。」

運輸途中的蜜蜂車

父親說：「我們養蜂人追趕花期，只趕頭不趕尾，末期的花沒有什麼蜂蜜。」然後我們回到帳篷里，父親就通知隔壁帳篷里面的小鄒和張師傅，將剛才的情景又說了一次給他們聽，叫他們兩個人去通知在公園附近其他養蜂場，不要再打蜂蜜，趕緊訂好蜂箱，準備搬家。他自己騎著電動車去通知比較遠的養蜂場，然後去訂火車皮，最好明晚或者後天晚上就要裝車走。父親他又說道：「現在還可以到河北滄州，采了棗花蜜再去內蒙古都行。」並叫張師傅和小鄒同時問問大家的意見。大家的意見很一致，都決定先去河北滄州採棗花蜂蜜。

我們的工作進度都非常快，第二天晚上我們就裝車離開青島前往滄州，正在裝車的時候;那位公園的張大爺抱了一隻一個月大的小狼狗，另一隻手用一個布袋裝著一包東西，走到我旁邊告訴我：「這是大爺我送給你的禮物，這小狗的眼睛都沒打開，你只能餵牛奶給它喝。」我趕緊找一個空蜜蜂箱子裝著，裡面還給它找一件舊衣服墊著。張大爺說：「這個狼狗是德國進口的，養大了可以給你們守家。」我非常高興。那隻公的小奶狗長得胖嘟嘟的，灰褐色的毛，黑色的嘴巴。我摸一下，它就會發出嘰嘰的叫聲！

然後張大爺又叫我父親停一下，他將另外那個包裹打開，說這是給我們買了一個德國製造的二手銅製的打氣煤油爐子。然後示範給我的父親看，加煤油的地方在爐子下方，有一個打氣開關，要大火的時候就去用手壓開關打氣，不用大火就跟我們國產的煤油爐一樣，德國製造的爐子沒有燈芯。張大爺說很簡單，父親說謝謝，明白了，給了他 10 元錢。

母親又給他一小桶蜂蜜。張大爺說上次已經給了。母親說：「沒關係，你留著慢慢吃，抹在你們家的饅頭，大餅上面可好吃了。'張大爺說：「平時他就知道兌水喝。」說：「我回去告訴老婆子，三個兒子早餐吃饅頭的時候都抹上點蜂蜜，營養更豐富。」

蜂農的娛樂節目

我們兩個車皮一同去滄州，也差不多是兩天兩夜時間到達。他們在火車皮沒有到達之前，又在你一言我一語，說在青島的收獲都還可以，又欣賞了青島各地的風景。老姚師傅問我和娟娟：「你們兩個女孩子高興嗎？」我們兩個都點點頭說高興。然後他又問小宋、小鐘、小谷他們三個小夥子：「你們三個帥哥玩得開心嗎？'他們一起回答說非常開心。"

我父親接著說：「今天的火車皮要等到半夜裝車，你們先休息一下。」父親叫兩個人來幫忙，將兩捆木頭架子打開，每邊都是三根，然後在中間頂上放一條橫的木棍，將我們的帳篷馬上就拉上去了，迅速鋪好三張鋼絲床。

這時候看見外面有一個鐵路工人，一隻手拿著一個鎚子，另一隻手提著一個腰形的鋁飯盒。他走過來對父親說，說他沒有錢買蜂蜜。開啟他的飯盒蓋子給我們看，裡面是一飯盒特大粒的山東花生米。工人師傅說道：「這是俺爹自己種的花生，俺爹說他想嘗嘗蜂蜜是啥味道？叫俺用花生米跟你們換點蜂蜜行嗎？」我父親對母親說：「孩子他媽，你將沖奶粉的那瓶蜂蜜倒一半給他吧。」反正父親喜歡吃花生米下酒。那個鐵路師傅說了兩次謝謝，高高興興地走了。

我正睡得朦朦朧朧，父親說：「快點起來，要上火車了，上了火車車廂裡面再睡吧。」隔了兩天兩夜之後，一大早我們就到了河北滄州;我們又雇了很多大馬車來裝蜜蜂。馬車看起來面積不大，但是那些馬車老把式每一車能裝 40 多個蜜蜂箱，我自己家就雇了 4 駕馬車，我們的全部養蜂場一共用了三十多駕馬車。浩浩蕩蕩的馬車運輸隊向滄縣出發。

我坐的那個馬車，那匹棕色的馬特別高。我問趕車的大爺：「別人的馬都很矮，為啥你趕的這匹馬這麼高？」那個大爺回答我：「閨女，咱們這個拉馬車的是騾子，不是馬！」

然後我又問道：「我只見過馬和毛驢，騾子是啥？」那大爺又說：「騾子是馬和毛驢雜交種生出來的，騾子是不會下崽的。我說了一聲哦，原來是這樣。

馬車在華北平原的泥土馬路上慢慢地走著，我看見這裡的小麥一眼望不到邊，小麥地里每隔四米就種了一行棗樹，我還問了趕馬車的大爺，為啥要將棗樹種在麥子的中間？他告訴我麥子也怕太陽曬，這樣就叫小麥和棗樹混合套種。哦，明白了。我又學到了知識。

這些地方父親每年都會來，所以是輕車熟路，上午 10 點多鐘就到達目的地。我們選擇村子旁邊東面的曬谷場擺放我們所有的蜜蜂，小鄒和張師傅他們兩個人一架馬車，依然放在我們旁邊，我們還是搭兩個帳篷。

神通廣大的父親

我們每到一個地方，第一時間就是挑水回來，燒開水煮飯。剛到的第一天，母親會煮很多飯，請張師傅和小鄒一起吃，之後他們兩個人合夥做飯吃。長江以北別的菜不多，最多的就是豆腐和大蔥小蔥，只要有人的地方，他們就會大聲地吆喝，叫你買。

我們吃得最多的菜，就是洋蔥、圓包菜、紅蘿蔔、西紅柿，這些菜容易保存，還有雞蛋都讓我吃得怕怕。炒雞蛋、煎荷包蛋、水蒸蛋、西紅柿雞蛋湯、小蔥蛋花湯，很多時候都買不到菜，吃來吃去就是雞蛋。還有就是鹹菜，鹹菜帶到哪裡也不會壞！

很多人都會覺得，養蜜蜂的人不管在哪裡，隨便搭個帳篷就可以睡覺，跟叫花子差不多。但是人們為了生活，沒有太多的選擇，只有去養蜜蜂。

父親從村子裡面挑回來兩桶水，我趕緊洗米做飯。飯做好了，打開蓋子一看，全是黃色的。我大聲地說：「這個米都壞啦！」父親說：「滄州這裡全部是鹽鹼地，吃的水也是鹽鹼水，燒出來的開水也有點鹹味，一點都不好喝，米飯也沒有了香味。」父親說：「我們只能入鄉隨俗，趕緊吃飯，吃完了要去拆開蜜蜂箱重新檢查一次，看看有沒有蜂王死掉了！」

我跟著父親一起看。先將蜜蜂的上面一層繼箱斜放在反過來的蜂箱蓋上，先看底下一層，每一排都要看，有沒有雄蜂;如果有雄蜂，要用刀子全部割掉。我問父親為什麼要割掉雄蜂？他說：「雄蜂吃蜜多，不會採蜂蜜，也不會幫忙餵小蜜蜂，它們一生的任務就是和下一代的蜂王交配，但是我們不能要這麼多雄蜂，它只會吃不會幹活，我們留一點點就好！我們在檢查過程中，同時也會將蜂箱裡多餘的蜂巢切掉，箱子底下的垃圾一併清除乾淨。

上面一層繼箱沒有雄蜂，沒有幼崽，不需要清理檢查。」

父親一邊做一邊講：「如果蜂王斷了一隻腿，或者翅膀壞了，或者運輸途中肚子被壓扁了，這樣的蜂王都不要，立即用手掐死。第二天可以找一個剛產卵的新蜂王，用蜂王籠裝好，再噴點蜂蜜水，放進這個蜜蜂箱裡面。過一天再檢查，如果這群蜜蜂沒有圍攻新的蜂王，就可以將蜂王籠打開，讓它在裡面產卵。如果這群蜜蜂將新蜂王包圍得不能透氣，籠子裡的新蜂王很快就會死掉！」我們就要將這一群蜜蜂分為四個新群，在每一個新蜂群裡面給它們安放一個還沒有出生的新王台，讓新的蜂王在這個新蜂群裡面出生。難怪那些養蜂的行家都說我父親的蜜蜂養得最好，養得最強壯，收入也是最高的。

父親說：「棗花蜂蜜產量都很高，因為華北地區很少下雨，棗花蜜開花期很長，大約有 40 天。棗花蜂蜜是全中國含水量最少的蜂蜜，打出來的時候已經超過了國標，波美度達到 40 度以上，同時也是我國產量非常高的蜂蜜之一。」他又說道：「打完第一次棗花蜂蜜，在這裡不會做蜂王漿，然後他會去內蒙古黃土高原實地去看苕子蜜源產地。

我又有了一隻好玩的小狗。我每天早、中、晚會按時沖調小弟弟吃的奶粉，給這個小狗吃，小狗長得很快。有時候我還把一點煮熟了的雞蛋黃塞到它嘴裏，它很快就吃掉了！我叫父親給小狗取個名字，父親想了想，給他取一個厲害的名字，那就叫它希特勒吧。其他的師傅都說好，可以給我們看家。

過了幾天，父親一個人去了內蒙古看場地。我們照樣打第二次棗花蜂蜜。有空的時候，我都在聽收音機，學習唱革命樣板戲紅燈記，不管是李玉和唱的，李奶奶唱的，還是李鐵梅唱的，所有的片段我都學會唱了。那個老鄉姚師母還說：「阿玲你也應該可以去考文工團。」我笑著對她說：「我的外公是地主，在學校裡什麼活動都不給參加，怎麼有資格去考文工團？」她說她忘了！

第二次打出來的琥珀色棗花蜂蜜，當地的收購站說，沒有裝蜂蜜的鐵桶給我們周轉，暫時不收我們的蜂蜜。我們所有的養蜂場都急得團團轉。收購站不收蜂蜜，我們的蜂蜜往哪裡倒？沒有空桶裝蜂蜜怎麼辦？那些養蜂的師傅輪流騎著自行車到我們的帳篷里來問：「張師傅回來了嗎？」次日下午父親回來了，他問清楚了情況，就帶了姚師傅和鍾師傅一起去收購站，問是什麼情況？

收購站裡有一個站長，兩個收購員。父親一進門拿出三個五牌的香煙，每人給了一支，並給他們點火，叫他們幫幫忙。說：「我們來到滄州都有幾個年頭了，想想辦法收掉我們的蜂蜜，再多給一些周轉蜂蜜桶給我們。」收購站長坐在桌子上，叫他旁邊兩個收購員想想辦法，又說：「這個張師傅是來了很多年，我們應該優先支援他！」父親說：「明天有桶嗎？」他們說：「明天中午將你們的蜂蜜拉過來。」父親留下一包三個五牌的香煙給站長，並且說：「這是上海買的出口香煙。」

去內蒙古的見聞

6 月下旬，我們離開了滄州。又是原班人馬，包兩個六十噸的車皮，到內蒙古呼和浩特市，需要火車行程三天三夜時間。中途我們可以向火車站申請放蜂一天，也就是將所有的蜜蜂放在鐵路旁邊放養一天，到晚上又裝回去火車皮上面繼續運輸。只有在火車站準備裝車皮的時候，所有的養蜂場人員才能大會合，大家可以聊天，講天南地北的故事。

我跟他們說：「前幾天中午的時候，我母親開著在青島買的德國出產打氣煤油爐，用一個水壺燒開水。水已經開了;母親正在給小弟弟餵奶，本來煮飯燒水大部分都是她做的事。她叫我趕緊熄掉打氣的煤油爐，將燒開的水倒進兩個熱水壺裡去，可是我怎麼也倒不出來水！然後將水壺放在地上，打開蓋子看一下，看見裡面有一隻死了的老鼠，是那老鼠皮塞住了水壺口。老鼠的白骨頭都變成一根一根的，在水壺底。我嚇得哇的一聲將整個水壺都扔掉了！母親問我幹什麼？我嚇得說話都不清楚了，說你自己看吧！然後父親也走進帳篷里看一下，罵我的母親：「如果這是。毒藥，全家人都給你毒死掉了！」所有的人聽了都哈哈大笑。姚師傅說：「難怪你們的蜂蜜產量高，原來天天在喝老鼠茶！」

然後鍾師傅也說，他和梁永久師傅去收購站賣蜂蜜，介紹自己的時候，說鍾師傅是我們養蜂場的副隊長，別人問你們的隊長呢？梁師傅說去了內蒙古看場地。別人又問他：「你在養蜂場是什麼職位？」梁師傅回答：「我是副會計。」所有的人又笑了一次。

我們養蜂場的師傅全部都是當官的，還多了一個副會計師？我的母親說：「我的大兒子才三歲，他爸爸給他在上海花兩塊錢買了一個黑色的小轎車，他玩了三天就將後面兩個輪子拆掉了！也不知道是誰教他用的那個小鐵鎚，將那個黑色的小轎車頭上砸得扁扁的。他長大了可能會做工程師。」姚師母、楊師母她們是老鄉，她們兩個走進帳篷里看下未來小工程師在幹嗎？看見我的大弟弟蹲在地上玩小狗希特勒。

娟娟也說她們在滄州住在一個大爺家裡;有一天大爺說：「今天是我的生日。」娟娟問他做什麼好吃的？他們只有父子倆人，準備用自己家老母雞下的蛋炒著吃。看著大爺拉著風箱，抓了一把花生米放在鍋裡面去炒，炒來炒去花生米都炒焦了。娟娟問他在幹啥？他說要將花生米炒出點油來，否則他的雞蛋全粘著鍋子裡了！

那個年頭從南到北都是一樣的窮，農民掙的工分每天也就是一毛多錢。火車越往北走，我們買到的食物就越差。父親買了很多包子上車吃，我咬了一大口，裡面全部都是粉條，一點肉味都沒有。我對父親說：「這個也叫包子嗎？」父親說：「你能吃飽就行，等到了天津給你買點狗不理包子吃吧！

在天津編組站放蜂的一天

過兩天，我們的火車到了天津楊柳青車站。父親已經申請了在這裡放蜂一天，第二天晚上再裝車，大家都可以到天津市去買點好吃的。父親真的買了很多狗不理包子回來。我咬了一口裡面有很多肉，還有很多八角、小茴香的香味，但是沒有我們外公老家鄰居老何做的包子那麼香。那包子出鍋的時候，半條街都能聞到香味。

天津的陽光普照，也是洋槐花盛開的季節。所有的師傅晚上回來，都買了自己喜歡吃的食物。天黑了，我們將蜂箱的門全部關閉，準備上車。這時候大家都覺得非常重，本來一個人用肩膀可以扛著一箱蜜蜂上火車，現在誰也扛不動蜂箱了。

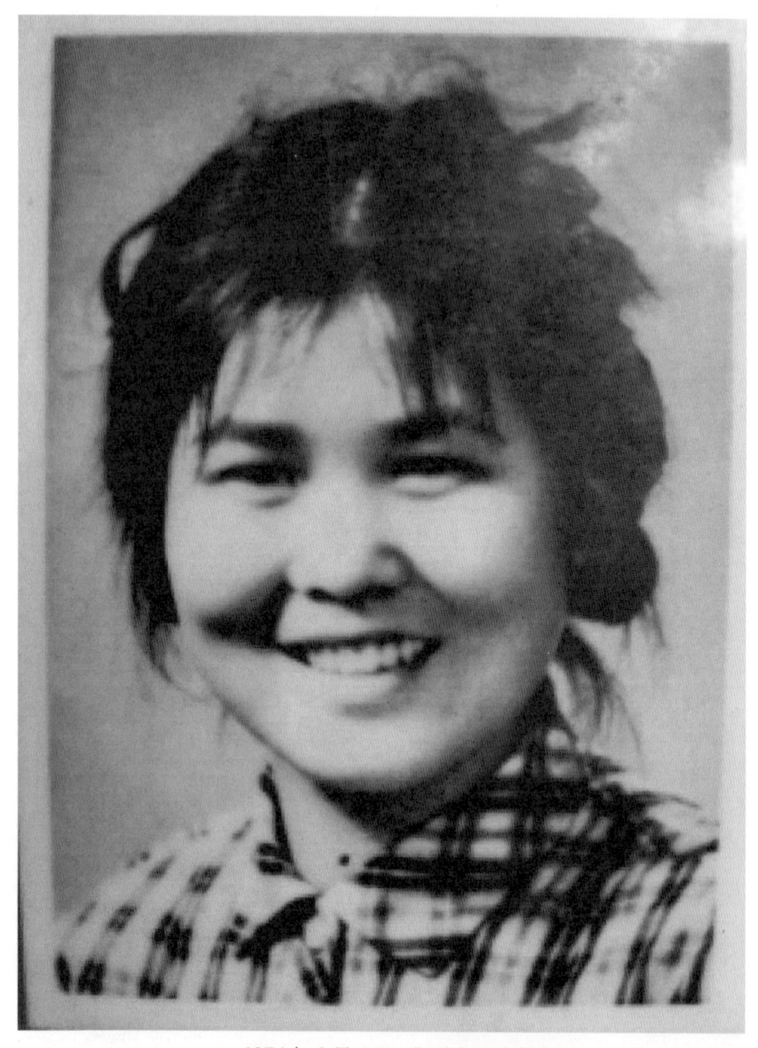

1974 年 6 月 4 日，阿玲在天津留念

父親說：「恭喜大家，我們所有的蜜蜂，每一群裡面都裝滿了天津的洋槐蜂蜜，夠蜜蜂吃很多天的了！每一群蜜蜂繼箱都有三萬隻蜜蜂以上，它們自己的消耗，每一天需要吃掉 1.5 公斤的蜂蜜。專業蜂農如果養 1 至 2 群蜜蜂不要收入，有錢去買糖和付

南來北往的運費嗎？

蒸氣火車頭在華北平原上奔跑著。每一個火車頭可以拉著六十多節貨車車廂，在南方山區只能拉動一半都不到的數量。一路聊天，一路看風景，一路買不同的食物。

黃土高原的風土人情

經過幾天幾夜，終於在清晨的時間到達了內蒙古呼和浩特市。

1973 年阿玲在呼和浩特人民公園留影

我們在這裡停留了兩個白天，主要就是採購食物。我們買了很多條魚，每一條獨立的用塑膠布卷好，用橡皮筋紮緊。還買了一些豬肉，用同樣的方法包好。全部的魚肉都放進我們的大蜂蜜桶里保鮮。這裡的風沙很大，看著那些騎自行車的女工人，她們都用紗巾將整個臉都包裹起來。父親叫來了四輛最大的解放牌貨車，晚上等蜜蜂全部回來，關上門開始起運。每一輛車子都有兩個司機在夜間輪流開車。黃土高原的道路真的不好走，彎彎曲曲的，越走越高，車子走得很慢。

第二天上午十點多到達准格爾旗一個很大的村子，父親說：「這裡有很多苕子花、草木樨，還有很多黃土高原耐旱的花正在盛開;希望我們又可以收到很多蜂蜜和蜂王漿。」我們的車子一路往高處走，但是看不到房子，看見了很多紫色的花在開，還有小米，內蒙古特產的野麥子（蓧麥）這些都是高原抗旱的糧食。

我們的四輛汽車搖搖擺擺進了一個村子里。村子裡所有的人都是住在窯洞里。在村子外面司機開始按響喇叭，很快看見幾十個男男女女從他們的窯洞裡走出來，站在村子口上望著我們。我們四輛車上面的人，都笑得前俯後仰、、、、、

我們看見地面上的男人全部穿著前面是大朵的牡丹花圖案，土布做的馬夾，後面全部都是白布，沒有袖子。前面兩條寬布跟肩膀一樣寬，是用比巴掌還大的大紅牡丹花（棉被面子布）做的;褲子也是大花布做的。女人也是穿著同樣的白色土布馬甲，前面兩條白色土布交叉在胸前。褲子也是全白色的土布，每個女人的乳房全部露在外面。

地面上還有羊、雞在馬路上走。汽車開得很慢。我們所有的人足足笑了十多分鐘，我笑得氣都喘不過來！出了村子，我們分開兩邊擺放蜜蜂。我們一邊將蜜蜂卸下汽車，還在一路笑。我也不知道他們這是什麼風俗習慣？

我們所有的蜜蜂場，都分開擺放在村子的週邊十多公里的地方，其他人都是搭帳篷住，那個生產隊長（村長）特別給了我們一間有兩個大房間的窯洞住，每一間大概有三十平方米。兩個房間裡面都有一個大炕，我們選擇了左邊一間就夠了，右邊的一間依然鎖著門。生產隊長說這兩間房子都是給上山下鄉知識青年住的，現在有的結婚了，有的當兵了，有的回城了，就沒有人住。

他們這裡的煤炭很多，家家戶戶都燒煤炭。房間的中間有一個大鐵爐子，就可以燒煤炭的。村長還告訴我們，房子的側邊有一個小房間，裡面有很多煤炭，說你們可以隨便燒。我父親說非常感謝他，讓我們的孩子們有房子住，前面還有一個約六十平方大的院子。我們住的窯洞西邊有個敞開的門口靠著村子。東邊也有個敞開的門口。

村長告訴我們，這裡吃水比較困難。他站在東邊的院子門口，用手指給我們看，下面有一條彎彎曲曲的羊腸小道，走到谷底，他說走下去要二十多分鐘。在谷底有一個很小的水塘，小水塘里會慢慢地冒水。我看見有兩個男人背著扁形的木水桶，拄著棍子一步一步地往上走。我覺得比我在外公家裡，去天排山上挑土更艱難！

另外兩個人還在水塘邊用半個葫蘆殼子做的勺子，往自己的木桶裡面裝水。村長說這一來一去，要等兩個小時才能夠背一桶水回來。

我父親讓村長找兩個年輕力壯的男人，幫我們每天背兩桶水，我們給一塊錢一桶。村長笑著說肯定行。不一會兒，就有兩個人背了兩桶水給我們。我們有四個鋅鐵皮做的圓水桶，我趕緊叫了兩個大哥將水倒進我們的水桶裡。我告訴父親這個水裡面有很多泥巴，怎麼吃？父親說等它沉澱后再用上面的水。水桶裡的水經過一夜的沉澱，裡面有黃色的泥巴大概三寸厚。

我們住的窯洞是在村子的東面。村子裡面村民住的窯洞坐北向南，分兩排。汽車走過的是大路，前面還有一排窯洞，窯洞前面是一條小路。我們的養蜂場放在村子外面的西邊空地上;我每天都要從東邊走到西邊的蜂場去工作。在路上走的時候，只要村民家裡有人在家的時候，他們都會拉著我進去坐坐。她們非常客氣，說道：「閨女，上炕，上炕。」反正我也沒有去過別人的窯洞，就跟著進去看看。

一進門，只有兩米寬的地面，整個房間都是土炕。炕中間有一個矮小的桌子，女人嗑瓜子聊天，男人抽煙喝酒，縫縫補補，全是盤腿坐在這個炕上完成。土炕的一頭有幾床疊好的被子，地面上還有一個小桌子，上面放著一個搪瓷臉盆，兩個有花的搪瓷熱水壺。還有一個木箱子可能是裝衣服的，全部的家當就是這麼多！

她們還會摸摸我的衣服，又摸摸我的頭髮。我看見她們是四十多歲的女人，還有幾個都裹了小腳，大姑娘與我一樣，扎著長辮子。我仔細看一下，大姑娘的頭上有很多白色的小點點。這時候我想起我母親說的，西北地區缺水，每個人都長蝨子，我告訴她們有事趕緊要回家。我一個人睡一個鋼絲床，鋪在地上，另外兩張鋼絲床母親鋪在炕上面。

又過了幾天，我發現自己的頭上，衣服縫隙裡面都長滿了蝨子，我問母親怎麼辦？她說：「將所有的衣服脫下來，燒兩壺開水用水燙。」「我頭上怎麼辦？」她說去找個玻璃瓶子來，給了我六粒白色的臭丸，叫我放到蜂箱蓋子上面擀成粉末。然後她叫我把辮子拆開，將所有的臭丸粉抹在我的頭上，又去找了塊塑膠布，將我的頭裹起來，所有的頭髮都裹在裡面。一個小時之後，又洗了一遍頭。從此之後，誰家裡的炕我都不敢上去坐了。母親交代我將兩個小凳子放在自己住窯洞門口，別人來的時候，就坐在門口說話。

每天都有一個小男孩到我們家門口玩，我問這個小男孩幾歲叫什麼名字？他告訴我：「我大名叫正德，小名就叫小辮子。」我問他誰給你取的名字？他說是他的爺爺。你為什麼要留個這麼長的小辮子？他爺爺說這樣像女孩一樣容易養活。我問他：「誰給你梳小辮子？」他回答：「是我的媳婦。」我覺得很好笑：「你才七歲，就有媳婦啦？」我問他的媳婦幾歲？他說今年十三歲。他還告訴我他爺爺說的，等他長大了就可以娶她做婆姨。他每天都來我們院子里和我的大弟弟，還有小狼狗希特勒一起玩。

還有一個跟我差不多大的女孩，她差不多也是每天過來玩。我問她叫什麼名字？她用西北話說道：「哦叫圓子」。」她告訴我很快就要出嫁了！她娘說不用她幹活，天天下午等我回來的時候她就跑過來玩。她說我們是從外地來的，見到的市面肯定比她多，叫我給她講故事。

我問她要嫁到哪裡去？新郎官有多大了？她用手指比劃給我看十八歲，她說嫁到三十多裡外的壩上。我又問她：「你的婆家都給了你什麼禮品？」圓子說：”春夏秋冬穿的衣服各一套，還有一件特別的禮物就是梳子。」我說：「一把梳子也可以當禮物嗎”？她說：「不是一把。」我以為她的梳子非常值錢，就叫她明天拿來給我看看。

第二天，圓子用手捧著一個木盒子過來給我看。我叫她打開，看見裡面有兩把半月形，大的木頭梳子，還有三把半月形小一點的木頭梳子，另外一把就是篦梳。我笑著問：「這就是你最好的禮物？」我又說：「這個篦梳就是專門梳蝨子用的？」她點點頭。她告訴我，她們的鏡子還是銅鏡，照起人來也看不清楚！我馬上跑到窯洞里，到我自己的床頭拿了一個圓形兩寸那麼大的小鏡子，我還在上海買了一個大圓鏡子，平時梳頭前後照自己的梳辮子用的。我將小鏡子給圓子看，只見她臉上樂開了花，說這小鏡子多稀罕！拿在手上愛不釋手。我想過幾天她就要出嫁了，我母親還有一個四方的鏡子，就對圓子說：「你這麼喜歡小鏡子，就送給你做禮物吧！」她拿著我的小鏡子跳起來，又在地上轉幾個圈圈，高興壞了。

每天我都會到西邊自己的養蜂場去工作，每天上下午回來路過村子的中間，看見有一個窯洞門口招牌寫著「供銷社」，我走進去看一下，櫃檯裡面站著一個大叔他用帶山西音的西北話問我;閨女你要買點什？我對他說：「你這店裡面，除了鹽和醬油、煙絲、黃色的粗紙、白色的衛生紙外還有啥賣？他說：「還有煤油賣，和小孩子吃的糖果都有呢！」

又過兩天，中午我回去吃飯的時候，看見隔壁兩家的大娘，她在自己的門口，捲起左腿的褲子，旁邊放著一個瓦盆，裡面是黑麵團。我好奇地走過去用剛學的方言問她：「大娘你這是做什？」內蒙古話和山西話一樣非常容易學。大娘坐在凳子上，將那些黑蓧麵團放在她的左腿上，搓成像圓珠筆那麼粗的條子，再放在蘆葦稈子做的鍋蓋上。看見她的鍋子裡面，有半鍋子連皮的南瓜和水一起煮著;她說那些蓧麵麵條會放到南瓜水裡面一起煮。還說給送我一碗嘗嘗。我說不用了，我父親說沒有吃過莜麵的人吃了會肚子痛！她說是的。你想想那大娘的腿上有多黑？

圓子告訴我她們一輩子只洗一次澡，就是結婚的那天。我又問圓子，為什麼婦女們要將自己的乳房露出來？她說這是表示她們是已經結過婚的婆姨，餵奶更方便;未嫁的閨女們都穿得嚴嚴實實的。哦！我明白了。

他們平時的衣服鞋子沾滿了泥土，回到家裡用個小掃子在門外拍拍掃掃就行，衣服上長滿了蝨子，反過來用手指甲從下到上掐一遍。我也問了大娘你們一年能分到多少糧食？大娘回答;每一年每個人能分到一百六十多斤的糧食。

幾天后一個早上，上午十半點半，父親去托克托縣看完了小茴香的場地回來。一進門看見我們大小四個人，都沒有起床。他趕緊打開窯洞白紙糊的格子的窗戶和大門，大聲地呼叫我們，並用手大力地拍打我和母親，說趕緊醒醒;我慢慢地將眼睛打開，覺得全身沒有力，整個屋子裡面都是煤氣的味道。父親責怪母親說：「村長已經說過了，叫你任何時候窗戶都要留一條通風用的空隙，否則就會中毒。如果我再晚點回來，你們全部都去見馬克思了！」父親幫我們用溫水沖了一大碗蜂蜜水，讓我們趕緊每個人都喝點蜂蜜水，我才覺得清醒了很多。

父親在家的時候，會將窗戶門推開，在下面壓上一根木條通風。我也嚇得不輕，心裡面想：我的母親做什麼事都是馬馬虎虎的，完全不考慮後果。

父親又採購了很多菜回來，有黃瓜、葫蘆瓜、青辣椒、小蔥等，叫我趕緊起來，到裝蜂蜜的桶裡面拿一塊豬肉出來，今天有辣椒炒肉。平時都是母親做飯。我拿了一條塑膠皮包裹好的肉出來，我問母親這上面黏著很多蜂蜜，怎麼辦？她說：「先拿一個大碗，將整條豬肉豎著放在大碗裡，讓那些蜂蜜都流在碗裡。等下午的時候，你把那個大碗裡的蜂蜜放到一個蜂箱裡面，讓蜜蜂搬回去不要浪費。你再拆開塑膠布，用點水洗洗豬肉，就可以切片炒辣椒了。」我看見豬肉在蜂蜜桶裡放了一個多月，打開之後依然非常很新鮮。

這時候，我隱隱約約聽見村子裡有吹嗩吶的聲音。不一會那個小辮子又來玩了;我問他：「是不是圓子出嫁了？他說是的。我問他：「是坐花轎還是讓人抬走的嗎？他說：「不是，我們這兒的新娘出嫁都坐馬車。馬的脖子上，馬車上面，新娘的頭上都戴著大紅花。小辮子最喜歡看的就是我們家的小狼狗希特勒。

父親喝了一碗水，然後說道：「百里之外托克托縣的小茴香馬上就開花了，過幾天我們又要搬家了。」在這裡大半個月，我們的收成都不錯，做了很多蜂王漿，也打了四次蜂蜜。

父親向村長告別后，照樣去雇了 4 輛解放牌大貨車，晚上起運。第二天一大早就到達托克托縣、父親早已將所有的養蜂家庭安排好，誰去哪個村子放蜜蜂，都有一張當地村長（隊長）簽了名的信給他們。

上午 8 點多已經到達目的地、我們的蜜蜂和小鄒，張師傅是同一輛汽車的，全部擺在一個生產大隊辦公室的圍牆外面。外面有很多長得像芹菜那樣的小茴香，但葉子是一絲一絲的，正開著黃色的小花，開花期有三十天以上。這裡是平原沙土地，到處都是小茴香。小茴香是做香料用的只有北方大量種植，在南方很少人種。

父親找到一個大隊的最左邊的一間房子給我們住，中間有一間會計室。右邊過去一間是村子裡的赤腳醫生醫務室，右邊的一間是大隊的小禮堂，開會用的，裡面可以坐下一百多人。他們還請電影隊，在這禮堂裡放電影，裡外都能看見。這間小禮堂也是他們經常開憶苦思甜大會的地方。

一天下午有很多人去開會。散會的時候，有兩個女孩又跑來我們房子里玩。我問她們怎麼開會的？其中一個女孩學給我聽，說每一次都是村子里最窮的單身漢先講話。他說道：「哦（我）解放前家裡有一個破鍋子，還有一張破的炕席，沒老婆。解放後，我還是一個破鍋子，一張破炕席，也沒有老婆。全部的人都哈哈大笑。」隊長說他不要再講了，讓別人繼續講。

我問兩個女孩：「你們家有菜賣嗎？如果有的，摘一點來賣給我們。」第二天那個女孩拿了一大把蔥給我，又抓了一隻老母雞，還提著二十幾個雞蛋。她說小蔥不要錢，她爹說的，老母雞不會下蛋，一塊錢一隻，雞蛋一塊錢十個。我母親說好的，馬上給她付錢。那個女孩子高高興興地走了！過了一會兒，又來了兩個小孩，每人都抓了一隻毛都掉了的老母雞。這兩個小孩說幫幫他們的忙，買掉他們的老母雞！我們又給了他們一人一塊錢。

第二天下午，有十幾個女人和小孩子，每人都提著一隻老母雞到我家裡來;父親說：「不要了，我們怎麼吃得完這麼多老母雞？」他們全部蹲在門口不肯走。正好姚師傅、楊師傅他們兩個人騎著自行車過來，父親問他們要不要老母雞？他們每人都買了兩隻，那些人還是不肯走。父親說：「明天問問其他的養蜂師傅要不要買老母雞，你們再拿來吧。」他們才肯回去。

我們趕緊去檢查自己的蜜蜂，看看裡面有沒有蜂蜜，什麼時候可以搖蜂蜜？內蒙古很少會下雨。我又問父親在這裡要做蜂王漿嗎？他說：「不做了，這裡只有小茴香花開，花粉不是很多留給蜜蜂自己吃吧！」我想更好，我多了很多時間。我有更多的時間去學習寫字，學習唱樣板戲。收音機裡面又開始唱沙家浜，阿慶嫂唱的我很快就學會了，我覺得很好聽。一邊搞蜜蜂的時候一邊唱樣板戲。

第十章
養蜂人不簡單

養蜂的生活枯燥無味

在養蜂場沒有童年夥伴跟我玩，更沒有閨蜜和我聊天，只有自己和自己玩。偶爾和兩個小弟弟玩一會。我們的小狼狗希特勒已經長大了，我在哪裡工作，它就跟到哪裡，我去洗衣服它也跟著去。平時總喜歡躺在我的鋼絲床底下，我走到哪裡它都要跟著去。我對著它說：「你就是個跟尾狗。」

早上我去村子裡面洗衣服;村子裡面的水是從兩百多米的地下，打下去的鋼管從井裡冒出來的水。我帶著一個蜂箱蓋子當洗衣板。我將衣服泡在水裡，兩隻手覺得插到冰裡面去了，水刺骨得冷。我們家傻傻的希特勒還去喝一口水，它可能也覺得太冷，我看見它搖頭擺尾地想將水吐出來！我只有提著衣服回家，等中午地面溫度高的時候再去洗衣服。我先將井裡面的水裝在水桶裡，讓太陽曬曬水再去洗衣服，用這種方法雙手就不會覺得太冷了！

看看這裡的村民都在吃點啥？他們會做玉米雜糧窩窩頭，還會在鍋子旁邊烙餅，也是雜糧的。最多人家裡吃的就是一個大雜燴，裡面有蔬菜、南瓜、葫蘆瓜，快煮好的時候往裡面倒一些面粉或者是玉米粉。還有一個人家，不知道他兒子在哪裡抓到了兩條魚，他的母親破開魚肚子洗一洗，一起丟進鍋子里煮。

我問大娘：「這個魚是有刺的，你丟進去煮，裡面有那麼多菜，會卡喉嚨的。」她說：「沒事的，家裡邊全是大人，沒有小孩子了。」她還問我要不要嘗嘗？叫我先上炕，和她的閨女聊聊天，她拉着風箱烧火一會兒飯就煮好了。我牢牢地記住：誰家的炕也不能上;原來那些女孩子頭上的白點點，原來都是虱子產的卵。我告訴大娘我還忙著呢。

我們住在這裡是最熱鬧的地方，天天到大隊裡面來的人，有夫妻吵架的，兄弟要分家的，還有男女關係爭吵的，看病的，開會的。每天進進出出，還有很多人會走到左邊我們住的房子門口觀看，也會和我們聊天。有幾個婦女就說用她們家的一隻老母雞，換一斤蜂蜜行嗎？有時候我們也跟她換。在這裡吃的最多的就是雞，幾乎天天都有雞吃。我問他們為什麼自己不吃雞？他們說全是骨頭，沒有羊肉好吃！

很快又過了十幾天，我們收了三十一桶小茴香蜂蜜，大約有三噸多重。我父親叫了三個馬車送去收購站，我也堅持要跟著他去玩。我們早飯後就出門了，到了一個小鎮上已經是中午時間，收購站說下班了。我們就將馬車停在收購站院子里，讓三個老把式在那裡看著蜂蜜，我們父女二人先去吃飯。

到了一個飯館門口，那個店裡的男人大聲吆喝：「新鮮出爐的貝子，香噴噴的可好吃了。」我叫父親就去這間飯館吃午飯。走進店裡去問那個大叔，什麼是貝子？他打開一個燒烤的爐子給我看，我看見那爐壁上貼著的不就是發面的烤燒餅嗎？他說當地就**叫貝子。**我們點了一個涼拌豆芽，再來一個炒綿羊肉。爆炒羊肉片也挺好吃的。我們父女倆每人吃了兩個烤燒餅（貝子）。

我和父親學了一回當特工

吃完飯又馬上趕回收購站，對三個趕馬車師傅說：「你們也去吃點飯吧。」他們三個人說自己都帶了乾糧和水。我們等了大半個小時了，看見收購站那個高個子戴著眼鏡的收購主任回來了。別人都叫他黃主任，收購站當天只有他一個人在上班。下午又來了幾個人賣蜂蜜。

他說量過我們所有人的蜂蜜，沒有達到波美度 40 度！上面的指示，優先收購 40 度以上的。我父親說：「國家收購站規定，38 波美度以上的就合格，不過價錢低一點。我們今天的蜂蜜達到了 39.5 度，你應該收下。」他說不行，坐在桌子上蹺著二郎腿。說他不是站長，做不了主。你們先將蜂蜜拉回去，過兩天再來問站長。

天都快黑了，我們急得團團轉，他就是慢悠悠地不肯收。五點鐘，他準時下班鎖門。我們只好將三輛馬車拉到馬車飯店去。

下班的時候鎮子上的人很多，那個黃主任推著自行車走，我和父親跟著他後面。他家裡離收購站不遠，小鎮上只有一條直路，人少的時候看見他騎著自行車往前面的路口右轉。當我們走過去，看見有一排宿舍。我們進到院子之後問別人，哪一家是收購站的黃主任家裡？他們鄰居指給我看，左邊的第一間就是他家。父親叫我到他門口看一下黃主任在不在家？我站在他家門口叫他：「叔叔你家裡原來住在這裡。」

他正坐在炕上準備吃飯，他老婆在上菜，酸辣土豆絲，涼拌豆腐，還有一碟子炒花生米，加一小碟鹹菜。他趕緊走下來對我說：「閨女，你還沒回家嗎？」然後我招手叫我的父親進來。他還是很客氣叫我們父女倆在他家裡吃飯。我父親說：「我們養蜜蜂的人非常不容易，這些蜂蜜桶都是你們收購站借給我們的。我們今天拉來的蜂蜜，你不收掉，我們也沒有桶帶回去裝蜂蜜！」

父親從包包裡掏出一條三個五牌的香煙，遞給黃主任，說：「這是我從上海買的出口煙，也給你嘗嘗。無論如何明天你都要收掉我們的蜂蜜，這樣我們還要帶 30 個空桶回去裝蜂蜜。」

第二天早上我們才賣完蜂蜜，在鎮上還買了不少菜和日用品，高高興興地回家了。我這才想起來父親為什麼要買三個五牌的香煙，自己一支也不捨得抽，他說留著有用的;原來就是這個用途。

養蜂人信譽至上

我和父親坐在馬車回家，我問他：「小鄒和張師傅他們也有五桶蜂蜜一起來賣，你怎麼給他算錢？」他說：「早已用粉筆記好了，有多重就給他多少錢，絕對不會搞錯。這就叫做親兄弟明算帳，做什麼事先要講得清清楚楚，不能完成的事不能輕易承諾別人，答應別人的事就一定要不折不扣地完成。做人在任何地方都要講誠信，你不講誠信沒有人願與你做朋友，你說的話更沒有人願意聽。」

我又問他：「什麼蜂蜜收購價最高？他說：「是洋槐蜂蜜收購價 1.2 元一斤，除了棗花蜂蜜含水量最少，打出來波美度都在 40 度左右，水分含量最高的是南方的荔枝蜜、龍眼蜜。因為南方春天都是梅雨季節，晴天的時間很少，龍眼蜜、荔枝蜜很多時候都達不到收購站的規定，即 38 波美度。收購站會當等外蜂蜜收購，也就是 8 毛錢一斤。其他的蜂蜜我們所有的養蜂師傅都會看，等蜂箱裡面的蜂巢脾，蜜蜂開始封臘蓋的時候，才去打蜂蜜，這個時候差不多就是 40 波美度，含水量 24%左右。會養蜜蜂的師傅，人人都會看！」

父親又給我講了一個故事，他說去年在安徽的時候，有一位姓許的師傅，大家合夥給他一千兩百元讓他去徐州訂火車皮，第二天他回來的時候告訴大家，他把錢全部弄丟了！當時姚師傅說：「本來我說我去訂車皮，你老許非要爭著去，說順便回家看看你老娘。人家張相林師傅，十次有八次都是他去的。他還教了你，一千兩百元元有一百二十張，讓你找一個裝化肥的塑膠袋子，將錢用一件舊衣服包裹好，在袋子上面放一雙鞋子，然後再扎緊口，就算隨便扔在地上也沒有人要。」所有的人都不相信許師傅把錢弄丟了，姚師傅說：「你不會將我們的錢都拿去孝敬你老娘了吧？我家裡直接損失 400 元，大家都認為老許這個行為就是監守自盜。所有的蜂農也沒有人再願意跟他在一起，在行業內他是沒有信譽的人。

說著說著我們就回到家了，我們家的希特勒最早跑到院門外跳起來接我們。我摸下它的狗頭，它會站起來，用兩隻前腳搭在我的肩膀上;我說它真乖。原來，狼狗的耳朵非常靈敏，它能夠聽見很遠一公裡外的聲音，那些養蜜蜂的朋友，只要來過我們家的人它都認得，沒有來過的人它見到都會汪汪叫。它非常聽我的話。

我們切菜的砧板都是放在養蜜蜂空箱子上面，離地面很矮。

我在切肉的時候，或用刀子剁雞肉的時候，它都走過來想吃，我告訴它：「這是我們吃的，你只可以吃骨頭。」它將嘴巴伸到砧板上，想偷吃一塊雞肉，我用刀子在砧板上大力拍一下給它看：「如果你敢偷吃我們的東西，我就用刀子剁掉你的頭。」它似乎聽懂了我說的話，趴在地上一動也不動。從此以後，不管我們有什麼肉，生的熟的它都不敢偷吃，它只敢吃他自己狗盆子裡面的東西。

一天中午我們又在吃雞，雞骨頭拌在高粱米煮的飯裡面，給帳篷門外面的狼狗希特勒吃。突然間聽到它發出嗚嗚的聲音，我趕緊跑出去看一下，原來我的小弟弟爬到它的狗盆裡面，抓它的飯吃。我趕緊將小弟弟抱回屋裡面，告訴母親他在和狗爭飯吃。母親趕快給小弟弟拿了一個雞爪子，讓他自己啃。

打馬南下又去淮北

午飯過後，父親又騎著他的電動自行車，說去和其他蜂場商量一下。內蒙古的天氣 8 月末已經開始打霜結冰，尾期的開花父親都會放棄。下一站回去安徽淮北采蕎麥蜂蜜！8 月中旬我們已經離開了內蒙古，有兩個車皮原班人馬返回去安徽淮北。蕎麥多數種在秋季乾旱了的河道和水塘裡面，秋季開白色的花朵。蕎麥花蜜是黑色的，有一股臭味，所有的收購站都不收，只有留著給自己的蜜蜂過冬吃。

來年春天，外界還沒有花開的時候，也要餵養蜜蜂，讓蜂王快速產卵，重新繁殖。我們的國家從南到北，十月份之後到下一年的一月份才有油菜花開。冬天的幾個月，無論哪個省也沒有什麼花開，更不會有蜂蜜，只有廣東、廣西、福建冬天山上有一種鴨腳木樹會開花。

中午前我們就回到家了。母親又問昨天為什麼沒有回家？我又將昨天的發生的事簡單地說給她聽了，別人收購站不收我們的蜂蜜，叫我們全部拉回來。拉回來怎麼辦？自己又吃不完！母親說拉了多少回來？父親說一點都沒有拉回來！現在拉回來的是空桶。我又問這些空的蜂蜜桶，如果我們用不完要不要送回去收購站？父親說一定要送回去，收購站已經收了我們的押金，如果帶著這些空桶，會增加我們的運輸成本。到任何地方，收購站有的是裝蜂蜜的大鐵桶。你看見我們自己也有幾個鋅鐵皮的小蜂蜜桶，可裝大約重 50 公斤蜂蜜。母親說這些桶留著給我們自己裝大米，裝豬肉和錢用的。我睜大眼睛說：「你騙人吧？錢裝到蜂蜜桶裡面怎麼用？她笑著說：「不信問你父親。他說是真的。那些錢他會捲成一卷一卷的，塞到不要的自行車內胎裡面，將兩頭用橡皮筋紮緊，再丟進蜂蜜桶裡面，這樣就不怕丟了！

過了兩天，我和父親在檢查蜜蜂;父親叫我和他一起搞同一個箱子，分工合作，這樣是最快的。我們父女倆一邊檢查，一邊順手就將蜂箱下面的一層打開，看看是不是全部蜂巢蜂王產都滿了幼崽？如果這一箱沒有空的蜂脾，父親會抽出兩個產滿幼崽即將出生的蜜蜂，取出這 2 個蜂巢脾出來抖掉蜜蜂，將這兩個蜜蜂幼崽子脾，換到其他蜂群幼崽少的蜂群裡面去。我們經常這樣調換，讓所有的蜂群都箱會很強壯。

父親說必須抖掉所有的蜜蜂，成年蜜蜂放到別的蜂箱裡面就會打架，如果剩下少數還不會飛的幼年蜜蜂放進別的箱子都可以，幼年蜜蜂是不會打架的！我們一邊檢查，一邊就能看見哪些蜂王繁殖能力強，哪些蜂王產卵量少，對於後者，到時候就要給它換蜂王，或者瓜分它整個蜂群。

這時候，我突然聽見自行車的鈴聲響，看見那位安徽淮北的谷師傅來了。他一開口就說：「奶奶的，俺和你們江西的楊師傅都認識都十幾年了，可以說是老朋友了。他的丫頭片子娟娟喜歡上小宋了，我兒子比小宋還高半個頭呢，長得也不賴，小丫頭咋看不上呢？聽說他們兩家等國慶節之後就回家定親了！」

我父親抬起頭看著他笑著說：「楊師傅的丫頭年紀還小，是真的嗎？」谷師傅說道：「千真萬確。」父親又問他：「你今天來就是跟我說這一件事嗎？他說他的嘴饞又想吃老母雞了！我接著說：「谷大爺，我母親正在做紅燒雞，待會你在這裡先吃點，這村子里的老母雞有的是，要多少有多少！等會兒我給你找幾個小朋友，叫他們回去抓，你想買幾隻老母雞先告訴我。他說買五六隻都行。

父親告訴他：「你回去的時候，通知你周圍的那些養蜂場，準備訂好蜂箱，如果有車皮的話我們很快就會搬家了，五天之內必須走。這裡的溫度越來越低，早上起來都很冷，溫度太低，小茴香的分泌蜜量自然就會減少。」

谷大爺在我家吃飽了中飯，然後買了六隻老母雞，全都捆住腳，搭在他自行車的後面回自己的養蜂場去了。很快我們又從呼和浩特包火車皮，經過五天四夜的奔波又回到了安徽淮北宿縣，去採蕎麥蜂蜜。

我在淮北不幸得了瘧疾病

我們的蜜蜂放在一個農場門口，附近有很多低窪水塘地，開著白色花的蕎麥，長勢非常好，長得又粗又壯。淮北的秋天天氣晴朗，碧藍的天空，萬里無雲，很快我們的蜜蜂群采了非常多的蕎麥蜂蜜回來。蜂群裡面上層繼箱裝得滿滿的蜂蜜，底下一層也都全部裝滿了蕎麥蜂蜜，可惜所有的收購站都不要黑色的蕎麥蜂蜜！只有一間製藥廠買了我們一噸多的蕎麥蜂蜜。

我們的繼箱上面的蜂巢全部都封蓋了！然後我們抖掉蜜蜂，每六個繼箱疊在一塊，最底上放一個空箱，裡面放一個小碟子，裝一點硫黃粉，點著之後讓那些硫黃的煙殺死蜂巢蜂蟎及巢蟲蟲卵，這些蜂巢蜂蜜才可以保留到來給蜜蜂自己吃。如果沒有經過處理，這些蜂巢裡面的蜂蜜就給巢蟲吃光了。

所有的蜜蜂蜂巢放在蜂箱裡面;蜜蜂身上是有溫度的，跟人體一樣，在 37 攝氏度以內。有蜜蜂保護的蜂巢在蜂箱裡就不會長巢蟲。淮北的秋天蚊子非常多，一天早上我全身發軟，起不來，還想吐。我告訴母親是不是生病了？接著馬上就發高燒，滿身發熱，好像掉到火爐裡面一樣，非常難受。半個小時後之後燒退了，又開始全身發冷。我告訴母親：「蓋一床被子不夠暖。」她把他們的被子都拿來給我蓋上。父親說，這是給蚊子咬了得了瘧疾，他馬上去幫我找藥。

下午，父親的朋友送來一小包粉紅色的藥片，他在門外交代母親怎麼給我吃，每天吃一粒。母親馬上給我吃了一粒，晚上又給我吃了一粒，每次都喝了一大碗水，我的嘴唇全部燒裂開了。第二天早上繼續吃藥，後來父親看見了，問我的母親：「不是每天吃一次葯嗎？你半天就給阿玲吃了兩次？還沒有到 24 小時已經吃了三次了。這個葯是奎寧，也是毒藥，不可以吃這麼多，吃得太多會將你的女兒毒死了。」兩天我都沒有吃任何食物，全身上下沒有一點力氣，更沒有辦法坐在父親的電動車後面。父親只好叫輛馬車送我去公社的衛生院住院。

我到了衛生院之後，大夫說如果再吃多幾粒奎寧就糟糕了！他們馬上給我輸鹽水，輸葡萄糖，我躺在衛生院的床上一點力氣都沒有。還好退燒了，一天到晚總是迷迷糊糊地睡覺，在第 3 天下午，大夫說沒事了，可以出院了。

每一天父親都有來衛生院看我，我坐在床上看見父親又來了。他很高興告訴我可以出院回家了，我也覺得自己的精神好了很多，掀開被子走下床，給自己倒了一杯開水喝。父親說你今天可以出院了！父親後面還跟來了那個小鄒，父親說他去辦出院手續，叫小鄒在房間里和我說說話。那個小鄒說：「聽說張師母給你吃太多藥了？所以我也來看看你。」我說謝謝。然後他又從口袋裡掏出一封信來給我，他說無論如何我都要看看他寫的信，並且告訴我：「你的老鄉娟娟都準備和小宋訂婚了，你也給我一次機會吧。」

我非常生氣，說你這是什麼人？我已經病得幾天都沒有吃飯了。我大聲地說：「你比我大了九歲。人家小宋濃眉大眼，比你還高一個頭，你想我跟著你餓死嗎？」我將他的信丟到門外，推他出去，砰的一聲關上房門，並且說：「以後再也不想見到你。父親辦完了出院的手續，回來敲門問我為什麼要關門？我將剛才的事全部說出來給他聽。父親說：「不用理他，我們先回家。」這也是我得了第一次要住院的大病。

初冬季節又回上海

到了秋天，天氣漸冷，外界也沒有什麼花開。蜜蜂最喜歡的溫度是 20 度以上，30 度以內。我們的蜂王的肚子開始不斷縮小，不再會大量地產卵，蜂群裡面沒有大量的幼年蜜蜂出生，老蜜蜂每天不斷地死掉。很快我們的所有蜜蜂，上面的一層蜂箱全部下掉，一層一層地放好，不能留下空隙，否則其它蟲子、老鼠會跑進去，偷吃我們的蜂蜜。

在淮北很輕鬆，不用做蜂王漿，也不用經常搖蜜，我一天到晚都抱著收音機學唱樣板戲，越唱越好。也在學習寫字，看父親買回來的小說。我覺得魯迅寫的阿 Q 正傳很有意思。那個阿 Q 逢人就說，他租的房子窗戶很小，房子里很黑暗，看不清楚。別人問他，你為什麼不告訴房東將那個窗戶開大點？那個阿 Q 說他不敢和房東講。我想起來就好笑，為什麼自己不敢砸大點;還不敢講？

空閒的時候還要洗衣服，洗被子，實在無聊的時候就叫希特勒過來跟我一起玩。它已經長得很大了，非常的聰明，看見你高興了，它就會來咬你的褲腳邊叫你和它一起玩。您只要嗯一聲，它就會趴在地上，將嘴巴耳朵貼在地上一動也不動。我突然想起，我們的希特勒真的非常勇敢！

記得從呼和浩特南下時經過徐州編組站，那裡有幾十條鐵軌，鐵軌上面都擺滿了各式各樣的貨車車廂。大多數停在那裡，等待徐州站重新編組，然後去不同的地方。有的還在慢慢地開著;我們的車廂已經開動了，但是希特勒不知道跑到哪裡去了？我們所有的人站在車廂門口一起高聲呼喊，希特勒，快點回來！因為馬上就要開車了。編組站的聲音很嘈雜，我們叫了很多遍希特勒才聽見。看見它從十幾條路軌外面的圍牆邊上跑出來，它穿過一條、兩條、三條、四條路軌，我們都以為它肯定會被那些車廂壓死了！它用閃電般飛奔的速度不斷地穿過路軌或車廂底下，向我們這邊跑過來，跑到我們的車廂旁迅速地跳了上來。我父親抱著它，說它真厲害，這麼危險它都可以跳上火車。

我們在淮北住的農場只有一名 50 多歲的老員工，他住了一間房子，養了幾頭大黃牛。中間幾間宿舍都是鎖上門的，我們只住了最左邊的那一間農場的宿舍，天天能看見的就是大片的蕎麥地和門口一塊空地。

除了放牛的大爺，很少有其他人過來。天色還很早，看見那個放牛的李大爺就回來了。我走過去給他打招呼：「大爺今天很早回來呢？」他說：「是的，那些牛吃飽了，所以就早點回來。’然後他坐在門口抽旱煙。用手裝了一點煙絲進竹煙鬥，然後用火柴點火，自己吸一口覺得津津有味。

我又問他這個農場宿舍怎麼沒人住？他說人都給縣裡公社調

走了！我又接著問他了，以前的生活很苦的時候，聽說你們這邊餓死了很多人，是真的嗎？他說是真的。我又問：「你家裡怎麼樣，你們的村子裡又怎麼樣？」他說他們的村子沒有剩下幾個人，到處的野菜也吃光了，樹皮也扒完了。我想原來小鄒說的話並不是虛構的，我慶幸自己不是生活在他們的那個地方。

又看見我父親騎著電動車從外面回來;他說買了很多菜，我就趕緊幫忙去拿。我看見一個大紙包裡面有鹵水豬腳、豬頭肉、豬耳朵，聞著就很香。我跟李大爺說我要回去做飯了。還有大白菜、紅皮的白蘿蔔、芹菜、辣椒。我問母親：「我們在上海買的魚和豬肉都吃完了嗎？她說：「差不多吃完了。」還好我父親在這里認識很多人，不要票也能買到豬肉和副食品回來吃。

日子過得很快，轉眼就到 9 月下旬了。父親說要送我母親和兩個弟弟回外公家裡休息，並且說今年的收入也不錯，我們在上海再玩幾天，順便買一些冬天穿的衣服，看看電影，再去逛逛公園，吃點好吃的東西。我們一家人收拾好自己的行李乘火車又回到上海，父親直接帶我們去外灘旁邊的上海大飯店住下，讓我們看看黃浦江的風景，也看看什麼是提籃橋？什麼是閘北？什麼是浦東？

我們又去了一次南京路、淮海路，逛逛街。父親給我買了一件棗紅色底，黑的小米篩格子駱駝絨的棉衣，冬天非常暖和，又給我買了兩條厚的西裝褲子，一雙黑皮鞋。我覺得很貴，但心裡是美滋滋的。然後父親又帶我去看電影，是蘇聯的黑白電影《鋼鐵是怎樣煉成的》。裡面講的外文聽不懂，但是有中文字幕。記得男主角說：「生命誠可貴，愛情價更高，若為自由故，兩者皆可拋。」這一段詩終生都留在我的記憶里。

輪到父母親去買衣服，我在飯店裡面帶小弟弟，小的弟弟剛剛學會走路。母親交代可以帶他們到下面的外灘上走走。我說：「不去，一個人帶不了兩個小小的孩子！你們早點回來，一起下去外灘走走就行。餓了的時候，我會到外面的餐廳去買東西吃。父母親下午早早就回來了，他們買了很多衣服鞋子，然後我們一起去外灘上走。

外灘上的房子非常漂亮，有白色的、黃色的、粉紅色的外牆，歐洲的建築，阿拉伯的建築，南洋建築，什麼風格都有，是真正的萬國樓。黃浦江里的大小船隻，川流不息地在江裡面航行。我又問父親：「提籃橋是什麼地方？」他說：「提籃橋是全上海的人都知道，其實就是幾十年前一個外國人做的大監獄。我想那有什麼好看，我不去提籃橋。閘北是我們坐車的火車站，浦東是提籃橋那邊的郊區。

我和母親回小鎮放大假

我們全家在上海住了兩個晚上，傍晚的時候有火車回江西。火車上面人真的很多，我們買了三個座位，在我們的座位底下，別人晚上都會鋪上一張報紙，他們就睡在我們的腳底下。如果我們要去廁所，都要小心翼翼的，生怕踩著他們的頭。火車沿途車站都有食物賣。

火車路過嘉興站的時候，父親買了很多嘉興粽子。原來嘉興粽子這麼的好吃，中間有一塊肥肉，全部的糯米都是用鹽和醬油拌過的，咬一口下去真的非常香，不像我們老家的粽子，裡面除了有一點鹼水，黃黃的什麼也沒有。

從上海到江西，我們坐了一天一夜的火車。從上饒再坐公交車去外公住的小鎮上，中午前到了外公家裡，外公很高興，準備做飯。他說早上沒有買菜，只能吃家裡菜地裡種的菜。我問他還有沒有白扁豆？他說有的，叫我自己去菜地裡摘。我摘回來半籃子白扁豆。我們就用白扁豆當菜，外公說最簡單的就是煮點麵條，母親說隨便。

我站在家門口就能看見很多鄰居，還有很多的童年夥伴，他們都說：「阿玲回來啦？」也有很多人跑到我家裡來，有的是我母親的同學，最多的還是我的童年夥伴。我母親從上海買了很多糖果回來，進來的人就給他抓幾個糖果，他們都很高興。父親住了幾天，又要回淮北去了。我問他：「為什麼這麼快就要走？」他說：「還要回去給農場交 1500 元。」他和母親承包一年的工齡費，取出明年全家人的糧食定量的全國糧票，順便開出明年出去養蜜蜂的介紹信，還要回去看看祖母。並且說，那些蜜蜂就是我們全部的家當，他一定要看好，放在淮北過冬，全部都要搬到屋裡去，放在外面就會凍死。蜜蜂在零度的時候全部都會凍死。我說知道了。

每天到外公家裡來玩的人非常多，外公輕輕地告訴我：「做人要低調不要炫耀，更不要告訴別人你的衣服值多少錢，吃了什麼名貴的東西。」外公又說：「我是地主成分，別人會嫉妒你。我是受監管的人。」

我又問外公：「我還要去山上砍柴嗎？」他說：「不用了，自從你去養蜜蜂之後，砍柴、撿煤渣的活都叫你小姨做了。以後你回來就是客人，這些都不用做了！」弟弟妹妹們穿的衣服都是海派時裝，晚上沒有曬乾的衣服我都會收回屋子裡，明天繼續曬，生怕給別人偷掉了！我沒有去學校見老師，但是有和幾個很熟悉的同學玩、同學們都說我的衣服很時髦，他們都羨慕我去過很多大城市。我也抓了一大把水果糖，請閨蜜和虹婆婆吃。她們都說我們這一群童年夥伴中，走得最遠的人就是我！

我母親在上海買了幾斤天藍色的毛線和咖啡色的毛線，叫我幫外公織一件咖啡色的毛衣，一頂毛線帽子。天藍色的毛線給兩個妹妹每人織一件毛衣。我很快就完成任務。一天下午，我和母親一起去探訪西門城外的三姨。母親給她送的禮物是兩斤白糖，兩條上海出的肥皂，說這些是有錢都買不到的東西，三姨非常高興。

三姨又叫三姨父磨米漿，晚上做燈盞果給我們吃，這也是我小時候最喜歡吃的食物。我和母親吃飽之後，還帶了一大碗燈盞果回到外公家裡，大家很快就吃完了。我的大舅和二舅每天依然是出工收工。二舅的工資只夠養活他自己，所以母親經常會匯點錢給外公，也會從外面買幾塊布回來給他們做衣服。

不知不覺又過了兩個多月，我們收到了父親的電報，蜜蜂已經到達廣州，叫我和母親帶著兩個弟弟直接去廣州，到長堤邊的東亞酒店找他匯合。我和母親帶著兩個弟弟又上了南下的火車，一天一夜之後到達南方最繁華最古老的城市廣州。

第十一章
首次南下廣州

羊城的風光無限美

我們的老家已經非常冷了，但是廣州的市民卻踏著人字拖鞋，多數人都穿著便裝的黑衣黑褲，廣州非常暖和。父親帶我們上了公交車去酒店。我看見廣州市非常熱鬧，到處都有香蕉賣。過去我吃過一次福建的香蕉，要不然香蕉是啥也不知道？到了東亞酒店，進了雙人房間，兩個弟弟首先爬上床，他們在床上跳，我也坐在床上，坐下去軟軟的然後又彈起來。

我說：「這是什麼床，坐上去就壞了？」父親說：「這些都是進口的加厚有彈簧的鋼絲床。」父親說中午都過了趕緊出去吃飯吧。我們進了一間廣東酒樓，先點了一隻白切雞（加送了一小碟子姜蓉蔥粒），一條清蒸魚，還有一碟炒白菜心，再加一小碟甜酸蘿蔔條，每人一小碗飯，我幾口都吃完了飯。我問父親為什麼這個碗丁點這麼小？他說廣東人就是這樣，吃的東西非常多，但是每一碟子都是數量很少，我看見白切雞肉裡面還是有血的，我不敢吃。清蒸魚沒有辣椒，淡淡的不好吃。我覺得最好吃的就是那個甜酸蘿蔔條。母親說我就是鄉巴佬，就知道吃最不值錢的東西！

我吃了 4 小碗白飯，反正是吃飽了。然後父親又說廣州是南方最大的最繁華的城市，而且有非常多的華僑住在這裡，吃的東西是全中國第一多，並告訴我這裡很安全。長堤大馬路旁邊就是珠江，你還可以去廣州最高的南方大廈看看;你要記得自己住在什麼地方，就可以出去玩玩，不過這裡的人聽不太得懂普通話，你要慢慢講。並且說，他明天要去中山看好所有人放蜜蜂的場地，後天早上我們就要包船去中山，所有的船家不同意晚上行走。

我一個人在廣州長堤邊走走，看見有很多垂柳種在珠江長堤邊上，還有很多長著鬍子的榕樹，偶爾還有一棵大的木棉樹開著鮮紅色的花朵。但這個珠江面積不是很寬，雖然是冬天，但在這里我依然可以穿單衣服。我又想起我外公說的話，寧願往南行千裡，也不要往北走百里！

第二天一早，父親就帶著我們去了廣州南站貨運編組站，我沒看見江西那些養蜜蜂的老鄉？我問父親他們上饒那幾個家庭都沒有來廣州嗎？父親回答我說他們直接回江西去了，只有安徽的那幾個養蜂家庭跟著一起來廣州。小鄒和張師傅也沒有來，但是多了一個老鄉丁興林叔叔。

父親說這次來廣州，一個 60 噸的車皮和一個 30 噸的車皮就夠了，父親說雇了四條 30 噸的船去中山。我問他為什麼要用船？他說中山就是著名的水鄉，家家戶戶門口都通船，用船運費是最便宜的。

中午的時候我們所有的船都到達中山石岐鎮。下船之後，除了我的母親和弟弟，我們所有的人都去了一間很大的酒樓吃午飯。我看見酒樓里的服務員在自己的脖子上掛著一個木頭的托盤，大聲地吆喝：「叉燒包、燒麥、鳳爪來喽。」廣東話我一點也聽不懂，但是廣東的規矩是先吃飯后付款，吃完的盤子要放在桌子上，等服務員分大的、中的、小的點好后，再跟你計算總共多少錢，你憑著服務員的紙條去付款。我跟父親兩個人吃了十幾個盤子。

其他的人分開坐的，他們吃了非常多，每個桌子都有二三十個碟子，他們吃完飯全部跑了。看見那些服務員在說：「那些北方人都是白吃（食），吃完了不買單。」我父親也沒有帶這麼多錢，只能買自己的單。到門口再給母親弟弟買兩碗米粉。

回到船碼頭，父親將他們全部罵了一次，說：「你們這些混蛋，在酒樓吃了那麼多東西，不買單就跑掉了，沒有半點良心。」然後他們一大群人說：「以為廣東吃飯都不要錢的。」也沒有人願意回去交錢。他們答應我的父親以後不會這樣無賴了！

父親在中山石岐鎮租了一間飯店房間，讓我和母親、弟弟住在飯店裡等了兩天。他說現在蜂場裡面沒有廣東師傅，他去聯絡場地，用普通話交流非常困難，有時候靠寫字，手腳並用才能完成交流。

中山石岐鎮有一條主要的街道很長，兩邊的房子五顏六色，都是由華僑建造，什麼國家的風格都有;這些房子分別五六層高，但全部都是石頭建築，有的蓋著彩色的琉璃瓦非常漂亮。一條街就很容易認識回家，我從頭到尾走了一次，但是我不敢進別人的店鋪，因為我不會說廣東話，也聽不懂別人說什麼。母親說：「你只要給錢，指給他們看要買什麼都行。」

大船進不了中山縣的各個村子，我們又分別裝了很多隻小船，前往中山各公社不同的村子放蜜蜂。我們家裡的蜜蜂和小丁叔叔的蜜蜂放在坦背公社磚瓦廠。磚瓦廠前面有兩間宿舍，在宿舍前面還有一個供大家休息的走廊。有一個近 100 米百長，50 米寬的曬谷場，我們的蜜蜂就靠四邊擺放在這裡，中間留了很寬的人行道，給那些磚瓦廠的工人通過，進西邊 300 米以外他們工廠里去工作。

我們所有的蜜蜂都打開了門;這裡白天非常暖和，蜜蜂在安徽冬眠了兩個多月，來到這裡非常活躍，飛進飛出日夜忙個不停。廣東中山水鄉種植最多的就是香蕉、甘蔗，還有大量的土油菜，已經開始開花。土油菜比上海勝利油菜長得更矮點。

我和小丁叔叔比學廣東話

早飯後看見那些工人可能有五，六十個人到磚瓦廠上班，男女都有，他們一律穿著黑衣，黑褲，黑土布做的便裝，戴著廣東的鬥笠，女人還在鬥笠下面加一塊土花布，可能是遮太陽擋風用的，他們全部的人都穿人字形拖鞋，每天在那裡挑土做磚頭。有些人會走到我們門口問：「你介個（這個）蜜蜂咬不咬人？父親用手比劃告訴他們，蜜蜂不會隨便咬人，你不要拍打它就行。他們說雞（知）道了。

每一天，總有三兩個人來給我們聊天。廣東話實在是難懂！小丁叔叔對我說：「我們兩個人聽收音機學廣東話，我們比賽看誰學得快，看誰聽得明白好嗎？」有個男人對我說：「妹仔你們戲（是）從哪裡來的？」我說江西。他說缸篩（江西）。丁叔叔用廣東話說：「戲呀（是呀）。」跟他們聊天真的很累，但是我和丁叔叔兩個人覺得很好玩。

我們每天打開收音機，聽廣東人民廣播電臺。我們首先學會的是你我他（呢，俄，佢），吃飯（食飯），做什麼（做乜野）。學會了簡單的廣東話，過了幾天有一位公社來的張主任，他告訴我父親：「張師傅，我們這裡出產中山香豬，每一隻有 30 來斤，這個豬肉非常好吃，但豬肉全部都要肉票的。你需要可以到公社去找我，還有什麼困難也可以找我。」

那個公社的主任來到我們的門口說道：「姜西付，我們借裡出產的鄉珠肉好好柒，鄉珠長唔太，只有三十給金，俚個珠肉是要票的，你想要去公社搵我攞票。」我父親也沒有聽明白，我和丁叔叔聽了一半明白，然後我們一起哈哈大笑！

希特勒惹禍

我們聽明白了還可以買到豬肉吃。又過了幾天的中午，我們正在吃午飯，突然聽見我們的大狼狗希特勒汪汪叫。我趕緊走到門口看一下，有一個高高的女孩戴著眼鏡，是廣州下鄉的知識青年。她用廣東粵語普通話說道：「妹妹仔，你的狗咬破了我的褲幾（子）。」我說：「我們的狗白天都用繩子拴起來，放在房子的後面，怎麼會咬破你的褲子？」她又說：「我想和你的狗玩一下。」我看見她手上拿了一根扁擔。

我的父母親都出來了，看見她的褲子從膝蓋上到褲腳邊都撕開了口子。然後父親說：「我們的狼狗不認識你，你還拿著一根扁擔去撩它，它不咬你才怪呢！我們來了十幾天，它從來沒有咬過人。那個女孩堅持要求賠她的褲子。父親叫她找磚瓦廠的負責人過來。他們的廠長來了，那個女孩又重新說了一遍，讓我們賠她 3 塊錢做褲子。我父親只答應給她 2 塊錢，那女孩還不幹！

父親就說：「你是讀過書的人，你拿著扁擔去搞別人的狗，咬破了你的褲子還要別人賠錢？這個道理說不通。」父親給她 2 塊錢，說道：「你要就要，不要就拉倒。」然後她的廠長說：「巿呢去搞人地的狗，咬破了褲幾呢自給負責（是你自己撩了別人的狗，咬破了褲子你自己負責！）。」父親說：「你們工人這麼多，如果每天都來撩我們的狼狗，那我們真的賠不起！」

我遇見了『鬼』

過了幾天就是大年三十，父親真的買了幾斤香豬肉回來。母親切了一些肉片來炒菜，多數都是紅燒。真的非常好吃，一點都不肥膩。不知我父親買了什麼廣東酒回來，和小丁叔叔兩個人一邊喝酒一邊聊天。我很快就吃飽了，父親叫我將蜂箱後面的塑膠布全部拉回前面，蓋著所有的蜂箱，再用磚頭壓好。春節期間，是廣東最冷的時候，晚上也是八九度溫度，要保溫，不能讓蜂王產的幼崽凍死。

我提著一個馬燈，把靠近房子這邊的蜂群都蓋好了。最前面一排，也就是平時大家上下船的地方，晚上太黑，我看見蜂箱後面好像有個人影站在那裡，我大聲說：「誰呀？」那個人影也不動，我嚇得將馬燈都扔掉了，趕緊用飛一樣快的速度，上氣不接下氣地跑回家告訴父親說：「外面有鬼。」父親說：「這裡到了晚上連個人影都沒有，怎麼會有鬼？」他和丁叔叔拿著裝了 5 個大號電池長的手電筒出來看看，我跟在他們的後邊，看清楚了原來是一大塊香蕉葉子，被風吹斷了，黑暗之中看起來就像個人影。那個丁叔叔說：「阿玲以後你對鬼說，有什麼事要找就找我丁興林。」然後我撲的一聲笑出聲來。

廣東的養蜂生活

大年初一，我母親煮了一鍋麵條，裡面還放了一些昨天剩下的紅燒肉。我母親從來不會做稀飯，她說稀飯吃不飽。我也是這麼說的，百分之百贊成，大半年都沒有吃過一次母親煮的稀飯。母親裝好了幾碗麵條，大聲叫：「小丁子快點起來吃麵條，正月初一不能睡懶覺，正月初一起得早，全年都勤勞。」丁叔叔說：「反正今天也不幹活，睡晚點更好。」父親接著說：「你都 30 歲的人了，這麼懶怎麼能娶到老婆？」

我一邊吃著麵條，一邊很好奇地問：「原來丁叔叔他還沒有結婚？」丁叔叔馬上就出來了：「誰說我娶不到老婆？等從廣東回到江西，就將我的老婆帶給你看一下。」說著他坐下來跟我們一起吃麵條，手裡還抱著一罐子江西做的超辣豆腐乳。他夾了幾塊出來，父親給他拿到一邊說：「正月初一吃霉豆腐，會從年頭霉到年尾。」

我們住的地方離村子很遠，只聽見隱隱約約的鞭炮聲。自從來到這個磚瓦廠，父親自己會出去買菜，去別的養蜂場，那個丁叔叔他也會騎自行車出去。我和母親弟弟差不多一個月都沒有離開磚瓦廠的範圍，我問父親為什麼不帶我出去看看？他說這個田间道路很窄，騎自行車電動車一個人都要非常小心，他不敢帶人。

我看見父親有空的時候，就叫他在門口教我學習騎自行車。開始三天摔了幾次，把自己的腳都摔破了皮。父親教我摔倒了也不要放手，雙手緊緊地抓住自行車的手把。天天學習，一個星期之後才學會騎自行車。在曬谷場裡面轉圈騎，去外面的道路都是田間小路，大部分都被香蕉、甘蔗遮擋著，我從來不敢騎自行車出去。

又過了幾天，父親說天氣很暖和了，除了要繼續給蜂群獎勵餵食荞麥蜂蜜，也要同時加新的蜂巢脾給蜂王產卵。我和父親一起將一排一排的蜂箱裡面的，保暖的稻草卷全部拿出來，放在兩個蜂箱外面的中間繼續保暖。

我問父親，為什麼那些江西老鄉不來廣州繁殖蜜蜂？他說那些老鄉長年累月在外面漂泊，冬天想用多點時間在家裡陪伴家人。但是江西溫度很低，他們的全年收入就會少了兩個花期。我們的蜜蜂來到廣東，很快蜂王就開始產卵。現在我們的蜜蜂每一箱裡面有 4 至 5 框了，如果在江西，天氣還是很冷，蜜蜂依然在冬眠狀態，這就是每年我們要到廣東來的原因。

在廣東沒有任何收入，只是不斷地繁殖蜜蜂。到 3 月初的時候，一群蜜蜂已經達到 10 框（脾）以上，到下一個開花的地方就可以有收入了。父親又說：「你也看見每年來廣東的蜜蜂非常多，離開廣東的時候，幾乎有很多是拉著蜜蜂的火車專列，在廣東繁殖好蜜蜂，再到江西、湖南、江蘇、上海，都有大量的蜂蜜、蜂王漿收成。」

父親又對我說：「我們的蜜蜂箱以前大部分是泡桐樹做的，

容易變形，容易爛，我想早一點離開廣東去井岡山下的安福縣，聽說那裡的杉木非常多。我們到那裡先換掉 100 套新的蜜蜂箱子。」我問父親：「舊的箱子怎麼辦？」他說：「按十元一套的價格賣給安徽的宋師傅。」

二月下旬，我們提早離開了廣東，到了安福縣繼續採油菜花，請了幾位木工師傅做全新的蜜蜂箱子。父親說只有這裡的杉木蜂箱最便宜。

我都快要忙死掉了，每天要給新的蜜蜂箱掃桐油，給新蜂箱的蓋子上面，蜂箱的前後窗門釘上鐵紗窗，從早到晚都在工作。我們住的地方的院子非常大。木工做新蜂箱，我們自己做配件。我心裡面想，父親就是要面子，累死我了。他教我鋸木頭條，用鐵銼挫那些不平整地方。父親從來都沒有買過手套，將我的雙手搞得跟農民伯伯一樣，長出了繭子。還要去檢查蜜蜂，也打了兩次油菜蜂蜜。

一天房東告訴我的母親，隔壁他哥哥要娶兒媳婦，要請我們喝喜酒。父母親都不去，僅讓我自己一個人出席。大概有 20 多桌酒席。房東的老婆提前告訴我，他們那裡的規矩，桌子上的肉是不能吃的，每人要帶一塊回家，其他的菜都可以吃。我覺得很奇怪。他們的結婚酒席是中午舉行，看見桌子上有一碗滿滿染的紅色五花豬肉，切得很大塊，大家都不會動，其他的東西吃完了，最後每人用筷子串起一塊塗上紅色豬肉帶回家，這就叫做喜慶。

又過了兩天，男房東說他們村裡有人在山上打到一隻狗熊，最貴的就是四個熊掌，問我父親吃過沒有？父親說不會做。他們說做好了賣給我們。四隻黑黑的熊掌，父親給了我一隻，說要躲在房間里吃。房東說不能告訴別人，會犯法的。熊掌很有彈性比豬腳好吃多了，一點都不肥膩。我心裡面想：這狗熊掌不會是房東家的廚房裡，掛了很多塊被柴火煙熏得黑黑的豬腳吧？

轉眼就到了 3 月下旬，是小鎮上趕圩的日子。有一條沙子鋪的大馬路都很平坦，我自己騎著自行車去買菜。一路上有很多人在走路。我騎自行車的技術還可以，馬上就到了鎮上。人太多了，我就下了自行車推著走。轉頭一看，我家的狼狗跟在後面，我大聲地罵：「你這個傻狗跟著我來幹什麼？」十多公里我都沒看見它，怎麼突然在我後面？我趕緊在自行車後面拆了一條繩子綁住它，拴在自行車旁邊。我怕別人見了希特勒害怕！

離開安福去江南

我們離開了安福縣，直接去了江蘇無錫采勝利油菜。我問父親為什麼不去上海？他說無錫勝利油菜更多。還說無錫大米很好吃，所以我們要去那邊多買多一點無錫大米，帶去北方吃。很快我們就到了無錫。無錫也是長江平原，大片的勝利油菜盛開著金黃金黃的花朵，天氣很好，我們的蜂蜜、蜂王漿收成都不錯。

我們住在村子里的一位老太太家裡。他們村子裡人都非常熱情，講的語言和上海話差不多，大部分我都能聽懂。老太太家裡，兒子兒媳婦每天一早就去生產隊出工，上午 10 點回來就吃稀飯。我跟他們說：「你們做體力勞動吃稀飯怎麼夠飽？」他們說：「10 點已經是吃第二頓飯了。他們無錫人都是每天吃五頓飯。我笑著說：「是不是你們的大米太好吃了，你們的水稻產量太高了吃不完呢？」老太太的兒媳婦說，他們一直都是這麼一天吃 5 頓飯。我想他們這裡怎麼這麼好，一天可以吃 5 頓飯，三頓乾飯，兩頓稀飯。

4 月下旬，我們去了山東泰山采洋槐蜂蜜。本來父親是不願意去的，但大家的意見是想去泰山看看風景。泰山的風很大，我們到的時候又下了一次大雨，洋槐花都給風刮走了，掉到滿地都是白茫茫的一片，在這裡沒有一點收入。父親就對大家說：「你們不聽我的話，沒有去過的地方是不靠譜的。」

我們又包了四輛大貨車，蜜蜂箱裝得很高，從泰山下來的公路是 N 型，我坐在貨車頭頂的蜂箱上面。看見那些車子搖搖擺擺的，在彎彎曲曲的公路上行走，再往下看那些山谷，掉下去就是萬丈深淵。我坐在貨車車頂，頭上不斷地在冒汗;上山的時候沒有這些感覺，現在下山好像自己的魂魄都嚇掉了！最後我只有閉上眼睛。

汽車終於到達泰山貨運站，父親決定直接出關，去東北採蜂蜜。我們的蜜蜂從泰山出發，在北京豐台又申請了放蜂一天，父親帶我去天安門廣場照相了，但是這個相片我沒有收到。我問父親為什麼不買一個照相機自己照？他說照相機很貴，一年也用不了幾次，很浪費。到哪裡去照相，1 塊錢 1 張，還包郵到家。所以我們看見非常多的好山好水，長江、黃河、長城、大海，各種名勝古跡，各地的鮮花盛開，可惜都沒有留下一張照片？只有收到照相館寄回外公家裡的極少數的相片。

越過長城北上，去東北

火車出了北京，進了秦皇島。在這裡，我們又申請放蜜蜂一天，我跟大家去了山海觀看長城和大海，過了天下第一關——山海關，就進了東北。東北平原黑幽幽的土地上，種滿了玉米、高粱、小麥，不過北方的房子依然是用麥稈子蓋的房頂，黑土牆。

我們首先到延吉市黃泥河車站下車，先去那裡採山花。下火車之後，我又看見浙江的張師傅帶著他的老婆孩子一起來了。他們比我們先到兩天，還沒有找到場地放蜜蜂，依然住在帳篷里。看見張師傅他老婆正在做中午飯，我叫她一句：「阿姨你好。」並說道：「你真的很年輕呀」。」她說她比自己的老公小了 10 多歲，但她的兒子只有一歲多。

她正在洗圓包菜。包菜的根她不捨得扔掉，用刀子削掉菜根上的老皮。我說那個菜根很老，不好吃。她對我說：「我以前在浙江差一點就餓死了，不是好心人救我，給我喝了一碗稀粥，吃了幾塊發黃的菜葉，我就活不過來了，所以我這一輩子都不會浪費任何食物！」我豎起雙手拇指讚她說得對。

父親又去看場地了，我們搭了很多個帳篷，在車站旁邊等待。父親找到了放蜂的場地，說那裡沒有大路，父親找了很多輛牛車，這老黃牛拉著車慢悠悠地走著，真的走得很慢，我們中午前才去到了延吉縣的一個半山腰的村子。那個村子很大，周圍的山坡上有各種各樣的野花，野草都在開花，蜜蜂也很活躍地工作。這裡有一大半的村民是朝鮮族，其他的就是闖關東來的山東村民，全部都說著標準的東北話。

我們的蜜蜂都是擺在山坡上，坐北向南擺放了幾排。我們住在一個朝鮮族大娘家裡，她的兒媳婦就住在前面一排的房子里。我看見朝鮮族的大嫂穿著上身很短的民族衣裙，在門口將大白菜一塊一塊撕開，放進陶瓷罐裡，每放一層菜葉，就加一層鹽和辣椒粉及切碎的蒜頭，我問她在做什麼？她說在做泡菜，說完拿一塊拌好的菜給我吃，我說這不是生的菜嗎？能吃嗎？她說能吃，我吃了一口，味道還不錯，全部吃完了。這才知道原來這就是泡菜？

我們蜂場不管在哪裡，只要有我一般大的女孩，她們都會來找我玩。一天中午來了三個大姑娘，和我一樣扎著長辮子。她們問我去不去採蘑菇？我說好啊。她們給我一個很小的短柄鋤頭，我提著一個小籃子跟著她們在後山的樹林子裡轉了很久，四個人才撿到半籃子蘑菇。她們三個人將蘑菇全部倒給我的籃子里，說夠我們家裡吃一頓。原來東北的蘑菇很鮮味，沒有肉也非常好吃。

在這裡也來了兩次山花蜂蜜（百花蜜）。有一天我的父親叫梁永久師傅和丁興林叔叔，让他們兩個人去找一下，下次要去的椴樹蜜場地。他們兩個人去了吉林敦化、通化兩個縣椴樹最多的地方，幾天后回來。回來之後齊聲說找不到場地，林場辦公室，那裡有很多的養蜂場都還沒有找到地方放蜜蜂！

我的父親聽完兩個養蜂師傅說，沒有找到森林裡的椴樹蜂蜜場地，心裡面有點著急，因為我們這些養蜂家庭，最少都要找四個場地放蜜蜂。過了兩天，父親叫丁叔叔守家，他和梁師傅再去林場辦公室找負責人，所有的蜜蜂場地都要當地主管部門批准，我們才可以去放蜜蜂。梁師傅跟著我的父親出門了。臨走時，父親叫我找出那把我們江西農場給的三八舊式步槍，不能打子彈，只能打鐵沙。另外分別帶上了一條和一包三個五牌的香煙。

父親他們到達林場辦公室，對林場的負責人說：「請你們給我們批四個椴樹蜂蜜場地。」林場的負責人說：「沒有場地可以批了，你沒看見這裡坐著很多人都沒有場地。」父親問他：「椴樹花馬上要開花了，森林裡的面積這麼大，怎麼會沒有場地？"說著從袋子裡掏出三個五牌的香煙，給在場所有的人，每人都發一支煙。然後跟林場負責人點上火抽煙，問他：「椴樹長在森林裡面，面積非常大，你為什麼不肯批地方給我們？」

林場的負責人看一下我的父親，說道：「要優先留給去年來過的養蜂場放蜜蜂。」我父親說道：「你問一下在場所有的養蜂師傅？我們養蜜蜂的人都可以隨意走動，不一定每年到同一個地方。」接著問他們：「去年的養蜂場，現在來了幾個？」他們說：「好像來了兩個蜂場。」然後父親拿出一條三個五香煙放在負責人的桌子上，說：「這是我們從上海那邊買的出口香煙，請你們嘗嘗。」那位負責人這才轉了口氣，問我父親：「你是來養蜜蜂，還是來打獵的？」父親說：「聽說森林裡面有黑狗熊，可能還有老虎，我的槍支只會響，嚇嚇動物的。」

然後林場負責人才說道：「你的介紹信拿給我看一下。」我父親的介紹信是我們當地公安局開出的紅頭信紙，上面還寫著我父母親的名字，可以到全中國各地放養蜜蜂，希望各地有關部門給予接洽，並且蓋上公安局的公章。

林場的負責人說：「從來沒有看見過你這種介紹信。」然後馬上批准四個場地給我們放蜜蜂。梁師傅回去告訴所有的養蜂場：「如果沒有張相林師傅出馬，我們這一次不可能找到椴樹蜂蜜場地。」之後我們分別放在 10 公里範圍之內，我們自己的養蜂場放在一個伐木工用木頭搭成的半圓形的工棚裡面，工棚大約 3 米寬 6 米長，兩頭門口是樹枝搭的大門，只能擋風。

周圍也有一大塊平地，後面就是看不到邊的森林，每天能看見的人就是伐木工人;他們要將森林裡面的大樹用手鋸下來，放在地上，說要等到下雪天，將這些木材在冰上面滑到山邊平地，才可以裝車，然後賣到不同的地方。

那些工人告訴我們，這附近的森林裡面有黑瞎子（黑狗熊）在活動，叫我們晚上睡覺前，在工棚的兩頭門口架起兩堆篝火。伐木工人告訴我們，黑瞎子最怕火。森林山上面有大量的朽木，還有無數多伐木工人留下的樹枝，他們只要樹木的桿，其他的樹枝全部丟在地上變成了乾柴。在這裡我們根本不用燒煤油爐子做飯，只要撿三塊大石頭，鍋子放在上面，直接在下面燒火就可以煮熟食物。

東北的夏天，淩晨 3 點多就天亮了，晚上 8 點多還沒有天黑，白天的時間特別長，晚上吃完飯之後天色還是很早。我的兩個小弟弟都會幫忙拾柴火了。我們住了第 3 天晚上開始聽見有黑熊的叫聲，哇呜哇鳴的，挺嚇人，晚上都不敢睡著，非常害怕！

又過了兩天，有其他養蜂場師傅來告訴我們，在我們蜂場旁邊 1.5 公裡的養蜂場，一個晚上不知道來了幾隻狗熊，將他們養的蜜蜂箱子全部拍爛了，蜂巢都掉到滿地，很多蜂箱裡面的蜂蜜都給黑熊吃掉了！

那個養蜂場師傅欲哭無淚，只能收拾自己的行李空手回家。我們在那裡待了一個月左右，白天很安全，到了晚上就會膽戰心驚。但是這裡的天氣很好，我們每天忙著做蜂王漿，隔幾天就打一次椴樹蜜，只不過心裡面非常害怕。

我第一次看見我喜歡的小夥子

一天下午吃完午飯，我們正忙著做蜂王漿，突然看見工棚的外面走來了一個小夥子，他穿著淺天藍色的確涼的襯衣，深藍色的褲子，咖啡色的涼鞋，西裝頭髮還有一點自然卷，說著一口標準的東北話。聽見父親叫他：「小周子你怎麼有空來了？」那小夥子說：「我聽別人說張師傅養蜜蜂養得特別好，看場地也會找最好的地方，我想向你學習，拜你為師行嗎？」

我父親叫他先坐下，他也幫忙取蜂王漿，父親再問他：「你是哪裡人？他說是廣州人，他的父親是印尼華僑，他已經出來養蜜蜂幾年了，今年 19 歲，家裡還有兩個妹妹，母親在教書。小周子又說，現在帶他的師傅是遼寧的洪老頭（洪師傅），也就是你見過的瘦老頭。父親又說：「你只能跟一個師傅。」那小周子說：「那我叫洪師傅以後一起跟著你行嗎？」父親說當然可以。

然後叫母親早點煮晚飯，並且說：「沒有什麼菜，隨便吃點。小周子說：「我們住的後面山上，有非常多的枯樹葉子，有的一尺多厚，這裡肯定有黃蘑菇。他說去找找看。不一會他就捧著一大塊，像大摺紙扇那樣大形狀的，金黃色的蘑菇回來。父親說他真聰明。反正我們有豬肉，所住的工棚的旁邊就有小溪水，小周子趕緊拿去洗乾淨。蘑菇炒肉片非常的鮮味好吃。我們的蜜蜂箱蓋還沒有好，我在蓋蜜蜂箱子，他又走過來，在我旁邊和我一起幫忙蓋箱子。他帶著笑容看了我一眼。從他進來到他走了，我都沒有跟他說過一句話。等他走了之後，我心裡面想，這個小夥子很會說話。

從椴樹蜂蜜的森林裡下來，我們又去了黑龍江泰來採向日葵蜂蜜。泰來也是東北平原，我們在這裡依然搭著帳篷，這裡的向日葵像個小臉盆那麼大。我跑到一個較高的小山坡上，發現這裡的向日葵一眼看不到邊，到處都是一望無際的金黃色的花海，我從來沒有見過這麼大的向日葵。南方的向日葵只比巴掌大一些！向日葵的蜂蜜是金黃金黃色的好看，花粉還特別多，在這裡又要采蜂蜜，又要做蜂王漿，工作也很幫忙。蜂王漿要送到齊齊哈爾市收購站去賣，蜂蜜可以送附近的收購站收購。在這裡又是一個豐收地。

我的初戀開始發芽

向日葵開花結束之後，父親說：「今年的蜜蜂放在遼寧省室內過冬，小周子會幫我們看管蜜蜂。」9 月末，我們一樣回江西外公家放假了;我們一家五口又要經過上海回家，母親的肚子里又快生小寶寶。父親還告訴我說：「收到外公的信，你的大舅就要結婚了，女方新娘要求買 10 套新衣服，所以又要去上海買衣服。」到達上海之後，又去了淮海路、南京路選擇服裝。我看見一件粉紅色底，黑白大格子長呢子大衣，我覺得非常漂亮，一定要父親買給我，他說只能買這一件，不能再買了！剩下的要給大舅買結婚用的東西，還買了很多水果糖。

十月初，我們又回到外公家的小鎮上。聽見外公說，大舅舅都 28 歲了，應該成家。新娘子住在東門街上，25 歲，她家裡也是富農成分。怎麼樣也要擺些酒席。外公又找來後面弄堂里老鄰居賈老頭，問他：「要買什麼東西做酒席？」聽見那個賈老頭說：「最便宜的就是香菇、木耳、海帶，每一斤乾貨都可以做十多碗菜。再買一些粉條、粉皮、芋頭、黃豆芽、酸辣湯，都是便宜的菜。但是每一桌子必須有一條兩斤重的紅燒魚，最少要兩斤豬肉，要不然桌子上全是素齋菜不好看！」外公同意他的說法，還是他做大廚，他的老婆子也來幫忙，鄰居很快在弄堂裡搭了一個臨時用的燒柴火的大鍋灶。鄰居們都來幫忙洗菜做飯。

外公在隔壁的齊家大院租了一個房間給大舅舅做新房。齊家大院裡面有兩個大飯廳，也在裡面擺酒席。春節前夕有一天很冷，但還沒有下雪，也沒有太陽，我們當地說這是烏凍天即將要下雪了。我和小姨、二舅舅、兩個表妹及媒婆一行人，下午去接新娘過來。晚上酒席之後，有很多人在新娘房間門口，等著搶喜糖。我的大舅舅站在房間門口，將一把一把父親從上海買的五顏六色水果糖，撒在飯廳里，搶到的人都非常高興。我一早已經說了，結婚的時候不要那麼小氣，不能將冰糖砸得碎碎的當喜糖。

農曆十月初，母親在外公家裡又生了第三個弟弟，等他滿月之後，我們又啟程去了廣東乳源縣桂頭鎮。我問父親為什麼不去廣州附近放蜜蜂？他說廣州周圍只種土油菜一個品種，粵北地區除了油菜，也種了紫雲英，讓蜜蜂可以更快地繁殖。

我們住在一個姓張的村民家裡面。張老伯給我們一間黑瓦土牆，兩層樓的房子住，我和大弟弟住在樓下，父母親帶兩個小弟弟住在樓上。我們的蜜蜂全部放在院子外面，小周子和洪師傅的蜜蜂放在村子旁邊。

戶主張老伯家裡有四個兒子，全部分開了單過。這個張老伯天天都叫我父親和他將軍（下象棋）。那小周子三天兩頭來我們家裡玩，也去看我父親他們下棋。有一天下午，他抱著睡著覺的大弟弟，我正在自己床邊的蜜蜂箱上練習面寫字，小周子對我說：「你的弟弟睡著了，叫我把他放到床上去睡覺吧。」

我的床有一半都讓當桌子用的蜜蜂箱佔了，我坐在床頭的另一半。小周子彎下腰，將弟弟遞給我，他又怕碰著我的手和身體。我正是發育的年紀，身體比較豐滿。我也怕碰著他的手，我們兩個人對視了十幾分鐘，然後他才將大弟弟放到我的手上。我看見他的臉都紅了，一溜煙，飛快地跑了！就在這一霎間，我的魂魄都好像被他勾走了！從此以後，不管在什麼地方，那個小周子都會對著我微笑。他在看我的時候，兩個眼珠子總是溜溜地轉，但是他從來沒有向我示愛，更沒有說過一句佔便宜的話！但是在我心裡卻非常喜歡他！

春節前，小周他邀請我父母親和我到廣州他家裡去做客;我的父母親說不能空手到別人家裡去做客，找到一塊在上海買的，大紅底，中間繡花的大圓台布，就用這個當禮物吧。本來是送給大舅舅結婚用的，外公說鄉下人根本用不上這麼漂亮的台布。小周子他自己沒有回去，我和父親都去了，他家裡住在華僑新村三樓，只有兩個房間，和鄰居共用半間客廳。

一進門就看見他家裡牆上掛著一個相架，是由毛澤東主席簽名，周悅瓊同志的革命軍人烈士證。他家的廚房也是和鄰居共用的;他的父母都很客氣地招待我們，周伯父還請我們父女倆去大三元酒家喝了茶。他家裡還有別的客人，只有分開男女打地鋪睡。

我父親照樣去廣州市採購蜜蜂用具，巢礎、細鐵絲、面網等。小周子的大妹妹帶我去看電影，中山公園，南方大廈，到處去玩，玩了幾天我才回桂頭鎮養蜂場。

愛情的種子種在我的心裡

三月上旬我們去了江西南昌向塘。向塘是贛中平原，土地肥沃，是自古以來魚米之鄉，那裡種了非常多的油菜。我們住在一個廢棄的養雞場，那裡的地方非常大，旁邊還有大水塘。我們不管到哪裡養蜜蜂，一定要有水喝的地方才可以住下，很多時候我們喝的水都不能挑選的，有地下水、河水、井水、小溪裡面的水、水塘裡面的水，都是我們可以食用的水。這裡的天氣很好。

有一天中午，我因為月事，肚子痛得厲害，躺在床上。父母親都在吃飯了，我還沒有起來。那個廣州小周子又來了。他沒有看見我，問我去了哪裡？我母親說在房間里;他趕緊跑進來看我。站在我的床邊，用非常深情的語音問我是不是病了？要不要到醫院去看看？我不好意思告訴他，就說沒事，明天就會好。

之後的一年，我們去了很多地方，小周子一直跟著我們，所以經常能看見他。我們一起去了山東、江西、廣東、遼寧、吉林采蜂蜜，又去了內蒙古四子王旗大草原採百花蜜，那是我第一次看見大草原。草原上的花有紅的、綠的、黃的、紫的、粉紅的、藍色的，百花爭艷，先後盛開，高的一米多，矮的鋪在地上，一樣開花。每天都能看見太陽從草裡面升起，晚上又從草裡面落下。我們在草原搭著帳篷上住了一個月，小周子他們的帳篷離我們很近。

一天下午，我帶著兩個弟弟走去離我們百米之遠，小周他們住的帳篷，其他人都去洗衣服了，只有小周一個人坐在那裡照鏡子。他叫我坐下。我笑著對他說：「女孩子才喜歡照鏡子，你照鏡子幹什麼？他說他的頭髮掉了很多。他問我掉不掉頭髮？我說不會掉。他又接著說：「我頭髮掉光了，就會變成了光頭，你會喜歡嗎？」我說：「沒關係，一樣會喜歡。」我的兩個大弟弟還跟著我，在帳篷門口大聲叫：「姐，姐，我們要回家了。」我說好，然後牽著他們的手回家了。

這一天，突然間看見旁邊有一大群牛走過，聽見那放牛的男人用方言說：「養蜜蜂的，哦沒有錢，用牛奶跟你換蜂蜜行嗎？」我父親說行啊。父親給他半鍋子蜂蜜。他提了一桶鮮牛奶給我們，還有一大包乾的粒狀乳酪。我用大鍋子裝好牛奶，放在打氣煤油爐子上面煮開，大聲叫旁邊的帳篷裡的人：「大家都來喝鮮牛奶喽。每人一大碗。」我從來沒有喝過鮮牛奶，加點蜂蜜原來也挺好喝的。

又過了幾天，一個老羊倌趕來了一大群綿羊，那個老羊倌也是這麼說，拿羊奶給我們換蜂蜜。父親照樣給他換一大桶，又請大家喝一顿羊奶。

我們離城鎮都很遠，都沒有去買菜，在這裡除了每天能聽收一音機里面的新闻和樣板戏，只見到過兩個放牧人，真是每天過著乾燥無味的日子，悶死掉了！父親很快找到了下一個苜蓿草場地，在呼和浩特的郊區白塔公社，這裡買菜很方便。

內蒙古的天氣很少下雨，在這裡的蜂王漿，蜂蜜收成都很好。我們住在一個村民家裡，他們家有四間房，四個大炕，房東給我們最右邊的一間房子住。第二間是他的大兒子一家五口人住，第三間是剛結婚的小兒子和兒媳婦兩個人住，最後一間是老太太自己住。

我們將自己的鋼絲床上鋪在炕上。一天晚上半夜，我沒有睡著，外面的月亮很光，看見隔壁的房間里，三個十幾歲的孩子都光著屁股輪流走出來，在門口大院子里撒尿。我只能躲在被子裡笑，原來他們都不用穿衣服睡覺？還好他們的大院子都是沙地，那些尿泡泡全部都跑到沙子裡去了，要不然白天我們都會臭死！

又過了幾天，我在外面洗衣服，我們的希特勒也跟著我去小河裡面洗澡。它最喜歡跟著我，我到哪裡去它就跟在後面;它非常喜歡水，在小河裡面又蹦又跳，將它的狗頭鑽進水裡又上來，搖搖頭將水甩掉，然後將整個狗身子都趴到水裡，又站起來左右大力搖晃，將自己身上的水甩乾，我看見它的狗樣挺好笑的，它也知道洗乾淨自己？我洗完了衣服，看見希特勒還在水裡面玩，我說：「希特勒回家了，你還不走？」它才慢悠悠地跟著我回家。

走到家門口，看見母親正在用圓包菜包餃子。我先在門口繩子上晾衣服，聽見小周的洪師傅正和我的父母親聊天，說他們家住在遼陽，他們全家人都當小周子是他們自己的家人，特別是他的大女婿，想將洪老頭最小的女兒嫁給小周子，並且說他們兩個年齡一樣大。又聽見洪老頭說：「我的那個小丫頭個子長得特別高，比小周子高出一個頭，大腿都好像小周子的腰那麼粗，人家小周子是南方人，個子比較瘦小，能喜歡我們家的老丫頭嗎？」洪老頭接著說：「我看這就是剃頭挑子一頭熱！」

很快又到了秋天，父親帶著那些養蜂場南下到河南采棉花蜂蜜。我問父親，這大片的白色棉花有蜂蜜嗎？他說有的，如果采得多也可以賣，採得不多就留著給蜜蜂過冬吃，反正比安徽的荞麥蜜好，採得再多收購站也不要！

我們的蜜蜂照樣放在淮北過冬。冬天過後，又去了廣州白雲山上繁殖蜜蜂，三月份又回到江西余江采油菜花、紫雲英蜂蜜。在這裡父親又帶了很多同鄉一起北上，又是上海、安徽、天津，我告訴父親以後都不要去東北長白山森林采椴樹蜂蜜了，在那裡天天擔驚受怕，壽命都會縮短。以後每年夏天都是去西北地區養蜜蜂。夏天又去了內蒙古四子王旗大草原，採百花蜜。

一天傍晚，丁興林叔叔躺上他自己的床上看書，他的老婆要做飯，他的兒子在大聲哭，父親在大聲罵他：「你天天躺在床上看書，你的蜜蜂就會養得好？你老婆煮飯你就應該帶孩子。」他從床上爬起來說道：「我老婆就是地主的女兒，她要接受改造應該干多點活，我不娶她，她都沒有人要？」父親又罵他：「你以為自己很了不起？別人養蜜蜂都能賺到錢，你連路費都交不起，還要我幫你墊付。地主的女兒怎麼了不是人嗎？」我將他們的兒子抱到在外面去玩。這小朋友非得要將自己腳上的襪子扯下來，我將他的襪子套在他的手上，他也沒有哭了，他可能覺得很好玩！

我們的工作依然很繁忙，所有的蜜蜂要打蜂蜜，還要做蜂王漿。丁叔叔養的蜜蜂很弱，除了很久打一次蜂蜜，什麼蜂王漿也不做。但是他帶來了非常多的小說在蜂場上看;有《西遊記》《三國演義》，還有茅盾寫的小說，法國《茶花女》，蘇聯作家寫的小說。我有空的時候也去看一下。

夏天有一半的養蜂場會去東北采蜂蜜，另一半的養蜂場會選擇去西北。小周子和他的洪師傅去了東北，之後的大半年我都沒有見過他！光陰似箭，歲月如梭，又到了春天，我們的蜜蜂又去了廣東叢化縣繁殖，然後去了湖南的郴州放蜜蜂，在這裡的天氣不好，只收了一次蜂蜜。

我們住在一個山坡上的村子里，但是我發現那裡的風俗習慣非常與眾不同，村子後面有非常多的廁所，每一個門口都有用稻草做的門遮擋，廁所裡面都有掛著一個竹子做的小婁子，小婁子裡面裝著紮好的約四寸長的小稻草卷。我不知道是幹什麼用的？

回去問房東;她說是給人擦屁股用的！我哈哈大笑，對她說，用這個擦屁股不會擦破了嗎？她說沒有錢買草紙。

幾天后的下午，聽見村子裡有人死了，他們一樣敲鑼打鼓吹樂器，抬著棺木上山安葬。看見前後各有四人，八個人抬起棺木，在對面的山坡上每前進三步，就後退兩步停一停，天上還下著毛毛雨，我想這樣走，什麼時間才能到達目的地下葬？我又去問房東，他們說這樣走是告訴死者要記得回家的路。

四月初，我們去了江蘇崑山採油菜蜂蜜，這裡的收入都不錯。接著我們又去了青島中山公園採洋槐蜂蜜。還是像以前一樣，在中山公園的北門圍牆內自己搭帳篷住。這一年我的父母親將兩個妹妹三個弟弟都帶去了青島，母親的肚子裡又有小寶寶了！公園的李阿姨對我說：「閨女，你的娘真能生孩子，你們家都快可以開幼稚園了！」我也不高興地說：「母親每生一個孩子，她就會將上面那個剛斷奶的就交給我帶，晚上要給他們起來把尿，害得我自己睡不好覺！我白天要幹活，晚上就變成託兒所的阿姨？我曾多次告訴父母你們不要再生了，再生了孩子我也不會幫忙帶。

一天早飯後，父親說北門外的張大爺要割鹿茸。他說鹿茸的血很補，自己就去了養鹿場。我也覺得很好奇鹿茸是怎麼割下來的？我告訴母親我也去看一下，於是推著自行車一路上坡，在養鹿場看完了張大爺將那些梅花鹿按在地上，用小鋸子割掉梅花鹿頭上的角，然後再用雲南白藥給鹿止血。張大爺說有時間限制的，如果那些鹿角長得太長太硬，就不值錢沒用了！

父親喝了一碗梅花鹿的血，張大爺問我要不要試一試？我連連搖頭說不要不要。看完了，我騎自行車一路下坡回去。上車的時候我試過，剎車還是很靈的，可是等我上了自行車才發現，根本剎不住車。一公里的長坡，路上的行人很少，我一路大聲喊：「大家都讓開，我的自行車剎不住了！」

沒用幾分鐘，我就衝到中山公園北門口的一塊沙地上，自行車在空中翻了幾個跟頭，將我整個人從空中幾米高狠狠地摔到地上，兩個自行車的鋼圈已經變成了麻花形狀。我只感覺到心肝脾肺全部都掉出來了！就是那個賣票的李阿姨幫我打電話給附近的的解放軍部隊，馬上有一輛解放牌軍車送我去醫院，是解放軍的大夫幫我做手術。我左臉上的皮全部摔破，左手手腕骨頭脫臼，外皮全部摔爛沾滿了沙子，但是我的人還是很清醒。大夫說：「趕緊拍個片子看看內臟，還好沒有損傷，左手腕有一大塊的皮膚都摔爛了，要馬上剪掉再用針縫上。」打過局部麻藥之後，聽見大夫的剪刀咔咔聲地將我手腕上的皮剪掉，然後縫了很多針，又找一個紗布繃帶將我的左手吊在脖子上，還給了我一大瓶清洗傷口的消毒水和藥用棉花，並告訴我一個月之後才能拆除所有的紗布。

之後我的父親才進了醫院接我回去，又聽那個售票的李阿姨對我父親說：「你的閨女真是命大，我在北門這裡賣票很多年，別人的自行車衝下來直接撞到外牆上，看見摔死的人起碼有七八個。」之後的一個多月，我的手抬不起來，都是丁叔叔的妻子幫我梳頭扎辮子。還好這一年我的大舅舅跟著一起來養蜜蜂，很多事都是他在幫忙做。過後的一年多，我看見自行車就害怕，心裡面都在顫抖！

母親為生最後一個兒子，險象環生

離開青島之後，我們又去了內蒙古先去采苕子蜂蜜，然後再去一個叫耳林代的村莊採苜蓿草。苜蓿草是村民種植給牛羊過冬吃的，大概有一米多高，開著紫色的小花，產蜜量也非常多。父親、大舅和丁叔叔在蜂場旁邊搭一個帳篷居住，因為夏天中午很熱，父親找到一個墳地，先給墳墓拜一拜說道：「我們在這裡養蜜蜂，找不到一棵樹，只有打擾你們了，我們將繩子拉在你們這個樹上，大樹的葉子可以給我們遮點太陽。」

白天我都在那裡工作，晚上回到村子里住，我們家的一大堆的弟弟妹妹都住在生產隊給我們一個大房子裡面。7 月初母親就快生產了，父親提前兩天送她去呼和浩特解放軍醫院生最後一個孩子。是 1974 年 7 月 7 日早上 7 點，父親說母親又生了一個男孩，但體重只有 3.5 斤，跟一隻老母雞差不多重。嬰兒是橫著出生的，導致母親難產大出血，如果不是在醫院她早都沒命了！過去母親生任何孩子半個小時就能生出來。醫生告訴母親她不會長命！

這一個弟弟生出來不會哭，醫生抓住他的雙腳倒過來拍打背部，他會發出小貓微微叫一樣大的哭聲。母親還在醫院裡沒有出院，小弟弟三天之後就抱回來，叫我們餵牛奶給他吃。我們看見他滿臉的皺紋比小猴子還難看！這麼小的嬰兒我們也不會搞，幸好有丁叔叔的妻子幫忙餵奶換尿布。父母親決定將這個小弟弟送回外公的老家，請保姆代養，並由我的大舅舅，從內蒙古呼和浩特坐火車送回去江西。路上要不停地轉火車、汽車，大舅舅一個人抱著他經過七天七夜才回到江西外公家裡。一路上有很多好心的人在帮大舅舅。

沒到之前，外公已經找好了一個很矮的農村婦女做保姆。母親很迷信，說這個小弟弟差一點剋死她，從生下來到母親去世，她採取的態度就是不聞不問。九個月之後，我和父親去外公家裡，將這個小弟弟抱回來，由 70 歲的祖母帶他到七歲。這樣的孩子應該很懂事才對，但是恰恰相反，小學一年級都要讀三年，什麼事都不願做！

我家終於有了自己的房子

9 月 30 日呼和浩特已經開始下小雪，我們裝好火車皮去了雲南昆明;這是我一輩子坐的時間最久的火車，經過了 13 天 13 夜才到達昆明。我看見火車在雲貴高原上，前面有兩個火車頭拉，後面兩個火車頭在推，中間只拉了五節貨車車廂。我們的帳篷是可以打開，看見火車在路軌上發出叽嘎叽嘎的摩擦路軌的聲音，鐵路路軌上面都在冒火花。

從北方一路走來，雲南的溫度還是挺高的，到了昆明之後，他們都在搬蜜蜂下車，父親給我全國糧票和錢，叫我趕緊去買東西回來吃，一大群弟弟妹妹都吵著肚子餓了！我去買飯，昆明飯店他是按公斤賣的，一兩飯相當於其他省份的二兩。我買了一大鍋子飯，還買了兩盤子韭菜炒雞蛋。那裡的服務員抓了一把辣椒幹給我，我問他這是幹什麼用的？他說是飯店送的給我們下飯的！

我們在這裡賣了很多蜜蜂蜂種，每一框脾賣 25 元，總共賣掉了 300 框，還送了 10 框給別人。父親說這裡有很多花，都是觀賞用的，沒有花粉和蜂蜜，我們還要去廣東重新繁殖。在昆明我又見到了小周子，但不知道他們是從哪裡來？看見他的鬍子長得很長，中山裝衣服也很髒！

然後我們一同南下去廣東。春天去江西，初夏去江蘇，一路北上去山西大同，夏天還是去內蒙古。這一年父親除了帶了大舅舅，也將小姨帶出來養蜜蜂。我們又去了呼和浩特，父親買了很多小菠罗回來，我和小姨從來沒有見過，直接將菠罗洗洗就放在嘴巴裡咬。菠罗外面是有刺的，我們覺得一點都不好吃，又將菠蘿切成幾塊，看見裡面有很多洞洞，反正不知道怎麼吃？母親說她也沒有吃過，哈哈原來我們都是鄉巴佬！

冬天，我們一大家子人回到父親的老家城市。鄉下祖父分給父親一個房間，四分之一的飯廳根本容納不下我們這麼多人！父親向農場的書記說，小孩子長大了都要上學，在鎮上給我們找了一套獸醫站的員工宿舍先住著。我們看見獸醫站的宿舍旁邊有一塊空地，於是打報告，向主管部門申請給我們建房子。

國慶節之後，父親開始請來幾個親戚幫忙，用紅石頭砌牆建房子，我們自己負責調和好三合土，將沙子、黃泥巴、煤灰三者按比例攪拌在一塊。我和小周、朋友雙鳳負責抬;三合土和紅石頭到師父旁邊給他們用。很快，在過年前房子就建好了一層樓。有三個房間，一個飯廳，最後麵是煮飯的廚房。上面蓋著黑土瓦，我們終於有屬於自己的房子住了。唯一讓人不滿意的就是外面有一個公廁，夏天很臭。

在我們家旁邊有一間工廠，工廠裡的那些員工經常以去廁所的名義跑到我家裡去玩、聊天。我們家裡是非常好客的，誰都可以進來玩！與前後左右的鄰居關係都很好。我們冬天放假了，在家裡的時候也喜歡招呼親朋好友，幾乎每一天都有鄉下的親戚跑到我家裡吃中飯。父親喜歡請朋友來喝酒，我就是廚師，負責炒菜！

自從我們家的房子建好之後，父親很多時間選擇將蜜蜂放在家裡的附近地方繁殖。小周除了去蜂場，幾乎都住在我們家裡，所有的弟弟妹妹都叫他哥哥。我看見他的時候就更多了。有時候一天發現他有幾次都在用烏溜溜的眼珠看著我，同時在對我微笑。

到了我二十歲的那年 3 月 18 日，一天中午我的老三弟弟得了急性的盲腸炎，父母親叫我陪他住院。晚上是小周給我送晚飯，我剛剛吃完，突然醫院房間裡面的燈停電了，黑咕隆咚什麼也看不見。這也是小周第一次摸著我的手，他問我想什麼時候結婚？我說要聽毛主席的話，晚婚晚育，25 周歲之後才結婚。他說道，不管我多少歲結婚，他都會等我。我非常高興說好的。隨後電燈又亮了，房間里有很多人，我叫他趕緊回家去。我們二人的喜悅各自存放在自己的心中。

第十二章
家中遭風浪衝擊

與新書記打交道

由於我們在家的時間比較多，父親就會請農場的書記和獸醫站的站長到我們家裡來吃飯。兩年後，農場裡面又來了一位新的書記，舊的書記調到別的單位。在他們新舊交換的時候，父親又在家裡請兩個書記一起吃飯喝酒。之後，新來的書記總覺得父親對他，沒有對以前的書記那麼熱情。我們照樣在外面養蜜蜂。到了 1978 年夏天，農場的書記說叫我父親和我暫時不要出去養蜜蜂，他們有些事情不明白正在調查。同一時間，我們聽見旁邊工廠的高音喇叭新聞裡面說，國家領導人批准，不再給全國的老百姓分成五分類份子，他們也不再受監管，還給他們自由，跟其他的工人農民一樣，所有人都可以當兵，上大學，或者參加任何政治活動。我在家裡聽到之後高興得跳了起來，反正不用出去養蜜蜂我也有 24 塊錢一個月的工資，母親是 36 元，父親是 41.5 元，這是那個新來的書記給我們定的工資。

二舅舅因公喪命

過兩天，我又跑到外公家裡告訴他們：「你戴了 30 年的地主帽子以後都不用戴了，你可以到我們家裡去玩。」又告訴二舅舅，他讀書雖然很少，但是他有美術天才，畫的春夏秋冬、竹子、菊花、蘭花、梅花、古代的四大美女、山水以及各種鳥類的水彩畫都非常好，我叫他用心畫，可以去投稿。他也很高興，並且說來年他也向自己工作的農場請假，跟我們去養蜜蜂，看看外面的世界。

三天后，我收到外公發來的電報，說二舅舅因公死亡！第二天一早，我又去了外公家。100 多公里的路程，坐了火車轉汽車，傍晚才到達二舅舅在開山修馬路的工棚里。他被山上的大石頭壓死了！身旁邊還有兩個壓扁了的紅薯。依當地的習慣，在外面死了的人，不可以帶回家裡。我看見二舅他躺在地上的木板上，身上沒有血。

聽他的工友說，那塊大石頭超過一噸重壓在他的身上半小時之後他們才能用鋼棍、鐵鏟推開石頭，拉他出來，已經沒有氣了！我摸了一下二舅舅的臉，冰冷冰冷的。想起來三天前我還鼓勵他畫畫投稿，他才剛滿 30 歲，還沒有結婚，30 年都是受管制的地主子女，也沒有離開過山窩窩，連汽車都沒坐過，尚未結婚，轉眼间人都沒有了！我非常傷心，嚎啕大哭，很快我就昏過去了;我的大舅舅，三姨他們大聲地呼叫我：「阿玲吶，快點醒醒，你的二舅舅知道你來看他了，他會保佑你的。」我才慢慢地睜開眼睛，次日我送了他最後一程。我的外公更加傷心，現在兩個兒子就變成一個了。幾天後，我帶著沉重的心情回到父母身邊，又重新告訴他們一次二舅舅的死因。父親說道：「在這個世界上，好人不長命，壞人活千年！」

一波未平一波又起

農場的書記三天兩頭叫我的父親去開會，我也不清楚開的是什麼會？父親說那位新書記現在要翻舊賬，說以前我們承包養蜜蜂是在走資本主義道路！到了夏天的時候，我們的全部蜜蜂給大舅舅和小周帶到外面去放養了。農場派人通知我和母親，都要去農場開會，更要去農場參加勞動，不能出去養蜜蜂。同時將我的父親軟禁在農場裡面做批鬥。農場裡面到處貼滿了大字報，我也要參加開會。大部分的老員工都不出聲，但是有幾個新來的工人，他們不瞭解我們的情況，在會上他們上綱上線，說我父親在走資本主義道路，然後將父親送去公安局關押了 100 天。

公安局說沒有任何罪狀，是不可以無限期關押的！又將我父親送回農場。書記派農場的男性員工日夜輪流看管我的父親，我看見他也不能和他說話。幾天後的晚上，一位老員工打開房門叫我父親上完廁所馬上走，走得越遠越好，並告訴父親如果你不走就是死路一條，沒有罪農場裡面會給我父親找出罪狀來！同一時間沒收了我們家所有的蜜蜂。

1978 年 12 月 23 日上午，我們家裡來了十幾個公安，隊長帶著手槍，他們帶著鋤頭鐵鏟。我問他們要幹什麼？那一位隊長拿著手槍在我的頭上敲著，說道：「你老老實實地站在一邊，你父親是現行反革命，是通緝犯，現在要抄你們家。」農場的部分員工在門外的大街上貼了上百米長的大字報和大型標語：打倒現行反革命張相林。我們的房子是新建的，地上也是三合土，全部被挖開一尺深。他們沒收了我母親一床在上海買的繡花羽絨被子和我的收音機，還有我的兩本日記本。他們沒有找到任何值錢的東西，但是拿走了那把蜂場用的舊式步槍，大做文章說老百姓家裡為什麼會有槍？隨後用很多大木條將我們的木門全部釘緊，再貼上大封條。

家門口工廠的那些員工齊聲說：「廣播裡面天天說，不要制造冤假錯案;這都是什麼年代了？人家家裡的老人家近 80 歲了，封掉別人的門，寒冬臘月的，這一大堆孩子怎麼辦？」有幾個好心的鄰居拿著大鎚子和鋼絲鉗，幫我們打了開門。我們家裡所有的人都抱在一起哭著了一團。

我獨自去北京替父申冤

當天晚上我獨自一人寫好了一張上訴狀，坐了火車去北京上訪，一路上都沒有買火車票。當時的冤假錯案實在太多！每一輛火車都讓我們上去。到了首都北京去找誰？問了年齡大的叔叔阿姨們，他們很仔細告訴我怎樣坐車，我在北京國務院信訪接待室招待所住了 90 天，我也不敢回家，我怕他們將我也抓起來，因為那個書記的權力實在是太大了，可以一手遮天，整個鎮上主管部門都聽他說的。國務院信訪辦的工作人員，當著我的面打電話到上饒地區、江西省直屬主管部門，通知他們一定要查清楚我父親的反革命問題，更要照顧好其子女，給我買好一張火車票要我回家。

我回家之後，和母親直接去上饒地區、江西省農林總局申訴。又過了半年，我們農場和市裡的主管都承認搞錯了！賠償了我們 7200 元人民幣，分三年支付。他們說是本市政府最高的賠款，並在本市電臺和報紙上面登報導道歉！

家中的生活一落千丈

父親被關押批鬥了半年，之後離家近兩年多的時間里，家庭的重擔就落在我和母親身上。每個月 60 元人民幣的工資要支撐九口人的生活費用，除了去農場用現金買米、買煤，交水電費、交學費，根本就沒有錢買菜，家裡吃飯的時候只有一大碗鹹菜。逢年過節吃肉的時候，都由我分配，每人一塊，老祖母的那一份她還會留給最小的弟弟吃。

弟弟妹妹都在不斷地長大，所有的人都穿得破破爛爛。九歲的大弟弟夏天每天買一元錢的冰棍，背著木頭箱子走到 5 公裡外的鄉下去賣，每天只能賺了兩三毛錢。一天下午下大雨，他回家裡一進門就哇哇大哭，說：「今天的冰棍沒人買，全部都融化掉了，連一塊錢的本錢都沒有了！」我和母親抱著他一起哭，對他說：「這不是你的錯！」

一天母親又幫最小的弟弟縫補棉衣。母親問我：「你記得這個原來最新的顏色布是什麼顏色？」我說：「記得，最新的時候是深灰色和白色米篩格子布。」這一件新棉衣是小妹妹小時候穿的，輪到小弟弟穿的時候加補丁，貼補丁找不到一塊原來的顏色！家裡煮飯的煤塊也要在一公里之外用板車自己去拉，以前是父親做的事，現在落在我和兩個妹妹身上！

我家住在市區里最高的山坡上，我們向鄰居借板車拉那些煤餅，還有農場買的大米也要拉回家，都非常沉重。刮颱風之後，房頂上的瓦被吹裂開會漏水，也是我爬上去重新蓋好。農場的老員工都非常同情我家的遭遇，叫我向書記申請分配給各家的自留地種菜。我也申請了 2 分荒地，沒有肥料菜是長不大的。每週我都要從家門口的公廁里挑兩次大糞，經過大街上，還要走過一條約 500 米長的信江河浮橋，再去 2.5 公裡外的農場種菜。這是任何女孩子都不願意幹的事！

有一天，母親在稻田裡幹活時突然昏倒在地，由其他員工趕緊送去人民醫院。醫生說她的血壓已升到 168 度，根本不可以做體力活！我們家裡所有的糧食供應都在 5 裡路外的農場，農場的書記叫我母親和我必須到農場里去上班，否則不給我們全家供應糧食。家裡由近 80 歲的祖母照看，還有戴有色眼鏡的鄰居，也來欺負我家弟弟妹妹。我母親只感到無奈，我和母親每天走路去農場出工，母親有醫院的證明之後，書記才同意她不用上班。母親每天早上提著菜籃子，到菜市場撿別人不要的菜頭、菜尾和黃菜葉子，回來洗乾淨再煮來吃。我家裡窮得跟叫花子差不多。

父親有一天晚上半夜回了一次家，告訴我們如果他不走出去，最後的結果是必死無疑。農場裡面那幾個積極分子輪流看守他，根本不讓他睡覺，當他閉上眼睛，別人就會用棍子將打他醒。就是不判他去坐牢，他也沒有生存的意願，那個書記是鐵了心要搞死他，先送他去坐牢後找證據！

父親又告訴我去找找上饒余江養蜜蜂的師傅，還有遠一點的師傅，他們總共欠我們 1800 多元運費，每個人的名單我手上都有記錄。我真的去找過了，誰都說沒有錢還給我們。以前經常到我們家裡來吃飯的親戚們一個也不來了！最好的還是老年鄰居，他們自己種的菜有多的時候，會送給我們一些吃，南瓜、茄子、白菜都有。我的外公本來就沒有收入，大舅舅依然回到以前工作的磚瓦廠工作，一個月的工資 30 多元，二舅舅又死了，不能給我們提供任何帮助。我自幼就信菩薩，相信世界上一定有公理，更相信我們的人民政府，一定會給我們無辜的老百姓排憂解難。

那位高大長著虎牙的農場正書記警告我們不要到處去上訪，說我越上訪，他就會將我父親的問題拖得越久。也有鄰居說，去告那位書記，讓他也去公安局坐坐牢，凡事都有因果轮回，惡有惡報，善有善報，我父親平反回來不久，那位不為人民謀福利，挖空心思謀害老百姓的書記便給閻王爺調走了！

我去北京上訪的三個月

我從北京回來之後，母親問我這三個月是怎麼生活的？母親只給了我 30 元錢。我說：「一分都沒有用，全部帶回來給你了。」臨走之前我問母亲她為什麼還有錢？白天抄家的時候沒有被抄走嗎？母親說有幾百元她的私房錢，她是留著救命用的，只會留在刀刃上急用！這一次我覺得母親沒有做糊里糊塗的事。

我告訴她，在北京時碰見很多像我一樣上訪的女人，她們帶著我去國務院信訪辦登記，拿到了一個床位。每個房間裡面有十幾張床鋪，裡面有暖氣有開水喝，房間外面有很多水龍頭，可以洗臉洗衣服，衣服放在暖氣管上一個晚上就幹了！也有熱水，浴室可以洗澡。每天下午 4 點可以回到房間自己的床位上休息，五點鐘憑飯票去飯堂吃飯，是免費的。但是早上八點半必須離開招待所，行李可以放在房間裡面。

白天我跟著同室的上訪朋友們去北京大柵欄，買了五顏六色的玻璃絲皮筋，編織成有「北京」兩個字的玻璃茶杯隔熱套，然後到大前門，人最多的地方去賣，每一個能賣一塊錢，有時候一天能賣兩三個。北京的冬天很冷，下雪天不能賣，太冷的時候手也不能編織，這樣就夠我們自己的生活費。我們多數都是吃兩頓飯不用糧票了，中午自己買東西吃，晚上回到招待所去吃飯，每人有一碗米飯或者是兩個饅頭，一碗有湯的菜。

春節的時候招待所給我們加餐;在年三十那一天，住在招待所的人每人都有一碗土豆燒牛肉。還有一個東北的年輕的女教師，她還開玩笑說：「蘇聯老大哥說的，等到了共產主義的時候，天天都可以吃土豆燉牛肉！」

我們平時星期天也一樣去東單、西單、鐘樓、鼓樓、北塔公園、頤和園、天安門、北京動物園、故宮博物院玩，幾乎將北京城都走遍了！去玩的時候，告訴別人我們是來這裡上訪的，我們都不用買票。我依然穿著那一件父親在上海給我買的駱駝絨棉衣和自己織的毛衣毛褲，別人都穿著棉褲，我的身體還不錯，不覺得太冷。北京的冬天特別乾燥，很多時候嘴角都爆裂了，只能用一毛錢買一根冰棍給自己降火。

在北京才知道，原來我們的中央政府是這麼關心來自全國的上訪人士。來時我在火車上想：「這麼大的北京，到哪裡去找能幫我們申冤的地方？」一下火車我便問北京的叔叔阿姨，坐什麼車才可以到國務院信訪辦公室？走到哪裡問到哪裡，那個年代老百姓都特別善良。2000 多公里長途跋涉，沒有別人的帮助我是不可能到達北京的。

到了晚上，我會跟同房的上訪友聊天，多數人來幾天就走了，三個月來來往往的不知道有多少人、進來又出去了。從我進來就認識的上面那個東北女老師，28 歲，長得很漂亮。還有一位 38 歲的女老師，來自四川，頭髮全部都白了。

我很好奇地問她們兩個大姐姐有什麼冤情？她們兩個都說不願意嫁給校長的親戚做老婆，就被打成反革命，開除了工作。我說：「去年 4 月我聽見廣播說的，沒有反革命了，怎麼你們還是反革命？」她們兩個一起說：「你說我們冤不冤？我們是嶄新的反革命分子！」我心想：「難怪我們拿著上訪書信一路上車去北京都」可以免票，這是國家有通知的吧。到我離開北京我走的那天，那兩位女老師依然還沒有走，她們堅決地說，一定要摘除反革命的帽子，恢復她們的教師職務，她們才會走！我們每周都會去一次國務院信訪辦公室，見所管省份的信訪主任。他們會告訴我們當地政府有什麼回復。

我父親回家之後，逢人就說要感謝我救了他的命，如果沒有我，他可能一輩子都回不了家。我回去之後，又聽見那位書記的大兒子在農場開拖拉機的，他對其他員工說，聽說我父親張相林在外面養蜜蜂的時候學會了點穴，害得他父親生病死了;其他員工說：「你老爸這麼聰明，平白無故可以抓別人去坐牢，還可以抄掉別人的家，你也用你的豬頭好好想想，如果換作是我，在坐牢的第一天就會點掉你的老爸，還要等到幾年後嗎？」

我們又開始養蜂了

6 月初，農場又叫我和父親去安徽接管其他員工養的蜜蜂，我們去了之後，看見只有 40 多箱蜜蜂，可是蜂群裡面有很多爛子病，就是蜂巢裡面的幼蟲還沒有出生就死掉了！我和父親將每一框蜜蜂抖乾淨，用西藥四霉素加在蜂蜜水裡面，噴霧水給每一個蜂巢治病，那些蜜蜂脾很快就治好了。

7 月初，我們去了河南中牟縣店李口村采芝麻蜂蜜，也有幾個養蜜蜂的家庭跟著我們一起來！我們住在一個姓張的大爺家裡，蜜蜂就擺在他們家門口。他們家有幾間青磚瓦房子。張大爺有一個像我一樣大的女兒，叫大鳳。大鳳還有兩個哥哥和一個弟弟，她的母親胖墩墩的，矮個子，每天就坐在村子裡和別人聊天，不怎麼幹活！有空我就跑到他們家的廚房幫大鳳，一邊拉風箱燒火一邊和她聊天。她蒸的饅頭非常漂亮，最外面一層是麵粉，中間是高粱粉，最裡面一層是玉米粉，就是三色饅頭。她每五天蒸一次，蒸兩大框子，蒸好了都給我兩個嘗嘗。我問她：「為什麼要一次性做這麼多？」大鳳說：「省時間，那兩框饅頭掛在廚房里的繩子上面，誰想吃就直接去拿，不用再去做飯了！」

有一天她問我去過開封城嗎？我說沒有去過。她說：「從村子裡去開封市有 80 公里路程，我們兩個人騎自行車去玩一天怎麼樣？」我說好啊，第三天一大早，清晨 5 點多，我們就開始騎著自行車上路，有的是水泥路，也有上下坡的沙子路，騎不動的時候我們就推著車子走。中午的時間到達開封城。我們兩個先吃飯，我說喜歡吃牛肉的燒餅，又點了兩個小菜。我們又去了萬國寺裡面玩，第一次看見了那個千手觀音，我們也拜幾拜就開始回程。回到家已經天黑了，這是我這一輩子騎自行車最長的路程，之後的一個月我的雙腿還是酸痛酸痛的。

第十三章
我和小周的故事開始了

厚臉皮的追求者

在河南中牟縣芝麻花期，經常有黃沙滾滾的天氣，減少芝麻的流蜜量，我們不敢打蜂蜜，下一站又回到淮北采蕎麥蜂蜜，今年也就沒有收入了！」

到達了安徽之後，同行有一個養蜜蜂的上海小夥子劉惠龍，只要我父親不在的時候，他都來找我聊天，他很直接地說，叫我嫁給他，我去洗衣服他都跟著我，反正他也不怕醜，一天到晚跟著我。我跟他說：「你身高一米八一，長得比包公還黑，還好像是剛出土的人物？寫的字就像蜘蛛網，我這麼矮跟你不合適。'他說：「高點不好嗎？可以保護你呀，黑的人身體好，不容易生病，字寫得差點有什麼關係嗎？穿上海做的服裝不是很漂亮嗎？我們家在上海浦東，東昌路 24 號有兩層樓房子，老大老二哥哥都有宿舍住，他們都不要的，僅自己和我的麻子臉三哥會住在那個房子裡，上海是大城市，我會一輩子對你好！」

我覺得他很好笑，怎麼貶低他都沒關係。我說：「劉惠龍，你比我大三歲，可以說是我的大哥，但是你的臉皮實在太厚，跟汽車輪胎差不多。」我們兩個人一起哈哈大笑！

他沒事，或者沒人在的時候就來找我，並且說：「我知道，你一直在等那個廣東佬。廣東佬都去了香港，那裡燈紅酒綠，別人還記得你嗎？」我對他說：「我心裡邊等誰你管得著嗎？」

我們回江西路過上海的時候，我和父親真的去了他上海的家裡探訪，他的父母都已經 80 多歲了，真的有一個大麻臉的三哥招呼我們，並且在他家裡住了一晚。

父母親說我去了香港很多年後，那個劉惠龍還到我們江西老家玩，他一直都沒有結婚。

我曾經在 2010 年 2013 年去上海旅遊時，看看是否能找到那個滑稽又皮厚的老朋友？我分別去了幾個派出所查詢當年浦東開發之後，東昌路的居民都搬到了哪裡去了。派出所回答：「這個我們沒有義務告訴你。」

父親放棄了養蜜蜂，小周放棄了我

到了 1981 年秋天，我父親將所有的蜜蜂都交回給農場，說工資太低不幹了，遼寧錦州有一個養蜜蜂的朋友張德才大爺，他的右派份子帽子摘了又回去了鐵路上工作，

他們單位願意請我父親給每月 120 元工資，給我每月 80 元工資，過年後春天暖和的時候，我和父親都去了錦州工作，鐵路單位給我們發了工作證，職務是工程師，開始去的一個月，張大爺叫我住在他家裡，他們家裡有一個大兒子在開火車，大女兒和我一樣大，還有一個小女兒正在準備考大學。在他們家里，那位大娘經常問我，願不願意留在東北？願不願意給他當兒媳婦？我很坦白地告訴她，這裡的天氣太冷，這裡就是有金山銀山，我也不會要！鐵路有宿舍給我們住，我們要負責幫他們做蜂王漿液。

父親不知道有什麼事過完中秋節就回家了！我一個人住在那里，天氣逐漸變冷，鐵路上有一個負責人李大爺，叫我搬到他家裡去住火炕，和他們一起吃飯，北方的大餅、麵條、餃子、燒餅、包子、饅頭、花捲、麵疙瘩、窩窩頭，這些北方的主食我都會做，什麼糧食我都可以吃。

在李大爺家裡，我每天早上 4 點多就起床，和一個跟我一樣大的女孩去操場跑步，然後再打羽毛球，吃完早餐就去上班。天氣越來越冷他們都穿著厚厚的棉衣、棉褲，連頭上的帽子都是厚厚的，我依然是穿著毛褲。我寫信告訴父親我也要回家，12 月下旬我叫張大爺幫我買了一張火車票回江西，那一天是零下 23 度，我在站臺上等車的時候，那裡的雨夾雪打在我的臉上就像用刀子割一樣疼！我站在站臺上不停地跳動，否則我真的會凍死了！

第二年春天開始，我們不再出去養蜜蜂，改革開放了，老百姓都可以自由做買賣，我父親直接去浙江買了很多鞋子回來，我和妹妹到街上去擺攤，反正比在農場工作的工資高了好幾倍。後來有點本錢，父親又帶著我去上海買服裝回來擺攤，賣衣服的利潤更大，每個月也能賺一兩千塊錢。市政府也賠給我們錢了。到了冬天，父親又將我們的房子再加蓋一層，很多鄰居都笑話我們：「沒見過張師傅蓋房子分幾年又再蓋一層？」

我們當然知道一個新房子一次性蓋好最好，但這中間都差一點被那個農場書記搞得家破人亡了！我們的房子是直接蓋在紅石頭底的山坡上，不用重新挖地基，蓋好了兩層樓，我們的房間就更多了，父親說門口二樓的那一間大房間是永久給我的。

我在家裡的時間比較多，突然想起了小周對我的承諾，我已經滿了 25 周歲了，他在去香港之前，給我們家裡寫了一封信，告訴我們他們全家人在 79 年春季已經移民香港，並且給我們留下一個廣東的地址：廣東省新會縣茶行路 10 號，叫我們有什麼事可以寫這個位址轉給他。

我按照這個位址一連給他寫過三封信，都好像石沉大海，他都沒有回復。我又給他寫了第 4 封信，問他對我的承諾還算不算數？

第 4 封信之後他回了信，是寫給我的父母，內容是感謝師父師母對他的多年教導，他去了香港工作不如意，香港看不起國內的新移民，更沒有資格說成家立業，最後一段說：「阿玲是一個好姑娘，希望師父師母給他找個好人家，不要再等我了！」

父親說我再也不用出去養蜜蜂，過顛沛流離的生活，將自己整個青春都灑在祖國的大江南北，森林、草原、長江、黃河之上了。我經常會跑到外公家裡去玩，看看那些童年夥伴和同學們。他們都已經結婚了，有的有兩三個孩子，他們都笑我，他們的大孩子都會打醬油了，我還是獨身一枝花！同學和親朋好友紛紛要幫我當媒人。我有一個堂兄弟，他帶著當連長的戰友來到我家裡說媒。我坐在樓上的房間就是不下來;母親三番五次到房間里叫我下來，給別人打個招呼，要有禮貌。我告訴母親誰想嫁給他誰就去見，反正我是不見。

事後這個堂兄堂嫂，又請我到他們家裡去吃飯，說如果我不喜歡部隊，再幫我做介紹。並且說：「你老大不小了，再嫁不出去」就變成老姑娘了。」我告訴她：「我的心裡裝不下別人！」然後他們才知道我依然在等小周。他們不再提出給我做媒的事。但是其他的鄰居;同學們並不知道我在等誰，起碼有十個人以上要幫我做介紹人。我不想耽誤任何人的時間，一個人也不見。

一天我剛剛從外面回家，看見上饒養蜜蜂的師傅王緒明正坐在我家裡和我的父母聊天，我一進門就問他：「我們家的希特勒送給你了，現在怎麼樣？」他告訴我去年夏天的時候，他們在內蒙古草原放蜜蜂。一天晚上，它對著天空用鬼哭狼嚎的聲音發出長鳴，之後再也沒有回來過。父親說這就是一隻最好的狗，好狗是不會死在家裡的。養了 10 年的狼狗從此在世界上消失了！當時我也感到很傷心。

峰迴路轉

我父母親突然接到小周的信，說他要回來跟我定親。我看完了小周寫給我的父母的信之後，直接寫信寄去香港九龍愛民村。我告訴他，我看重的是他的人品，並不是錢財。我有手有腳，什麼髒的重的，出力氣的活我都可以幹。我不需要任何人來養我，我也不是什麼千金小姐，難道世界上的窮人都不成家了嗎？可能是我的信喚醒了他悲觀的人生，他繼續給我寫信。

幾個月之後，他又寫信告訴我，他已經告訴了他的父母和家人，大家都同意他和我的婚事，並且決定春節放假的時候，回江西看望我，並定下我們的婚事。小周提前拍了電報告訴我們廣州來的火車班次。春節前四天的清晨 6 點半，天色還是很黑，父親和幾個弟弟去火車站接他回來，我和母親在家裡等。母親提前買了一掛最大的鞭炮掛在竹叉上面，他們到大門口的時候，母親點著了鞭炮，噼噼啪啪的，響了很久。這也是我們當地最高的禮儀。

天未光亮，飯廳里要開著電燈才看得清楚。差不多四年沒有見過他，小周他的裝束完全改變了，外面穿著一件咖啡色的長身皮外套，裡面穿了一件墨綠色的有長毛的毛衣，下身穿著灰色的喇叭褲，穿著黑皮鞋，這就是 80 年代最流行的華僑時裝。他看著我，還是跟過往一樣微微地笑，用烏溜溜的眼珠看著我。

母親早已經煮好了麵條，我們一起吃早餐。我們在桌子上聊天，我的外公、祖母都出來跟他打招呼。小周第一次見他們，和我們用一樣的稱呼：「祖母好，外公好！」兩個老人家都不會說普通話，見完之後都回到自己的房間里休息去了！

母親安排小周住在一樓最裡面一個房間，我依然是住在二樓的房間。弟弟們將他的兩個特大行李箱、和包、搬進了房間裡。他打開行李給我看，有一條金項鍊，一對男女裝的金戒指，說這是他母親買的，算是我們的定親禮物，他們也給我買了幾套港式服裝。另一個大包裡全部都是吃的東西，什麼巧克力、鹹餅乾、甜餅乾，還有瑞士方塊糖，大概有十幾盒。最後，他拿出 300 元外匯券給我的母親，第一次開口叫媽媽：「媽媽，這個外匯券是給你的。並說：「所有的城市都有友誼商店，專門賣進口的物品。」我們市裡也有友誼商店，父母親去買了一個 14 寸的黑白電視機，還有一個超大的電飯鍋子，全部是母親做主，買完為止。

按照市裡的規定，凡是從國外、香港或者台灣回來的人都要到公安局去登記。早上上班之後，我首先帶小周去公安局登記，那裡還有幾位臺胞也在登記。

十年的愛情用九天就談完了

一路上，我們一邊走一邊說話，總有很多不同的人，用不同的眼光看著我們。我們除了吃飯的時間是和家裡所有的人一起聊天，其餘的時間都是我們兩人單獨相處。白天我也帶著小周去看電影，去公園裡散步，去菜市場看熱鬧。我們足足十年的友誼和愛情，久別之後有說不完的話。從這時候開始，小周稱呼我為大小姐。我笑著問他：「我什麼時候變成大小姐了？他說：香港就是這麼稱呼，你排行老大就是大小姐。」我說：「行行行，我就做一回大小姐吧。」

別人談戀愛，有的天天談，有的隔一段時間談，我的戀愛用九天九夜就談完了。我問小周他在香港是不是找到女朋友了？他說：「沒有。」他說道香港是英國的殖民地，大陸的人很不受歡迎，別人都會歧視你，稱呼你是大陸仔！我問他住在哪裡，家裡的房子大嗎？他說住在表姐家裡，表姐家裡有八個人，他們住的是政府蓋的房子廉租房。白天他去上班，晚上在表姐飯廳里打開一張單人的帆布床。他表姐說只能在他家裡當（廳長）。表姐家裡大概就是 50 多平方米，香港的房子都非常小。

我又問：「你的父母和兩個妹妹住在哪裡？」他回答：「住在港島區，租了一個很小的房子，所以沒有他睡的地方。」我又問他：「你在香港做什麼工作？他說：「在碼頭上搬運貨物，也就是碼頭工。不過工資更高一些。」我又問：「為什麼這麼久都不寫信給我？難道你對我的承諾一點都不記得了嗎？」他說記得，但是生活得很艱難，不想我跟著他受苦，所以他才不願意寫信給我。迫於生活的壓力，他才寫信告訴我的父母，叫我不要再等他了！」

我又問他：「以前你在東北洪師傅家裡，他們家說喜歡你做他的小女婿。」他瞪著眼睛大聲說：「怎麼有可能呢？洪老頭的小女兒身高 1.80 米，長得五大三粗，我才 1.68 米，我連做夢都沒想過娶她！我又問他：「你喜歡我什麼？我家裡有弟弟妹妹一大群。」他說喜歡看見我臉上總是白裡透紅，做什麼事都很快，有膽量，敢承擔責任。更喜歡我烏黑的長頭髮，濃濃的眉毛。我說我只有 1.53 米，他說他不會娶一個比他更高的女人做老婆。

他又問我：「這麼多年從來沒敢問你，為什麼你比你的大妹妹大了那麼多歲？」我回答：「因為大妹妹上面還有弟弟妹妹。’他又問去了哪裡？我告訴他不幸夭折了！我說：「我的母親一輩子生了五兒五女，一共生了十個孩子。」然後他咯咯地笑，說：「你母親真能生。」他又問我：「你準備生幾個孩子。」我說：最多生兩個。他說：「為什麼？」

我說：「我帶弟弟們已經帶到怕怕。他說：「好的大小姐，我記住了。」我和弟弟妹妹一樣稱呼小周他為哥哥。我又問他：「你家住在廣州華僑新村，為什麼不在廣州找一個女朋友？」他說跟我一樣很小就出去養蜜蜂，又說養了十多年也沒有賺到錢！我拍一下他的肩膀說：「你怎麼沒賺到錢？」他說：「真的沒有。我說：「你賺到了一個老婆，難道我不值錢嗎？」我們二人同時大笑。我又說：「你母親只給我們家 300 塊錢外匯券，這個禮金也太少了吧！」他又說：「你不是說窮人也可以成家嗎？」我說他真壞。我們在街上一邊走，一邊說，一邊笑。

春節的時候，贛東北的天氣都很冷，我們不像北方那樣有暖氣，如果站在那裡，是凍手凍腳的，遇到寒流來的時候，有雨或雪，溫度會降到零度以下，天氣就更冷了。我們那邊的老人家，每一個人都會抱著一個燒木炭的火罐取暖。春節的時候吃完晚飯時，母親問小周，晚上要不要給他房間里加一個火盆取暖？他說不要，並且說過去在東北養蜜蜂的時候，零下 20 多度都走過來了！

冬天的晚上，家裡的人早早都躲到被子裡去了，我走到小周的房間裡，坐在他的床邊和他聊天。我兩個人都坐著床邊上，越坐越冷，然後我建議坐在床上蓋著被子聊天就不會冷了。我們都脫掉鞋子坐在被子裡，相互對望著，心裡有說不出的高興。他突然間用雙手大力地抱著我，親吻我的臉，抱了很久，我叫他放開手，我說都喘不過氣來了！他才將手放開。

我們繼續聊天，我問他香港安不安全？是不是像解放前那樣隨便殺人？買賣人口，逼良為娼。他說不會，市面上都很安全，香港市民還有禮貌，見到人都會問早上好！稱呼婦女為太太，稱呼男人為先生，不知道別人是否結婚的女子，一律都可以稱為小姐，醫院裡的護士稱為姑娘，如果不清楚怎麼稱呼別人？比你大的可以稱呼大哥，比你年齡大很多的女人可以稱呼阿姐，女老人家稱呼阿婆，男老人家可以稱呼阿叔或者阿公，都行。

說著說著他又抱著我，問我：「大小姐，讓我抱抱你吧。我說：「當然可以。」然後他將雙手搓熱，大力的捧著我的雙臉，像所有的戀人一樣，親吻我的臉頰。然後他又說道：「大小姐，我來的時候匆匆忙忙，還沒來得及去辦一個寡佬證（未婚證明）；在我們沒有辦結婚證之前，我是絕對不會侵犯你的身體，否則對你不公平！」我說好的謝謝。

我又問他：「你的母親在香港幹什麼？他說：「在家裡買菜煮飯。」「你的父親在幹什麼？」他說：「做點小生意。大妹妹在工廠做工，小妹妹還在讀中學。」

他又問我：「你的外公長得很高，現在雖然是老了，五官還特別端正。」我說：「是的，外公年輕的時候是一名美男子」。他又問為什麼我會這麼矮？我說：「可能小時候營養不夠，剛剛發育的時候，經常挑很重的東西，可能將我壓得這麼矮。」

他又問我祖母的臉上那些疤痕是怎麼來的？以前他在我們家養蜜蜂的時候，祖母都回鄉下去了，他沒有見過。我告訴他祖母臉上是被火燒傷的，祖母的面容有缺陷，但是她的心地特別善良，小弟弟一直都是她一個人在帶，不管黑天白夜都是她在管。有時候看見叫花子在我們門口要飯，我們自己都不夠吃，但祖母她一定會裝半碗飯給叫花子吃。祖母的行為讓我終生不忘，她一個字不認識，但是知道做人要積善行德。

提著竹籃子談情說愛

第二天早上我們都起來很早，小周對我說：「記得你媽媽以前做的糖醋桂魚很好吃，現在街上還有賣嗎？」我說有啊。他說我們兩個人去買魚，拖著我的手就出門。我說要回去拿個籃子裝。走到大街上，他又說：「大小姐，你看見別人談戀愛還要帶著一個籃子嗎？」我說：「大哥哥，你看見別人談戀愛的時候還要去買魚嗎？」我說：「魚是冰冷的，怎麼拿回來？」

然後他向我扮一個鬼臉，又吹一次口哨。這個口哨的聲音，我家的狼狗希特勒在養蜂場記得很清楚，它在 500 米之外就能聽見，我也很久沒有聽過這個口哨聲了。我們在菜市場選了兩條很大的的桂花魚，他又說：「新鮮大蒜炒鹹肉也很好吃，你家裡還有鹹肉嗎？」我說年尾肯定有。我們又買了點冬筍和其他的菜就回家了。

白天我們一樣去公園散步聊天;我又問他：「廣東新會縣茶行路 10 號是誰的家裡？他說是他的小姑姑家裡。我問：「我寫了幾封信給你，是你姑姑轉給你的？」他說不是的，小姑姑都不認得字，是他的大表弟轉給他的。我又問他：「你的大表弟還寫過一封信給我，你知道嗎？」他說不知道，問我寫了什麼？

我說：「我給你寫第四封信的時候，收到你大表弟寄來一張全身的彩色相片，內容是說，我的表哥去了香港，他如果對你沒有意思，你願意給個機會給我發展嗎？我馬上回復他，如果我跟你的表哥有十年的友誼情義都不可能走到一起，我和你素不相識，怎麼會有可能發展？然後將他寄來的相片和我寫的信一起寄回去給他。」小周伸伸脖子驚訝地說道：「有這麼多人追你呀？」我笑著說：「追我的人反正不少！」

我又問他：「你們全家人以什麼理由申請去香港？他說：

「當時國內規定，所有的華僑從哪裡來的，就可以回哪裡去。我們覺得香港比印尼繁榮，所以就留在香港。」

周悅瓊烈士證以及周悅瓊舊照

他說：「我的父親帶著二姑姑周悅瓊，1948 年從印尼回來幫助共產黨打仗的。我的姑姑在廣東鶴山戰役中，被國民黨的飛機殘片擊中，當時就犧牲了，所以我們家是烈士之家。解放後，我的父親和母親都在廣州市一間大學里工作，母親也參加過土改工作隊的，她是老師。父親在學校辦公室工作，他們都參加過革命！我剛小學畢業的時候，有一位浙江的養蜂場在廣州放養蜂，父親將我交給一個浙江師傅徐詠平學習養蜜蜂，也就是我的第一個師傅，但是跟著他的時間很短。第二個師傅就是東北的洪老頭洪師傅。第三個師傅就是你的父親。我的少年、青年和你一樣，都在全中國養蜜蜂。

然後我又問他：「香港有多少英國人？他說：「有幾萬人，還有很多其他國家的外國人，總共有十幾萬外國人住在香港。我說：「我從來也沒有見過外國人。」他說：「以後你去了香港，隨便就能看到。他说外國人長得金色頭髮，藍眼睛。」我說那不是很怪嗎？

我又問他：「廣東話太難懂了聽不明白。」他又說：「你去了香港之後慢慢學，不會的語言回來我教你。」

我每天都沉浸在無比快樂的日子里，甚至不用吃飯肚子都不餓。晴天的時候，小周用他在香港帶回來的德國大照相機和我們去公園裡照相，在家裡面也照相。我家裡正在開檔賣上海的時裝，我天天都可以穿上新衣服，我還是覺得海派的服裝更好看！

家裡買了一個黑白電視機回來，全部的人都跑到二樓大飯廳裡面看電視。還有隔壁兩家鄰居的孩子，都跑到我們家看電視，家裡經常坐得滿屋子都是人，一天到晚都很熱鬧。幾個弟弟的同學每天都在我家門口，輪流大聲叫著弟弟們的名字：上學嘍！

晚上我和小周照樣坐在被子裡面聊天，自由自在談情說愛，我們天南海北，長江、黃河、草原無所不談，說著說著他又用雙手緊緊的抱著我，用他那烏溜溜的眼珠子在我臉上，轉圈的看著，我們可以說是熱血沸騰吧！然後他又說道：¬記得我昨天晚上說的話嗎？」我說：「當然記得，沒有領證之前不能越雷池半步。」然後我們兩個又抱著對方哈哈大笑。我看一下手錶，又快到一點了，我說早點休息，便上了二樓我自己的房間。

我們天天都好像掉到蜜缸裡一樣，大部分的時間都在笑。轉眼到了正月初五，他本來說正月初七回去，母親說初七初八都不出門，叫小周他初九才走。他說不行，初六一定要走。

當時憑港澳通行證，在火車站隨時可以買到卧鋪票。第二天很早我們就起來了，因為火車票是早上去廣州，母親煮了四個一碗的荷包蛋給他吃。他吃完之後我們又在房間裡說話。他緊緊地抱住我，說：「大小姐，我很快就會回來跟你去領結婚證。」我點點頭，我依依不捨地送他到門口。他叫我繼續回去睡覺，由父親和弟弟們送他去火車站。母親依然買了最大串的鞭炮給他送行。之後的很多年，小周去我家的時候，母親都是用最長的鞭炮接送他。

我的心好像都喝醉了

我回到小周睡的床上繼續睡覺;被子里還有餘溫，可能是小周身上穿的那件墨綠色的毛衣發出來的香味。我將枕頭緊緊地抱在胸前。我在想，世界上的貓都喜歡吃魚，不管是大魚小魚都喜歡吃。我也看過很多愛情小說，為什麼我的情郎小周，魚都跑到他嘴邊去了，他也不吃？這樣的男人世界上大概也找不出幾個？我今生今世能夠嫁給這樣的丈夫，應該會很幸福吧。

送走了小周之後，我照樣去幫我母親賣衣服。賣衣服的攤位是政府搭建的，共有三十個。很多人都給我道喜，說我的愛人長得很帥氣，見到人彬彬有禮。我們去公園散步的時候，專門走過妹妹在賣衣服的攤位，讓小周參觀。他說道：「現在我們的城市比以前繁榮多了。」我說：「是的，改革開放了之後，什麼東西都不要票了，只要有錢，市場上什麼東西都能買到，我們也趕上了好的機會，要不然依然在外面南來北往養蜜蜂，過著顛沛流離的生活。如果不是改革開放，你也去不了香港！他說：「是的，我們都要託國家和政府的福。」

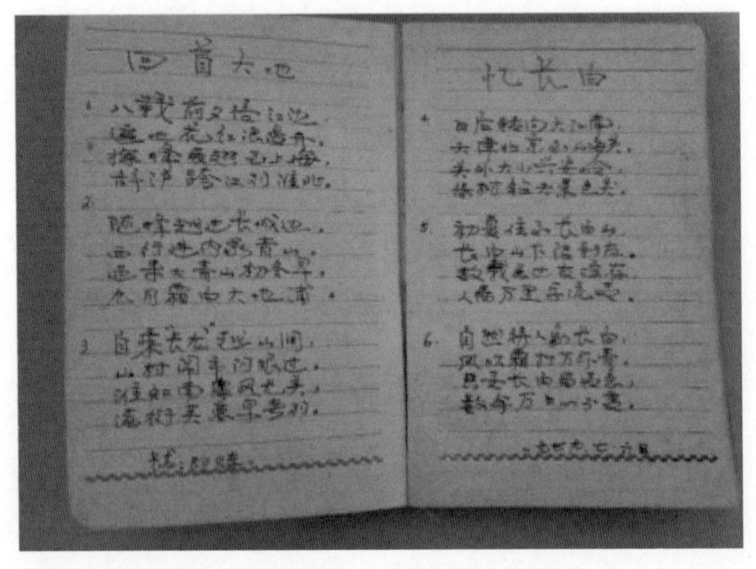

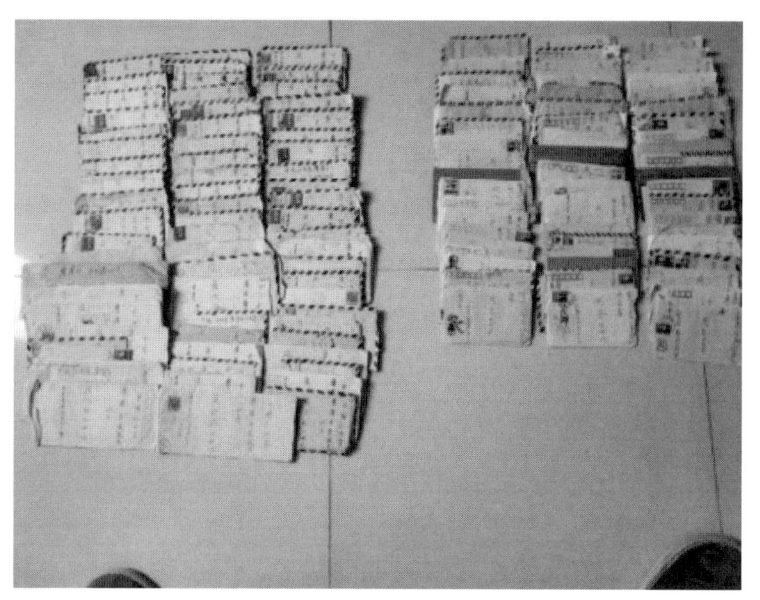

阿玲所作詩歌與小周的書信

我和小周依然用通信的方式談戀愛，我們來回的信件電報大約有 100 多封。很快，兩個多月之後的四月初，小周還是清晨天沒亮就來到我家，母親依然叫他住在一樓裡面的房間。他穿著一件藍色的運動服務，衣領和袖子都是針織白色的，穿著淺黃色的喇叭褲，黑色的皮鞋，紅光滿面，非常的時髦。

我們吃完早餐之後，他說我們就去民政局領結婚證，我帶著戶口本。我們去到民政局，每個人都要填一份表格，填完表格交給女辦事主任。她看看我們兩個人就說：「你們都過了晚婚的年齡，別人像你們這麼大，孩子都上小學一年級了，你們兩個要加油哦！」我們一起回答：「謝謝。」然後小周又說：「現在我們要去公安局外事科。」我問：「去那裡幹嘛？他說要立即給我去交申請去香港的報告。

我們照樣去公園裡散步，看看信江河邊的風景，他用萬種風情的眼神看著我，一路牽著我的手，說著情意綿綿的話，我們十年的友情加愛情像冰雪一樣潔白無瑕。

沒有宴會的新郎新娘，小周和阿玲

到了晚上，別人都去二樓看電視了，我們依然坐在房間里聊天。小周突然用雙手將我抱起，對我說：「從今天起，你就是我的合法妻子了。」然後脫掉我的衣服，從上到下看了一遍，開始做他新郎該做的事情，可是搞來搞去都進不了門，我說很痛不要搞了。第二天晚上他才找到洞房進門。我們度過了幾天開心快樂的日子，他又回去香港工作了。

三個月後，夏天的時候，他說要在廣州工作幾天，叫我去廣州陪他。我要坐了 24 小時火車才能到達廣州;在黃昏的時候火車到達廣州站。我看見小周坐在月臺圍欄上接我，穿著一件藍色大花的短袖衣服，米黃色的褲子。我從火車站台前面又走到後面去見他，他給我提著簡單的行李，出了火車站直接搭的士去了他住的流花賓館。到了賓館的房間里，他放下行李，他第二次用雙手將我抱起，在房間裡轉了幾個圈圈，然後將我放在床上說道：「大小姐，你現在是我的太太了。」

小周阿玲在廣州流花賓館合影

我看見他無比高興的心情，對他說：「下午在火車上，我的月事來了，現在還有點肚子痛。」他馬上給我倒一杯開水，叫我先喝下，說道你先休息一會，我們再出去吃晚飯。他問我想吃什麼？我說想吃廣州的沙河粉，他說那只有到珠江邊夜市裡去吃。我們每人吃了一塊錢一碗的肉絲沙河粉。吃完之後，我看見有小販在賣菠萝，用竹籤串著賣。我又告訴他我想吃菠萝，然後一人買一塊吃著，在古老的羊城珠江邊散步，之後回到酒店休息。我問他來廣州做什麼？他拿出幾個電子零件給我看，每一個黑色的電子零件像蜈蚣那樣都有很多腳。他說要將這幾盒電子零件賣給幾個不同的工廠，他的工作就完成了。幾天后我又回家了。小周說，等到過年的時候，他會放大假，到時候再去江西看我。

任何理由也搶不走真心的相愛

秋天我的父母親請了木工到我家裡，來幫我做了五大件全新的傢俱，全部都油上棗紅色，放在二樓我的房間里;一張大的雙人床，一個三門有鏡子的大衣櫃，還有一個五門櫃子，兩把大椅子，中間有一個茶幾。並且說等到冬天小周回來的時候，再幫我們擺酒席舉行婚禮。

冬天春節前小周又回來了，但是父母親開了兩個賣服裝的攤位，過年的時候特別繁忙，父親要不斷地去上海進貨，母親也要幫忙賣貨，家裡實在抽不出時間辦喜酒。父親對我說：「以後你去香港的時候，再給你補辦一次喜酒好嗎？」我們兩個都沒有意見。雖然沒有辦喜酒，但並不影響我們新婚快樂的心情。

小周和我都住在二樓的新房裡，我給自己買的紅色的窗簾布，都是繡了花的。父親從上海買回來大紅色的綢緞繡花被子和枕頭，房子里還買了兩盆人造花，一個熱水壺，一個托盤裝著 4 個杯子，還有一罐龍井茶葉。雖然沒有人來鬧新房，我將房間佈置得很喜慶，我們二人都沉浸在洞房花燭夜的喜慶之中！

到了晚上，我們躺在床上聊天;小周他像猛虎下山，大戰了三個回合，我們一個晚上都沒有睡覺，我們到第二天中午才起床。這是我一生中唯一沒有睡覺的夜晚，終身都不會忘記！

快樂的十天又過去了。我發現自己懷孕了，馬上寫信告訴他預產期，是十月份，問他會回來嗎？他回信說，回來也沒用，幫不了我的忙，我們家裡有很多人都會幫我。他告訴我，過年的時候再回來看我們母女倆。並告訴我馬上帶著女兒的出生證，加一份申請報告送給公安局外事科。外事科的人說：「你一個人申請出境更容易，生了小孩就要兩個名額，我們一個地區每個月只有四個名額。」我告訴他們：「難道要等你批准了之後我才生孩子？」他們說：「也說得對。」之後我又去了很多次公安局、省公安局，催問什麼時候才能批准我們去香港？

在我女兒還不到一歲，剛剛學會走路的時候，我接到了公安局的通知，正式批准我們母女倆去香港。我又拍電報給小周，告訴這個他好消息。他說沒有空到江西來接我，只能到廣州火車站接我，我問他要帶什麼東西去？他說香港天氣很熱，什麼東西都不用帶，人來了就行。

第十四章
香港只是富人的天堂

我帶著女兒，遠去香港

在我走之前公安局規定，必須先去註銷我們母女二人的戶口。九月初的一天中午，父母親請來親朋好友，在一家私人飯店擺了四桌子酒席，每桌 40 元，就算是給我送行的。第三天晚上，天上下著毛毛細雨，我的父親抱著我的女兒，我的外公，還有我的堂兄以及弟弟妹妹一大群人，每人都打著雨傘走路送我去火車站。我只帶了母女兩人隨身穿的單衣服。女兒抱著一個外婆送的洋娃娃，她一點都不知道要去哪裡？

在站臺上等車的時候，外公跟我說：「去了香港你也肯定是要打工的，當你有一點小本錢的時候一定要去做生意。千里迢迢之外，只有你自己照顧自己，你還要帶好自己的女兒，我們沒有辦法再幫你啦。」聽完外公的囑咐，我心裡便一陣心酸。

然後從部隊轉業回來的堂兄也告訴我：「你到了香港的花花世界，人地生疏，但是你要記住，任何時候都要不卑不亢，要挺起胸膛做人！」我說：「好的，記住了。火車進站了，他們都站在月臺上依依不捨地向我揮手告別。

到了廣州之後，我們還要轉車去深圳羅湖，再坐火車進入香港。進入香港的時候，要到單獨的房間接受問話，香港的海關人員問我：「家裡有沒有人當兵嗎？有沒有人在政府部門工作？」我回答沒有。我們從羅湖坐火車到紅磡站，再轉乘 103 過海的雙層巴士，到達小周的家裡已經是下午了。他家裡租住在港島半山區的高街，是向他大姨媽租的房子里，住在九樓。

初到香港，婆婆給我下馬威

小周按了家裡的門鈴，門口的馬路就是四樓，小周抱著女兒先上樓，我提著兩個行李袋上樓梯很累，走得很慢。當我到達 9 樓的時候，看見我的婆婆站在房門口，她沒有接我的行李。我一上去時候，看見有一個很大的客廳，地上鋪著棗紅色木板，婆婆叫我們住在最裡面的一間房間，房間裡面有一張舊的大床，還有一張單人床，一個大衣櫃，一張舊的寫字樓用的辦公桌子。

然後婆婆說：「今天晚上是我煮飯給你們吃，明天開始就是你煮飯了。」我心裡想，他們家一點熱情都沒有，我剛進門婆婆就在給我下馬威！到了晚上小周說：「你是我的老婆，你來了，在這裡其他人就會稱呼你为周太。」我還笑著說：「那我就升級了，從今天起，我就叫你老周了。他說沒關係。在房間裡他依然對我很熱情。

第二天開始，婆婆叫我打開煤氣爐炒菜，用電鍋煮飯，她去買菜。買菜回來時，叫我到 4 樓門口去接她，再提上樓。婆婆的年齡和我父親一樣大。一個月之後，我拿到了香港身份證。我告訴老周，我要出去工作。婆婆說她不會給我帶女兒，我只好將女兒送去幼兒園，並且告訴女儿她;媽媽去上班，賺錢給你買糖吃。

小小的女兒非常乖巧，她跟我一樣不懂廣東話。每天我很早起床用洗衣機洗完衣服，再給女兒做一點昨天晚上的剩飯，再往裡面加一個雞蛋。婆婆說：「你的老公只給了我 3000 塊錢一個月，你們一家三口子只可以在家裡吃晚餐，這個家是我當家，你們早上和中午不能在家裡吃飯！」我聽了之後，眼睛里的眼淚都快掉出來了！

晚上我又問老周：「你母親怎麼這樣苛刻？他說他也不清楚，他家裡樓下有六個房間，一個廁所，一個大的客廳，其中有兩間房租給了別人，樓上還有一個房間，一個廚房，一個小客廳。一個大陽臺，我每天很早起來做完家裡的事，8 點前送女兒上幼兒園，然後我坐香港最便宜的電車去到西環上班，石塘咀那裡有很多工廠大廈，我進了一間做玩具的工廠工作，每個小時 10 塊港幣，我每天最多做七個小時，就要去幼稚園接女兒回家。星期六只能工作四個小時。星期天，學校的公眾假期都不能上班，自己帶女兒。

香港新生活的苦澀

婆婆規定，我每個星期天都要將樓上樓下，所有自己住的房間的桌子抹一次，地上要拖一次，還要洗廁所和外面的樓梯。他們每個星期都會帶著我的女兒出去喝茶，叫我在家裡幹活，我覺得無所謂。幾個月之後，他們從外面喝茶回來，婆婆說她房間裡的日記本沒有擺好，是不是我偷看了她的日記本？

我說：「奶奶，我一天到晚都忙不過來，哪裡還有空偷看你的日記本？」我對她說：「從明天開始，你們自己住的房間自己搞衛生，其他外面的地方我都做。我不會踏入你們的房間一步！我說得到做得到。」

我每個月的工資大約有 1600 元港幣，但是老周沒有一分錢給我們母女倆用。我的女兒可能是因為水土不服，從開始去的時候一直到讀小學，每年 9 月份開始她就咳嗽，到來年 4 月份才會好。三天兩頭去那打素醫院看病，每一次花五元。但是她不停地在長大，又要給她買校服，四季換洗的衣服和鞋子、襪子。我們住的房間，就是廚房改的。本來我在江西從來不會生病，住在香港每年都有幾次大感冒。我病了的時候，婆婆說」我不會煮你吃的飯。」

一個星期天，老周也在家裡休息，看見她母親囉囉嗦嗦，就叫她母親不要這樣對我。我的公公也說，家裡的事情都交給阿玲做了，你是婆婆什麼都不做。叫她不要再囉唆。婆婆說她的兒子娶了媳婦就不要媽？然後睡在地上打滾，說她不如死掉更好！說她本來就有心臟病，現在大家都來欺負她。從此以後，公公和老周再也不敢為我說一句好話！

我心裡面想，來到香港，還沒有我在家裡面賣服裝賺的錢多！加上婆婆一天到晚沒事找事，挑剔我，真想回家。按當時香港的規定，住滿一年才可回去探親。我告訴父母親，我真的不想待在香港。婆婆雖然是個讀書人，但半點都不講理，我受不了！父母親說：「你婆婆只有一個兒子，相處時間久了，她就會知道你不是一個只會偷懶的兒媳婦。」我只好帶著女兒又回到香港，繼續到玩具廠去打工。

我不會說廣東話，但是管工的女人是從潮州來的，她會說普通話。整個運輸帶都是流水操作，你的手腳要非常快完成自己做的工作，否則那一位女管工就會拿竹棍子敲打你的手。我才想起，她就是電影裡面的國民黨時代，不斷地催促工人快點快點。

上班的時候也聽見工友阿婆大嬸，她們都會察言觀色。管工不在的時候，都開始聊天，我大概有一半聽得明白。也有一兩個人是從大陸來的會講普通話。他們很多人都笑我，不會講廣東話。我在休息的時候，講了兩句江西話給他們聽，問他們聽懂了嗎？他們回答一點都不懂，我說是一樣的我初來乍到，當然聽不懂，也講不好廣東話，他們都說我說得對。

我的老周他在荃灣牛仔布紗廠工作，每天早上 6 點多就出門，晚上 7 點回家。等到下個星期，又改為晚班，將時間倒轉一次。我看見他回來的時候，像開燒煤火車的司機一樣，全身都是黑的，衣服褲子鞋子髒得要命，我要用刷子加洗衣粉，大力刷才能洗乾淨。

我又變成了窮人

我自己的錢包里，每次剛發的工資馬上就用完，通常只有幾十元。我又像回到了解放前那麼窮！

家裡對我最好的人除了丈夫之外，還有我的大姑子。但她經常在大陸工作，她回家的時候就會幫我洗碗，還會對她媽媽說：「要對大嫂好一點，不要在雞蛋裡面挑骨頭！」婆婆當時答應好，過後又是一樣的。有時候我切的菜長一點，她就會說想噎死她。第二天我將菜切短一點，她又說將她當成小鵝仔？

我告訴老周：「你的母親為什麼這麼難伺候？他說他母親跟他外婆一樣，只喜歡自己的兒女，對外來的人就是這樣挑剔，叫我給他三分面子，將他媽媽說的話當耳邊風，左耳進右耳出！後來大姑子給我買了一部電動的縫紉機，在家裡也可以做加工活。

80 年代初，香港的工業開始起飛，你 24 小時不睡覺，也有幹不完的活！我白天改去制衣廠工作。制衣廠是按件計算工資，晚上我將女兒早早放在床上睡覺，她問我要幹什麼？我對她說：「你乖，媽媽想賺多點錢給你買玩具，買新衣服，好嗎？」我在房間裡面加班，縫紉機的聲音其實很吵，女兒也照樣安穩地睡覺。

我也沒有想再要一個孩子，一直採取避孕。直到女兒三歲多，我在制衣廠上班的時候，突然嘔吐，去看了醫生，醫生說我有喜了。我對老周說我們養得起嗎？他說無論如何都要生出來。我便告訴他不管生的是男孩女孩，我一定要做節育手術。他說好的。女兒四周歲的時候，我在那打素醫院又生下了一個兒子，同時做了結紮手術，肚子上開了四寸的口子。醫生說不縫線，用膠布貼上，以後就沒有疤痕。五天后出院回家，10 分鐘的路程我走了半個多小時，捧著肚子上樓梯，傷口痛得不得了。

一進家門，婆婆又說：「你生完孩子的衣服很髒，你和小寶寶的衣服不能放到我的洗衣機去洗，你自己用手洗，誰叫你的福氣不好？你有錢可以請菲律賓工人吶。哪個女人沒生過孩子，你自己的事自己做，現在你坐月子由我來做飯。」當時我有氣無力地點點頭。

坐月子無人依靠，罹患傷病

當我坐月子第十天的時候，婆婆早上七點半踢我的房門。其實我都沒有上鎖。她說我是不是睡死掉了？說我還沒有給女兒穿好校服交給她吃早餐，然後在家門口上校車。我對婆婆說：「這個小兒子整晚都不睡，所以我剛才睡著了，你也不用這麼凶罵我！我在母親家裡生女兒的時候，什麼事都沒做過，只要小寶寶一哭就有人給我抱走。」

老週那一個月上晚班，搬到其他的房間里去睡覺。我一生是不會輕易掉淚的，但那一天的晚上我哭了一晚，我想天下怎麼會有這樣的婆婆，我不是給他們家裡添丁嗎？就是鄰居都沒有這麼兇啊！

第二天早上我起不來，因為我晚上太傷心沒有蓋被子，得了嚴重的坐骨神經痛，左腳下不了地，身上的傷口依然沒有好！我告訴婆婆我要去看醫生，我打的士去了皇后大道找了一個廣州的針灸年長的女醫生，女醫生告訴我每天都要去針灸一次。大約一小時，每次收費 200 元、我告訴阿婆醫生，我真的很窮，問她便宜點行嗎？她說那就收一半。

第二天下午我又要去做針灸，婆婆叫我將小兒子一起背去。我說：「婆婆求求你啦，做針灸睡在床上，前後都扎滿了針，帶著孩子怎麼做？」小兒子不能用紙尿布，用了他屁股就會潰爛，我只好買白色的紗布給他當尿布。

香港的十月初還是很熱，每天要用手洗 20 多塊尿布，加上我自己要洗澡，還要到沖涼房端一大盆水給小兒子洗澡。他特別能吃，差一點沒吃飽，都要大聲哭，我還在餵人奶，幾乎一天到晚都沒有休息。婆婆他們每天在客廳裡看電視劇，婆婆還走進房間裡說我帶孩子都不會帶，吵死掉啦！

我與老周難得的空閒時光

我在香港一年之後，我和女兒都學會了廣東話。一天老周休息，我叫他帶我到香港外面去轉轉，叫他向婆婆請假，叫婆婆幫我們帶著女兒。老周真去說了，婆婆對我說，只這一次，下不為例。我說好的。

老周帶著我從高街走過旁邊的東邊街佐治公園，再下去正街，過一條馬路就到了皇后大道。他說坐電車最便宜，每人兩毛錢。我們去到中環的天星碼頭，然後再花兩毛錢坐船過海去了九龍的尖沙咀。在街上空逛著，這時我問他：「以前你每次去江西都穿得那麼時髦，我還認為你很有錢呢，原來都是在騙我。他說沒有騙我，以前他父子在做電子零件生意，後來海關管得很緊，必須要開進出口公司報關稅才可以回大陸，他們沒有辦法做到，所以只能又去打工了。

他勸我不要跟他的母親計較，說我們都很年輕，總不會窮一輩子的！他又說今天請我吃一個你們家鄉的好東西。我們從尖沙咀慢慢走去九龍油麻地的夜市，已經是黃昏的時候，電燈已經亮了。他帶我走進一個大排檔找了個位置坐下，點了一大盤辣椒炒田螺，還笑著對我說：「這不是你最喜歡吃的菜嗎？」我說：「這個不是菜，是吃來玩的。」然後他再點兩個小菜，吃完了我們才回家。

打工使我體會到了生活的辛酸

我生了兒子之後，有一天我在般含道馬路上看見一個廣告，離我們家很近有一間韓國火鍋店，要請一名會講普通話，廣東話兩種語言的服務員，我進去應聘。老闆娘是馬來西亞華僑，直接用普通話跟我交流，然後又轉為廣東話，問我是哪裡人？我回答她是江西人。她問我：「要做全職的，還是做兼職的員工？」我說：「家裡有孩子，我只能做兼職。」她說：「每天晚上 6 點到 10 點上班，不包晚飯，要自己買一件白襯衣，黑長褲當工作服，每小時 25 元。」我馬上就答應了她。回家和老周說，叫他去求婆婆晚上給我看一下孩子，我發現只要老周去求婆婆，她基本都會同意。

老天保佑，我的坐骨神經痛一連做了三個星期針灸之後就好了，我非常感謝那位廣州來的醫生阿婆。我的腰疼，經過三年的時間，看東華三院中醫跌打，外敷藥，加上物理治療才治好，但我依然在上班，因為如果我不上班，自己的袋子裡面就沒有錢花！我也認識了很多香港本地工友，以及孩子們的同學家長，讓我進一步瞭解香港的生活。原來在香港有錢的人多不勝數，可是窮人依然是很窮，所有的新來香港的人，都是生活在社會的最底層。

我有兩個孩子，老周對我的感情一點都沒變！我不再想著要回老家，老家的戶口已經註銷了，我就這樣回去的話，太沒有面子了。第一次回娘家探親回來，之後的三年都沒有再回去過，因為沒有錢買車票！等四年之後，才帶著兒女第二次回鄉探親。

母親在旁邊輕輕地問我，要不要給我寄點錢用？我不好意思說，就說很忙來不了。

別人都說香港是富貴的天堂，我在韓國餐廳當服務員，天天晚上都有很多熟客，他們就將餐廳當家裡飯廳來吃飯，每晚消費幾百元上千元不等，很多人一個晚上就吃掉我一個月的工資。住在香港半山區的居民是非富則貴，也有不少外國人也進來吃飯，他們点飧的時侯必須要找會講普通話的人給他下單，然後還要用國語跟你講講北京、上海、杭州，再問我去過沒有？我說都去過了。他們就會說我很棒！

有一天，有母女倆人來吃晚飯，媽媽的衣服被男服務員手上捧著的人參雞湯撒了一點在她的衣服前面，這位貴婦站起來大聲說男服務員：「有無搞錯？你的湯潑到我身上怎麼辦？」我們的同事說：「對不起，要不然這樣，你脫下來，我給你拿到隔壁的洗衣店洗乾淨，明天再還給你！」那位婦女說：「你知道我的衣服值多少錢嗎？是在歐洲定做回來的。」

然後老闆娘從收銀台走出來說：「阿貴，你再給這一位太太賠禮道歉，人家的衣服可能你半年工資都賠不起！」那位男同事說：「老子不幹了。」一邊脫下他的白色工作服甩在地上，揚長而去！在門口說道：「我是打工仔，東家不打打西家。」其他的同事對我說：阿貴有骨氣！

老板娘個子不高，每天都更換不同的裙子來上班，黝黑的南洋皮膚，燙著大波浪的披肩長髮，每個星期回來告訴我們;她的頭髮是在香港最貴的（海濤髮廊）做護理，每一次都過千元、

餐廳樓上一層有三位侍應加上一位餐廳經理，樓下一層就是廚房。有四位工人，一個廚師，兩個洗菜洗碗，還有一位是老闆娘的乾兒子。共有八位長工;老闆娘都和我一樣，都是餐廳的兼職員工。老闆娘負責收錢，她不來的時候就是她的丈夫收錢。

耶誕節假期第一天早上 8 點多，老闆娘打電話到我家，她

說：「要找阿玲。」婆婆叫我聽電話。老闆娘說樓上樓下，今天各少了一個人工作，江湖救急，叫我去幫忙。中午 11 點就去上班，到晚上 10 點下班。我問婆婆：「幫我帶孩子行不行？」婆婆很爽快地說：「你去吧。」

中午 11 點前，我準時去了餐廳門口，經理打開了捲門鐵閘，然後打開電燈，我看見昨天晚上那些洗乾淨的全白色盤子是用一塊大紅布蓋上的，紅布上面全部趴滿了一層蟑螂，嚇得我哇哇大叫。經理說我大驚小怪，叫我不能跟任何顧客提起這事。三分鐘之後，所有的蟑螂都跑得不見蹤影。

那一天非常得忙，在門外等著吃飯的人排起了長龍，我要跑到廚房裡去用托盤將一碗一碗的人參雞湯端上來。我看見廚房裡做的人參雞湯，一大桶水燒開了，往裡面倒一些人參粉，雞精攪拌，在每一個碗里都加了幾條熟的雞蛋絲。我又問原來人參雞湯這麼貴，28 元一碗，就是這麼簡單做出來的？經理又說：「你千萬不能亂說，老闆娘會炒掉你的魷魚。」我說知道了。老闆娘每天日進鬥金，但是不久之後老闆娘的丈夫跳樓自殺，我們在報紙上面看見老闆娘有婚外情。這間餐廳也關門大吉。

每天早上 6 點鐘，我要聽鬧鐘響，將老周叫醒。他要去荃灣上班很遠，要轉巴士、小巴才能夠到達。我問他為什麼要上每天上 12 個小時的班？來回在路上的時間已經花了四個小時，將自己搞得筋疲力盡？他說上 8 小時就是 3000 塊錢一個月工資，上 12 小時就有 5000 元。他自己要坐車，還有在外面吃兩頓飯，他還要抽煙，再給婆婆 3000 元，所以他必須要上 12 小時。

有時候他都告訴我真的很累，每天有 16 個小時在外面，8 個小時在家裡，我看見他這麼辛苦心裡非常難受！我又問：「婆婆才 50 出頭，她為什麼從來不去上班？他說：「無權干涉母親。我又問：「現在我們租姨媽的房子每個月 5000 元，一間房可以租 1500 元，為什麼不多租兩間給別人？她要留四個房間給自己住？」我說婆婆簡直就是浪費。老周說，他的母親經常跑到她的大姐姨媽家裡，陪著喝茶逛街，夢想自己也是跟大姨媽一樣富有，其實我們就是半山區最窮的人家。我說是的。

有一天中午我正在拖地，看見婆婆拿出了一包東西放在沙發上，跟我說：「這些是在姨媽家裡給你拿回來的五個深米黃色的胸圍。」並且說全部都是世界名牌！我對婆婆說：「我雖然很窮，但是我不會穿別人的舊衣服，何況是內衣？我直接就扔掉了。」老周的姨媽每年過生日和聖誕節前，都會請我們全家去酒樓吃晚飯。但是每一次婆婆都叫我不要去，說我就是個鄉下婆，因為我沒有漂亮的衣服，會失禮曬姨媽（給姨媽丟面子）。我女兒可以帶去，叫我自己在家裡做飯吃。我說沒關係。

幾年後，婆婆不在家，我才去了酒樓吃飯。大姨媽問我為什麼每次她請吃飯我都不去？我告訴姨媽：「不是我不去，是婆婆說我沒有好看的衣服不讓我去。」姨媽說：「是我請客，以後不要聽你的婆婆說，你每次都要來。」我說知道了。姨媽雖然是上等人，但她一點都不擺架子，和藹可親。

人不怕窮還要受氣

韓國餐廳關閉了，我暫時找不到合適的兼職工作。小兒子半歲的時候，有一天中午我在做飯，其他人上學上班去了，僅自己和婆婆二人在家。我將空心菜老的桿子摘掉幾寸丟到垃圾桶里，婆婆大發雷霆，罵我：「你現在在家裡幹吃飯，不知道我兒子賺錢辛苦？」她越說越大火，叫我帶著我的女兒立即滾蛋，小兒子可以留下。我說：「婆婆，我已經忍了你好幾年，你說什麼我都沒有吱聲，你實在太過分了。我在你們家不是當少奶奶，是在當菲律賓傭人。傭人也有工資的，可是我沒有，也從來沒有假期！」

她說道：「你進了我周家的門，就要聽我說，不可說一個不字！」我說：「婆婆，現在不是清朝，你也不是慈禧太后。你說的話，對的我一定會聽，蠻橫無理的話我絕對不會聽！你雖然是讀書人，你對我是什麼態度？處處在貶低我的身份。歧視我，我不是嫁給你，等你兒子晚上回來，如果他說不要我，我立馬就走，兒子女兒一起帶走，我永遠不會回頭。」

老周晚上七點回到家裡先進房間，我將中午婆婆叫我立即滾的話又說了一次給他聽。我說：「你上去樓上，聽你老媽怎麼說？'他晚上 9 點多再進房間睡覺時，我問他：「你老媽子怎麼說？」他說他老媽子什麼都沒說。我告訴老周：「我們寧願去租很便宜的石頭房子住，很多人都住在鑽石上的貧民區，那裡的房子很便宜，都住在鐵皮蓋的簡易房子裡面。窮我沒有怪你，我真的不想天天受你老媽的氣。」他很有耐心地安慰我，並且說：「搬出去之後，你一個人要帶兩個孩子，連給你打個幫手的人都沒有。我賺的錢就是這麼一點，你忍一忍海闊天空。」

八十年代末，有一天我們又看見了大姨媽，她說她的房子要賣掉，叫我們馬上就去申請政府的廉租房，並且說可以最便宜的價格 100 萬賣給我們。我對姨媽說：「你不要說 100 萬了，我和老周加起來 1 萬塊錢都沒有。」

很快，我們的申請就得到了批准，政府批給我們的是靠近深圳的新界北區的廉租房，40 平方米毛坯房，需要 2 萬元裝修費，我們只好向大姑子借裝修費。

我們將房子裡面隔開兩個房間，我們母子四人一間，公公婆婆一間，加上兩張雙層床。大姑子還經常搭在我家裡面住，睡在飯廳木頭的沙發凳上。我也看見鄰居們直接將床墊鋪在毛坯房地上睡覺。一點裝修都沒有。也曾經去工友家裡去參觀，母子四人租一個房間要 3000 塊錢一個月，只有一張雙層床，廚房廁所都是大家共同用的。

還有單身人士長年累月都住在天橋底。見過幾個老人家，我跟他們聊天，他們說自己住在鐵籠子做的床位上。還有一位老人家說他的兒女都成家立業，每個人都說自己家裡生活負擔重，不給他生活費，他只能租一間三平方米的木板房。出太陽的時候都坐在公園裡面曬太陽。

香港窮人的日子怎麼過

我將小兒子也送進幼稚園的託兒所，我再重新去找工作。頭幾天，兒子在幼稚園嚎啕大哭，學校要我中午 12 點接走，之後和女兒一樣，照樣 8 點鐘送進去，下午 5 點鐘接走。我在幼稚園下面的正街，看到一份茶餐廳招聘熟手侍應的廣告，全職兼職均可。我進去應聘，老闆是一個瘦高個子中年的男人，他問我做過什麼餐廳？我告訴了他我的經驗。他說每小時 20 元，包一個午餐，從上午 9 點到下午 4 點，每天做七小時。我說只能做五天，公眾假期要帶孩子，不能上班。他也同意。

第 2 天開始上班;茶餐廳從早上 6 點鐘開門，到晚上 11 點休息。我去接班的時候，另外一個大姐跟我一樣做兼職剛剛下班，還有一個大嬸做全職，老闆自己也是全職。茶餐廳的工作並沒有韓國餐廳那麼多人，也不會太累，很快客人吃完就走。

婆婆說，反正我在正街上班，每天給我 50 元買菜。4 點下班還很早，我先去菜市場，買完菜再去幼稚園接兩個兒女回家，將兒子用背帶，背在後面，一手提著菜，一手牽著女兒的手。

從佐治公園回家的時候，要經過東邊街;東邊街是一條幾百米長，幾乎是 90 度的斜坡馬路。往上走，橫跨過第一街、第二街、第三街，才到我們住的高街馬路。女兒說，要我像以前一樣抱她一段路。我告訴她：「媽咪還要背弟弟，手上還要提菜和水果，沒有手抱你，你長大了是姐姐，我們慢慢走好嗎？」她嘟著小嘴巴不高興，我們只有一步一步地走回家。

我婆婆的規定，每天要買 10 塊錢水果，另外的錢要買魚、買肉，每天晚上保證要做四菜一湯。香港市場還是用解放前用的十六兩的稱，我開始也不會計算，後來才知道最少要買 4 兩，半斤就是八兩。

我就要將這些錢全部規劃得很清楚，精打細算去完成婆婆每天交給我的任務。有時候婆婆會說我買的魚太小了，說這就是貓吃的魚，我告訴她沒有辦法買大魚。又說我買的橙子太小就是籮筐底下別人賣不掉的，那麼小個。她說她在姨媽家裡吃的橙子像拳頭那麼大;我告訴婆婆：「如果將來我像姨媽那樣有錢的時候，我給你買個像西瓜那麼大的橙子好妈？」將婆婆也逗樂了！

我給小孩子買的衣服，全部都是小販的車子攤上買的，很多時候 10 塊錢三件。冬天的衣服也就是 10 塊錢一件，我自己穿的衣服也全部都是在小販車上買的，最貴的是冬天穿的毛衣，30 元一件，夏天的衣服也是 10 塊錢一件。我的工友也跟我一樣窮，鞋子衣服都是從地攤上挑選。

在暑假前，有一天幼兒園的老師告訴我，要提早買一件冬天穿的長厚的大衣給我的女兒表演，我去到永安公司咬緊牙根，用 1 折的價格，199 元，給女兒買了一件淺藍色的呢子大衣。出來之後再去中環的商店太子行看了一下，裡面的一塊男裝手帕都要 1000 多元一塊，男裝皮帶過萬元一條，那些西裝標價更是十幾萬一套。店員問我看中什麼，要拿出來看一下嗎？我說不用了！心裡面想，這裡天價的貨品到底賣給誰呢？

在茶餐廳工作，平時下午 2 點和所有的同事們一起吃飯，老板叫廚房炒一大盤子青菜，也有一盤子肉。中午吃飯休息半小時。半年之後，那位老闆在我抹桌子的時候走過來，用色眯眯的聲音對我說：「阿玲你什麼時候有空？我想請你喝茶。」我說：「沒空，要帶孩子，還要買菜煮飯，做家務。」過了一段時間他又說了一次，我也沒有理他。

第三次他又說，我回答他：「這個星期天我先生休息，孩子也不用上學，公公婆婆都有空，你準備在哪裡請我們喝茶？將地址告訴我，我們準時到。」他立即說：「等陣你結賣賬出 賣糧，天日唔甩返工，牛皮燈籠點唔着（等會兒你發完工資，明天不用上班。牛皮燈籠點不著）。」香港是私人企業，老闆說了算。

我只有又去制衣廠，用行李車接外發單回家里去做。制衣廠的外發單，也是流水操作，做一條衣服領子多少錢？一隻袖子多少錢，一條褲子的邊多少錢？每一款都是 100 件。我們家住在 9 樓，沒有電梯，從 4 樓進門也要搬上 5 層樓。老闆的管工會將你做好的東西全部打開驗收，如果發現跳了針線，或者整條衣服的線不直，就挑出來叫你帶回家返工。返工是最累的，要小心地拆開線頭，不能搞破衣服，否則前面的功夫都白費了！

有時我的心情相當得低落，為什麼香港有錢的人，他們花錢如水，窮人的生活就這麼艱難？記得我第二次回娘家探親時，大妹妹問我會不會跳舞？說我穿的衣服太老土，人家都說香港全部都是有錢人！我直接罵她：「你還是老師，香港全部都是有錢人誰去幹活？我家裡沒有飯吃，沒有衣服穿，還會有時間去學跳舞嗎？我穿的衣服都是地攤上買的最便宜的貨。」我的父母親說：「自家姐妹在家裡說說就好，不要到外面去說，免得別人笑話。」

八十年代末夏天的時候，我的小姑子告訴我，她準備到美國勤工儉學，半工半讀，不能照看家裡的任何事。她說：「大嫂，你辛苦了！'我說：「沒關係，你精通英文，應該到外國深造，不像我和你大哥一個英文也不認識，只能做最低工資的苦工。小姑子以旅遊的身份去了美國。

黎明的曙光即將到來

一天晚上，老周回來告訴我，有一位朋友陳先生，他想到深圳去開一間玩具廠，但是他不會說普通話，香港還很忙，他自己不會去，所以要請一位會說普通話和廣東話的經理人全權管理。不用我們投資一分錢，同意給我 10%的股權，包吃包住，星期天休息可以回香港，月薪 3000 元，老周問我去不去？我立即同意叫他去，我們不用出一分錢，你就可以當老闆，天底下哪有這樣好的事？有也不會很多，機不可失，時不再來！他又說家裡兩個孩子，他的父母親，所有的事務都是由我一個人承擔。我說沒關係。

很快，老周就去了深圳和老闆開工廠，工廠選地址、裝修、安裝水電、買機器、請員工這些活兒全部都是他一人負責管理。明明說好星期天回來休息，但是他說很忙，說別人陳生這麼信任他。他是一個做事很精細，非常負責任，而且很有計劃的人，很多時間他都沒有回來休息！

沒多久，我們的廉租房批下來了。自從我們全家搬去了新界北區居住，我們每月要交租金、水電費、生活費，3000 元不能支撐全家人的開支，我在東方日報上面看到廣告，半山區國際學校要請校工，無需任何經驗！

學校當時同意聘請我去工作，月薪 4800 元，每星期只上 5 天班，早上七点上班下午 4 點下班，公眾假期休息。我們搬到了新界，婆婆說她不當家了！我告訴她每月只有 3000 元的工資，我們沒有辦法生存，和婆婆商量好，她要求我給她每月四分之一的工資，她幫我看兩個孩子，上學就在附近，我們達成了协協。

這一份工作工資待遇很好，就是路途遙遠，反正我很年輕，每天早上坐第一班火車 5 點 15 分開車，七點半到達學校。晚上回來先買菜，再回家煮飯，晚飯後再做清潔，每天都忙到很晚才能夠休息。有一天火車到達沙田站，有人跳軌自殺，阻擋火車不能開出，我只能轉乘巴士去了學校遲到了！向管工說明情況，新聞裡面有播出，學校並沒有責怪我！

學校共有六名校工，每個人的工作都是獨立固定分配好的。有一天上午休息的時候，我去廚房拿水喝，站在門外，聽見有一位女同事阿儀在和其他人說：「阿玲是從大陸來的，大陸婆都會偷懶！」其他同事說：「阿玲的那份工作還是她自己做。」我走進廚房，拖著阿儀的手叫她出來：「你開口閉口就說大陸婆都會偷懶，你是從哪裡來的？」她叉著雙手說：「我就是在香港出生的。」我問她：「你在香港出生，有什麼了不起？你還不是跟我做一樣的粗工？」我又問她：「你的母親從哪裡來？」她說：「也在香港出生的。」我又問她：「你的父親從哪裡來的？她說上海。我開始罵她：「你的父親從上海來的，上海不是大陸嗎？你狗眼看人低，如果我阿玲是在香港出生，會在這裡做個校工嗎？如果我是你阿儀，在香港出生也是做這麼低等的工作，馬上從這頂樓跳下去死給你看！」我要拖著她去見校長，她賴在廚房裡不肯走。其他同事說：「大家都是同事天天見面，不要搞成這樣，也不要看不起別人！從此以後她再也不敢歧視我。

我婆婆是有文化的人，但是她重男輕女，說女孩子長大了都是別人家裡的人！她不肯教我的女兒讀書，她說只會教男孫子讀書。我根本就沒有時間教孩子做功課，我也不會寫繁體字，更不會英文，唯一的方法就是獎勵。女兒從三年級的時候就開始送去補習，星期天我不用上班，經常也會帶著他們兩個人出去玩，請他們吃麥當勞和茶餐廳，傍晚再回來家裡煮飯。

兩年後，婆婆去了美國看小姑子，我只有辭掉校工的工作。

但是依然沒有錢，只能跟著別人去火車站做小販賣早餐。每天早上 3 點就起床，做好炒麵，煲好粥，用木頭車子推去火車站賣。兩個孩子搭在鄰居家裡吃早餐，我 8 點前就回到家，每個月也能賺幾千元生活費。但是港府是不允許的，會走鬼，每個月都會被罰款 2 次。這種工作又維持了五年。

有一天老周回來對我說，他在工廠再累一點都沒有關係，但是老闆陳先生又邀請了一個二老闆進廠管事，但是他什麼都不會，只會指手畫腳，將事情全部做砸了，然後又要重新做！還整天找我家老周的茬，他說沒辦法忍受！老周他要求分家，問我的意見怎麼樣？我說別人整天給你小鞋穿，你還有精力幹活嗎？一定要分開，然后他再找一個合夥人繼續開工廠。

後來我也在他的香港公司上班，我的工作負責在香港採購玩具工廠里、所需要的原料以及各種零件，再裝車發往深圳。有一次我發現工廠的廠長，在用他的權力侵犯公司的利益。老周說我疑神疑鬼！我告訴他：「你站得高看得遠，我不是老闆，我站得低，連地下的沙子我都看得很清楚！他說人是他請的，他的宗旨是：疑人不用，用人不疑。過去我們一直都很恩愛，無話不說，無事不講！後來我離開了他們的公司。

在我 40 歲的那一天，我自己到尖沙咀租一個酒店房間給自己慶祝生日。我們江西的習慣是每 10 年就過一次生日，10 歲的時候外婆給我過生日，20 歲的生日是在養蜂場上度過，30 歲的生日是在母親家裡度過。我告訴老周，結婚時我們沒有擺酒席，40 歲的生日你要跟我一起過，但是他說他工作很忙，不能回來！我心里很不高興，我想到蘇聯的作家托爾斯泰寫的：

人在情在，人離情疏，人死情亡。

過去的我每一天無時無刻都在想著我的丈夫是否安全？是否

太過勞累？我覺得自己太傻，整天都替別人擔驚受怕，別人能記得你多少恩情？從這一天起，我放下了這種每天都要牽掛別人的日子！我將我的心情告訴了父母親，父親說：「如果你手上有點資本，不如自己做生意，不用看著別人的臉色做人。」

1997 年，父母親在香港分三次簽證，共來港玩了九個月。我告訴他們香港的風土人情是什麼樣的，並帶他們到處去走走看看。我手上也攢下來了一些資本，我便決定和父親一起做蜜蜂產品的批發代理。

1997 年阿玲的父母親在香港遊玩

第十五章
山野峰之寶的品牌故事

又是我自己過的生日

我一人在酒店的悶氣發完了，便走到尖沙咀碼頭，站在海邊的圍欄上，看著維多利亞港海裡面的大小船隻，在海上穿梭行走，又看看對面的中國銀行大廈、滙豐大廈和渣打銀行大廈，像森林裡的樹木一樣，一個比一個高。旁邊的國際郵輪有很多外國遊客正在下船，尖沙咀碼頭人頭湧湧，但是我還要坐火車回去煮晚飯。

改革開放之後，香港的工廠全部北移到廣州、深圳、東莞，據報導，有 50 萬港人去大陸工作。報紙新聞每天都有報導去大陸工作的男士，十個有九個包二奶。我們住的廉租房，每一層有 24 戶人家居住，有兩個女鄰居，她們的丈夫去了大陸，包了年輕貌美的二奶，男人回來鬧離婚，香港的兒女都不要。身邊的朋友經常問我：「你就不怕你的先生甩掉你？」我的心裡確實很害怕，我吃了這麼多苦，才從大陸一路走來香港！

我曾經有女朋友，向我訴說自己的老公無情無義，拍拍手就走人，家裡的兒女都很小，都不要了！她也想跳樓自殺。我勸她：「就是你死了，有誰會同情你？你的兒女叫誰去養大？你去了閻王爺那裡，你也沒有人會同情你死得好？你家住 16 樓，你跳下去就等於一塊豆腐掉在地上一樣，摔的爛渣渣的，你甘心嗎？」這位朋友最後沒有尋短見，她的兒子大學畢業事業有成。

另一位是三個孩子的媽，她的丈夫在大陸找到更年輕的女人，一個月也不回家一次，兒女也不管，回來的時候甩下 3000 元在地上，轉身就走人。她三番五次跟我說，自己死了更好！我勸她：「不要發傻，你離婚之後可以去申請政府援助，繼續撫養你的三名兒女長大成人，他們都會感激你！如果你死了，他們就變成孤兒，最後就去孤兒院長大！你就是死掉了，她們也會怨恨你一輩子。」朋友說我說的話沒有錯！

她們也有關心我，叫我要看緊點自己的丈夫，我說聽天由命，如果別人不要你的時候，你不要將自己當豬頭骨硬塞給別人！自己應該挺起胸膛做人，讓自己活得更好。等老周回來的時候，我問他真的有那麼忙嗎？是不是也在大陸也包了二奶了？他回答我：「我們千辛萬苦從大陸來到香港，好不容易將自己的生活有一點改善，又跑回去大陸找二奶？我是那種喜新厭舊的人嗎？這麼蠢的事我才不幹！」所以我一直相信他是在努力地工作。

孝順的老周

這一年年尾，我們買了第一間屬於自己的房子。老周對我的父母是非常孝順的，對我的外公、舅舅都非常孝順。我告訴他要給我的外公做八十大壽，他說所有的費用由他支付。外公非常高興，逢人就說我的外甥女婿，要幫我做 80 大壽。我告訴他香港的請帖很漂亮，我問他買 200 張夠嗎？他說不夠，最少要買了 300 張才夠。但是很遺憾，我的外公還沒有到 80 歲的時候，有一次跌倒了，一個多月之後不幸離世。

外公照片以及外公（中間黑衣黑帽外公）70 大壽留念

我非常遺憾，1988 年我無錢買車票回江西向他老人家祝壽。

老周對於他的父母來說，更是孝子一名。他說，沒有他的父母就沒有今天的他，如果哪個人對自己的父母都不孝順，隨意拋棄自己的妻子兒女，那樣的人老天也不容許他會發財！聽見他這麼說，我的悶氣立即就煙消雲散了。夫妻就如同自己的嘴唇和牙齒，經常會有磕碰。但是我還要堅持工作。

假蜂蜜會禍害人間

父親在 1998 年的時候，首先在大陸註冊了商標：山野。他說蜜蜂采蜂蜜是由漫山遍野采回來的，所以註冊商標就是山野。同時我也在香港註冊商標「蜂之寶」和英文山野。蜂蜜、蜂王漿、蜂膠都是天然古老的葯食同源的人類的寶貝，所以我的註冊商標就用蜂之寶。

改革開放之後，很多的國營企業紛紛解散，統購統銷收購站也沒有了！老百姓的生活有了翻天覆地的變化。人類的天性是在吃飽喝足之後，會自然想讓自己更健康長壽。

從那段時間起，超市裡面就有很多假蜂蜜出現，例如蜂蜜糖漿、調和蜂蜜、蜂蜜露，各種掛羊頭賣狗肉的蜂蜜都在超市裡面賣！蜂蜜兩個字很大，非常搶眼，最後面一個字與頭髮絲差不多大，外行的人根本看不明白。他們的蜂蜜賣得非常便宜，比旁邊擺放的可口可樂還要便宜，比韓國的蜂蜜柚子茶便宜多了！假蜂蜜讓這些先入為主的企業賺得盆滿缽滿，他們甚至還是名牌，所謂的老字號？

我在香港，曾經三次聽過中央一台的新聞報導，中國超市銷量最多的五個品牌，在全國超市百分之 99 都賣假蜂蜜，而且是屢教不改！他們賣的蜂蜜價格可以做 9.9 元一斤，19.9 一公斤，蜂蜜裡面應有的各種營養成分都是零！這些公司昧著良心賺老百姓的錢，將比白糖甜 400 倍的甜蜜素、焦糖色素、各種香精、化學成分做的卡拉膠、化學的黏稠劑調和像純蜂蜜一樣的形狀，當真蜂蜜賣給老百姓。我還不相信，直接跑到深圳超市，一口氣買了 13 個品牌的蜂蜜，每樣買一瓶回家測試，結果只有一瓶小品牌是真的蜂蜜。

80 多年前我的祖父已經知道蜂蜜的真假！只要將真蜂蜜倒進茶葉水裡面攪拌，茶葉水就會變得更清。如果將白糖放到茶葉水裡面，茶的顏色一點都不會變。我們以前有很多親朋好友依然在養蜜蜂，他們紛紛去找我的父親訴苦，都說養蜜蜂無法生存了。父親問他們為什麼？他們說現在改革開放之後出了很多漢奸！我回去的時候也聽見過，我說現在為什麼會有漢奸？日本鬼子的時候才有漢奸，他們說的應該是賣假蜂蜜的奸商。

我的兒女分別上了小學和中學了，家裡的生活條件進一步改善，房子也換成更大的，家裡一樣請菲律賓工人做家務，我有更多的時間回大陸探親旅遊。我問養蜜蜂的親朋好友，現在為什麼會有漢奸？他們說現在有美國的代理商、日本的代理商、韓國的代理商、澳洲的代理商，他們專門派人跟隨養蜂場採購，每年各種蜂蜜的價格，中國養蜂協會都有指引。過去的收購價格，分為天然的植物花蜂蜜，長在樹上森林裡面，例如洋槐蜂蜜、椴樹蜂蜜、荊條蜂蜜，這些都是純野生的植物，漫山遍野都是，從來沒有人去打農藥，國際市場很受歡迎，白色的蜂蜜為一級蜂蜜，琥珀色、淺黃色的為二級蜂蜜，收購價格是按等級來計算國家統一收購出口。

蜂農原產地的蜂蜜壓成了超低價的蜂蜜

因為沒有國家的收購站，這些所謂外國的代理商，直接去蜂場將價格壓到最低，因為所有的蜂場沒有那麼多可以裝蜂蜜的周轉桶。這些蜂蜜被這些中間商（漢奸）以超低價買走，再轉去外國，經過他們重新包裝，貼上各種洋文商標，再以最少高 10 至 200 倍的天價，變著花樣設計蜂蜜裡面有多少個「+」，然後再以這些所謂的加號制定零售價格，網路平臺最貴的一瓶 500 克蜂蜜賣到 2450 元人民幣，將蜂蜜當貴金屬再賣回給我國同胞！

世界公認的，全世界的蜜蜂產品 80%以上產自中國，中國有 960 多萬平方公里的土地，從南到北，省與省之間都有 4 到 6 度的溫度偏差，是最適宜養蜜蜂的國家。中國的老百姓自古以來都是最勤勞，有著不怕辛苦的優良民族傳統。據統計，我國曾有 40 萬專業的養蜂農，長年累月在中國的森林。草原。荒郊野外過著離鄉別井的生活，在外面養殖蜜蜂。西方的國家他們不用幹活都可以申請救濟金，有誰會願意去養蜜蜂？就是有極少數人養蜜蜂，也是坐在固定的地方，一個花期最多能夠產蜜兩、三次，何來有蜂蜜大量出口？

2016 年 12 月，根據香港翡翠台報導，英國農業部問澳洲和紐西蘭農業部：「你們兩個國家一年能產麥盧卡蜂蜜有多少噸？」兩個國家的農業部回答：「總共 1700 噸。」英國農業部長說：「我們英國一年差不多進口了 3 萬噸麥盧卡蜂蜜，多出來的數量是從哪裡來的？」澳洲和紐西蘭農業部說：「無可奉告！」

「現在的年輕人;中國的老百姓都認為紐西蘭的蜂蜜就是世界第一名牌。紐西蘭國家總面積 26 萬平方公里，比我們的廣西大一點。世界上任何一種花、開花的時候，也就是兩至三個星期，只有花盛開的時候才有蜂蜜、蜂王漿、蜂膠等。花期的末期什麼都沒有。難道紐西蘭他們的麥盧卡花 365 天都在開花？天天是晴天？每天都能出產蜂蜜嗎？

但是外行半點都不清楚，還有很多文人墨客幫他們大肆鼓吹，紐西蘭的空氣新鮮，草原美麗，他再新鮮美麗，也是巴掌那麼大塊的地方！根本不可能將他們的蜂蜜源源不斷地賣到全世界。中國新疆的土地面積有 10 多個紐西蘭的那麼大，新疆的草原，內蒙古大草原，長白山森林，雲南、四川同樣有無數多的天然景色，本應我們中國的蜂蜜才是世界第一品牌。無奈有錢的公司大批作假，在外國毫無信用。小公司又無錢打廣告，導致真蜂蜜只能以最廉價賣給中間商出口。

中國的俗語，「賣菜的人自己吃黃葉」，当今我們國強民富，老百姓生活一天比一天好，只知道吃蜂蜜對身體好，但根本不知道真假？我更看見網路上別人給紐西蘭鼓吹，說他們的養蜂的人都是碩士、博士級別？我國養蜜蜂的歷史已經有 2000 多年歷史，經驗豐富。更看見他們將紐西蘭養蜂的相片發出來，用一個汽車拉著十幾個空蜜蜂箱子，箱子上下兩層錯開擺放，裡面一隻蜜蜂都沒有！

我們家，從祖父那一輩，也就是 1935 年開始養蜜蜂，還有我國數十萬養蜂農，他們都是地地道道的農民、工人，我們養蜜蜂的成果，都被外國公司輕而易舉地奪走了。我告訴大家，只要是真蜂蜜，不管是白色的、黃色的、琥珀色的，它裡面的營養成分相差無幾，就像大米一樣，進口的大米、泰國米、東北米，只是口感不同而已。但是我們的年輕人，還是相信外國的月亮比中國的圓。就像老祖宗說的那樣，拿買一斤豬肉的錢去買一塊豆腐回來欺騙自己，他們也心甘情願。因為外國公司善於廣告宣傳，可以將一個垃圾當成寶貝去宣傳！

我國的蜂蜜原料就以垃圾一樣價格賣給外國公司，再倒過來，他們說中國超市裡面都在弄虛作假，真正賣假蜂蜜！讓他們外國品牌賺得利益，如同豬籠入水。盆滿缽滿。普通的老百姓只能去超市買假蜂蜜。有文化的年輕人，白領一族聽取網路的廣告去買外國的蜂蜜。因為我們的國家太大，政府的監管是上有政策下有對策，檢查有問題時馬上下架，過兩天原封不動地再上架，繼續賣。

2009 年，我曾經將我們的山野牌蜂蜜賣去了廣東深圳某超市，他們的採購經理說：「不管你的蜂蜜是真是假，越便宜越好，我們超市能賺錢就行，超市規定的，對供應商的各種收費，你一毛錢也不能少！」他們每個月都會開幾家新店，叫我們每個品種都要各發一箱免費的蜂蜜給他，他們舊的店鋪不會下單。半年後我只有自動退場！

1997 年，我跟著香港的旅行團去了臺灣旅行;我們的車上總共有 40 位團友，我們第 1 個參觀的地點就是養蜂場。團友們下車之後，我看見了很大的地址在半山上的私人店鋪，裡面的蜂蜜 2.5 公斤一桶，賣 100 元台幣等於 25 元港幣，所有的團友每個人搶 2 桶拎在手上。我的朋友用廣東話說：「這麼多位朋友等我們阿玲姐，去問過之後你們再買也不遲！」我去問了那位男老闆：「全世界的蘋果花、梨子花都沒有蜂蜜，就是你們臺灣有嗎？」那位老闆不回答我的問題走到他們房子後面不出來。

他的老婆向我們繼續推廣新鮮的蜂王漿，500 克要 1000 多港幣一瓶。她說香港有很多大明星都是吃他們家的蜂王漿。我問那位老闆娘：「這個蜂王漿是你自己出產的嗎？」她說：「是啊，你沒有看見我們門口養了很多蜜蜂嗎？」

我說：「看見啦，你們養的那幾箱都是中國土蜂，根本就不會生產蜂王漿的，你的蜂王漿是從哪裡來的？」她也躲到後面房子裡面不出來。

她的女兒繼續推廣蜂花粉。我告訴她：「只有義大利蜜蜂才可以生產花粉、蜂王漿和蜂膠，中國的土蜜蜂只會生產一樣產品，就是產量很低的蜂蜜。」那位女孩用手指在她旁邊牆上對我說：「你沒看見臺灣地區最高領導人給我家裡頒獎狀了嗎？」我問她：「妹子，那領導人他會養蜜蜂嗎？」她也躲到房子的後面不出來！剩下老闆的兒子在前台，繼續說他們家蜂產品是臺北最出名的！

我們所有的團友將自己搶的所有的蜂產品都放在櫃臺上，一件也沒有買，回到旅遊大巴里，全部團友都給我鼓掌，齊聲說謝謝我，要不然今天又給別人騙了。

世界各地的蜂蜜價格是多少？

導遊說，下一個景點還是去參觀蜂場。團友他們又說叫我去問，等我問完之後他們才再買！我笑著對他們說，如果我再去問，導遊會趕我下車了。我曾去了巴掌那麼大的等於香港三分之二的新加坡旅遊，泰國旅遊，也是一樣都說有養蜂場的景點，他們一樣是從中國買蜂蜜回去當他們自己生產的。朋友問為什麼新加坡、泰國他們不出產蜂產品？我回答;因為他們一年四季的溫度太高！蜜蜂都會熱死了，怎麼有可能出產這麼多蜂產品？

我先後去了馬來西亞、印度、韓國、歐洲德國、法國、英國、義大利、瑞士、北歐的瑞典、挪威、芬蘭、美國、澳大利亞、俄羅斯等 30 多個多國家旅行，每到一個國家，我都會去當地的超市看一看他們的 1 斤蜂蜜賣什麼價格？結果發現最便宜的都超過人民幣 100 元一斤一瓶。別人的國家都知道我們中國的旅行團最喜歡購物，所以進口我國廉價的產品，重新包裝獲取最高的利潤。

在海外市場賣的蜂蜜一般都不會假，包括香港，因為有法律監管企業。如果你賣假蜜，第二天報紙、電視、電臺就會給你播出來，政府還會罰款，你公司和品牌就會在市場上消失，所以香港市場幾乎沒有大陸的蜂蜜品牌賣！加上各種新聞報導，香港市場一般很難接受大陸品牌的蜂蜜。

在香港的合作公司，必須要簽合約，保證你賣的貨品是真的，否則你要賠償對方的一切損失！由於我們大陸的不良商人在蜂蜜市場上弄虛作假，導致我們的中國品牌的蜂产品在世界各國都不受歡迎！現在有很多網路平台，他們只要求別人付錢打廣告，不會管你的品質好不好？某多多上面賣的蜂王漿 24 元一斤。包郵到家，比 50 多年前國家的收購價還少了一大半。

市面上假的蜂王漿是如何生產的？他們用檸檬黃色粉，黏性的物體，再加上檸檬酸混合而成，放到太陽裡曬也不怕！一般的老百姓怎麼會知道？

個人蜂蜜造假最簡單的方法是，一斤白糖加 3 斤水，放到鍋子裡面去煮開，蜂蜜是黏糊糊的，再往裡面加一點明凡和香精，老抽作色黃黃的好看，賣給你就是所謂自家出產的土蜂蜜？各個旅遊景點都不需要商標，也不需要檢測，他們都說是自己家裡出產的，可以賣 100 到 500 元一斤。你給他講價的時候，也可以 100 塊錢五瓶賣給你。现在有大公司及個人還會用臺式奶茶里用的果餔糖浆、麥芽糖加色素和蜂蜜香精變的比真蜂蜜水份更少更濃。普通的消費者能够知道嗎？

但是每斤他们的全部成本也就是 4 塊錢，那也是相當豐厚的利潤！所以街邊，地攤，馬路邊都告訴你是他們家的自產的土蜂蜜。

蜂蜜裡面除了有各種天然的氨基酸、維生素等營養元素，還有很多人體需要的活性酶，就是蜂蜜裡面有的小氣泡。他們再往裡面加上一種化學的成分（瓜爾膠），然後做成視頻拍給你看，他們家的蜂蜜全是泡泡，所含的活性酶最高？還有人在山上找到一群野蜜蜂，也拍視頻給你看，他們家的蜂蜜全部都是野蜂蜜。一群蜜蜂抓下來最多有十幾蜂蜜，自己家裡都不夠吃，怎麼還可能有成千上萬瓶賣給你嗎？但是有很多人會相信，一群蜜蜂能產生成千上萬瓶的蜂蜜？我在世界各國從未看到有一瓶裸瓶蜂蜜在市場上賣。

更有人異想天開，拍視頻告訴你，他們賣的蜂蜜就是雪山上面的雪蓮蜜。曾經有人給我打電話，問我們山野公司為什麼沒有雪蓮蜜賣？我問他知道雪蓮長在哪裡嗎？他說長在雪山上。我又問：「你看見蜜蜂有穿羽絨服的嗎？蜜蜂最喜歡活動的溫度就是 20 至 30 度，太冷太熱蜜蜂都不願意出門幹活。刮風下雨，太低太高的溫度，植物花也不會分泌蜂蜜。」但是有多少人願意去瞭解？

初入商海，跌入陷阱，有口難辯

我們的山野商標在北京註冊成功，蜂之寶商標在香港也註冊成功，父親邀請了很多過去的養蜜蜂的親朋好友，和他們商量跟我們一起合資開一間工廠，每一股作價 1 萬元，蜂蜜的原料成本照市價收購，誰也不能弄虛作假！如果一經發現，作假的人要賠償 10 倍的價錢給公司，並且永不合作！成品如果賺到錢之後，除去所有的開支、稅收，按每一股再分取利潤。大家都同意這個方法，但是由於他們的資金有限，父親邀請我一起參加。

當時我們的江西市政府外經辦、僑務辦經常和父親他說，叫我們這些在海外的子女回去投資，為家鄉的建設出一份力。2001 年我以招商引資去江西龍虎山，購買了荒山上的近 20 畝的土地，建成了一座 10 萬級的空氣淨化的工廠三層、寫字樓三層半、員工宿舍二層，各一棟，總建築面積共 4800 多平方米。

蜂產品工廠大門及車間圖片 五張

因為產品進了各大超市，藥房，無法回款，他們又以要扣上架費、條碼費、裝修費、推廣費、堆頭費等理由，使得我們直接損失達幾百萬的貨品！還有專門的騙子公司，先給你兩萬元定金，拖走十幾萬的貨，然後叫你派人跟去他們公司收款，他們就說會計出差了，要等兩天。兩天后又說老闆出差要等三天，最後告訴你先回去，明天就給你的公司匯款。但是我們的工廠沒有收到匯款，又派人去他的公司追討，別人的公司早已人去樓空，讓你欲哭無淚。

還有老騙子說幫你銷貨，他有 20 多年的經驗，讓你委託他去收款，簽合約，發貨證據都抓在他自己手裡，將你一步一步拉進他早已設計好的陷阱裡面，讓你無法追究！所有的金錢和貨物都變成他個人的財產。他的嘴巴可以將死的講成活的，黑白顛倒！並口口聲聲說他就是讀法律的，能讓你氣得吐血。還有人吃掉了你的財產，反倒打一耙惡人先告狀，並且告訴你，她的朋友就是當官的，可以瞞天過海，說你的財物都是她的，如果你不走，那就等著去坐牢吧！

還有在深圳的北方女人，她本來就是大藥房裡的經理，她來我的公司，對我說：「你從香港來深圳開公司，就是想推廣你的產品，提升你的品牌知名度對嗎？我建議你自己開一間大藥房，你的蜂產品品種太少！不能支撐租金和員工的工資，你開一間 300 平方米的大藥房，前期租押金和裝修費總投資額大約 80 多萬元人民幣。」我說：「第一我不懂中西藥材，第二我也沒有那麼多資金。」那女人又說：「我叫我的朋友也投三分之一，說這麼大的藥房每月的營業額最少都過 100 萬，除了所有的開支淨利潤都有三成，你的蜂蜜放在門口最擋眼的位置，叫所有的銷售人員將合作夥伴都帶來店裡看，你還怕你的蜂蜜賣不出去嗎？」

「大藥房裡天天都在給你的山野品牌打廣告，我做了十幾年大藥房的經理，對中西藥的供應商非常熟悉，我打個電話他們就可以將貨送到你的店鋪，賣完才結帳。」然後又說：「你是個聰明人，自己想想吧！」她的完美設計我真的同意了！

她自己和兒女三人都在藥房裡工作，另外還有另外 6 名員工，有一名是我請的店長，藥房開門鎖門的人依然是她自己，每個月都對我說店裡少了幾千元貨品，要全部的人共同扣工資承擔。店長告訴我，女經理收了供應商的回扣，已經賺走了 10%利潤，店裡的東西比其他藥房貴，每個月的營業額只有三萬多一點，還不夠交一半租金。

但是我每個月的支出要過 10 萬元，我淨虧 6 萬多元一個月，我知道自己又掉到大陷阱裡面了！半年後，我說掛牌轉讓出去，那位女經理說直接便宜點轉讓給她，她先給十萬，剩餘的半年之內付清。半年過去了，她沒有再付一文給我。我起訴她之後才知道，她找了一個在外省的影子做藥房店鋪的法人，最後我贏回來的就是兩張紙。

在經商的道路上，你會遇到八國聯軍來瓜分你的財產。搞得你筋疲力盡，焦頭爛額。我只能安慰自己，誠心地告訴觀音菩薩我的困難重重，心想這樣無道德，無良心的人只有等老天爺去收拾他們吧！

在香港新開的公司沒有人認識你，你的東西再好，根本沒有人會幫你賣！你也要打一些廣告去告訴別人，這時候就會有很多人上門來找你，說幫你做代理，你要付多少錢給他們，幫你上某某大型連鎖店，你也要付多少萬錢費用給他們。他們會有一群人冒充某集團的採購總監，說連鎖店鋪的位置緊缺，今天下午三點前必須給他們現金支票，一轉頭他們就將錢取走了，你去報警也不會受理！你去法庭告她，她在法官面前哭哭啼啼，鼻涕眼淚滿面都是，說自己有多悲慘，嫁了三個老公都跑了，留下三個孩子給她一個人撫養，偷了騙了你的錢，就說是你給她的獎勵！法官非常同情她，判她無罪，然後還說我廣東話都講唔正（講不好），還做什麼老闆？

有專門坑人的公司，用同樣的信紙和名稱抬頭，他們收了貨之後，又發給他們的母公司店鋪售賣，然後你叫他付款時，他就說母公司店鋪沒有付款給他。你去告他也沒有用，他就說母公司沒有給他付款，他怎麼會有錢給你？你找他的母公司，他們就說從來沒有給你公司簽過任何合約。

還有部分不良的藥房，他們將搬店鋪哪怕是搬去隔壁開，你問他收款時，他就說以前的營業執照，不是新店鋪的，叫你有本事去法庭告他！大型連鎖店的各種收費款項多不勝數，扣除你的費用多如牛毛。

當你查問的時候為什麼要扣這麼多錢？他們就說合約裡面的條款你沒有擦掉，就是等於你默認了他們可以扣款，但是簽合約的時候又說，他們的合同你不能更改一個字。讓你變成啞巴吃黃連有苦自己知，最後你連本帶利都沒了！一年之後，你在同類產品銷售額排行倒數第三名之內，你之前所有的付費全部一毛也不退！

更有小店鋪給你開空頭支票，他們明明知道是犯法的，一轉身他們就宣布破產，一分錢也追不回來！你的貨款全部都打了水漂！一個企業的生存比唐僧上西天取經還要艱難！

我們走過的坑坑窪窪的路程，比爬雪山還要累，我們只有跌倒了，爬起來繼續走。我改變了方法，對小公司全部改為現金交易，貨到收款。大型的公司可以月結付款。一步一個腳印將自己公司做好。

我們只好一心一意做出口和香港、澳門的市場。20 多年來，還好有幾家香港上市公司企業大批量地採購我們的蜂蜜，我們只有選擇與有良心的連鎖店繼續合作，山野公司才可以生存至今。

有誠信的好產品，總有人會欣賞

自 2002 年開始至 2008 年，我們跟著香港貿發局去大陸各個省城參展。我們首次去了廣州錦漢展覽中心參展，我們帶去了 300 箱蜂蜜、蜂王漿、蜂膠和花粉。珠江電視台採訪了我，隨後在電視台播出，我們的蜂蜜有很多廣州市民來購買。開始他們只買 1 瓶回家、吃過之後之後再帶著行李車一箱一箱地買，每箱 24 瓶。有很多其他的市民在問他們，買這麼多怎麼吃得完？這些顧客說：「這麼好吃的蜂蜜，廣州市場一瓶也買不到！一次性買多點，可以吃一年。」說我們山野蜂蜜一年只去廣州參展一次。

五天的展期，我們的 300 箱貨品一件不留，賣得乾乾淨淨。一連多年，我們都有去廣州參展，廣州的市民對我們的山野蜂蜜讚不絕口。我們去到武漢參展，同樣帶 300 箱貨品去，5 天的展期，第 3 天全部賣完。第 4 天傍晚工廠又發來 100 箱蜂蜜，半天之內全部被武漢市民搶光！

吃過蜂蜜的老百姓都是聰明的，他們都會做比較，誰的蜂蜜好。真的蜂蜜，打開瓶子不會像洗頭水那麼香？真的蜂蜜只有淡淡的香味，吃在嘴裏面甜而不膩，吃完之後口留有餘香，讓你的嗓子清潤很舒服。

假的蜂蜜聞起來有一股化學味道，加到水裡面攪拌之後，有的味道發酸，有的味道發餿，有的就像沖調糖水一樣的味道。蜂蜜在我國唐朝《中藥大辭典》中早有記載，可以入藥，也可以當營養補充的食品。在明朝李時珍寫的《本草綱目》第三十九卷，蟲部里記載更清楚：「蜂蜜主治心腹邪氣，安五臟除不足，益氣補中，止痛解毒，除眾病和百病，久服強志輕身，養脾氣除心煩，不肌不老，延年神仙，止腸癖，明耳目等，常服的人面如桃花，溫而不躁，四季可吃，老少咸宜。」在世界各國，蜂蜜都是古老的天然營養品。

常吃假蜂蜜猶如毒藥

我曾經看了一條新聞，有一位六十歲的老太太，她說別人介紹她吃蜂蜜不會便秘，會提高免疫力，也不容易感冒，讓自己也睡得好！她對記者說，她說以前沒有吃蜂蜜的時候，啥毛病都沒有？自從吃了八年的蜂蜜之後，現在有高血脂、高血糖、高血壓、心肌梗塞、糖尿病、氣血虧虛，冬天特別怕冷，頭髮也掉了一大半，全身都是毛病！記者問她：「你在哪裡買蜂蜜？」她說：「在网上。」記者又問：「你買的蜂蜜多少錢一斤？」她回答：「10 塊錢左右一斤，有時優惠的時候 15 元買兩瓶。」記者告訴她：「你買的蜂蜜裡面可能半點蜂蜜都沒有？你吃了不生病才怪呢！

並且说人人都知道我們的人體是肉做的，不是鋼筋水泥，也不是石頭木頭建造的。我們的五臟六腑只能吃新鮮有營養的食品，你吃了 8 年化學調配出來的蜂蜜，生命沒有危險就算不錯了！

為什麼我國會有這麼多癌症病人？禍從口入，很多病都是自己吃出來的。我國自改革開放以來，各類食品百花齊放，各種化學添加劑如雨後春筍，比如膨脹劑、穩定劑、黏稠劑、松脆劑等層出不窮。

各種顏色的色素，各種香精，各種化學成分，糖精鈉、三氯蔗糖、阿斯巴甜、甘草酸二鈉幾十種甜蜜劑，對人體無半點營養！顏色要白色的就加漂白精，要黃色的就加檸檬黃，要紅色的就加胭脂紅，要深色的就加焦糖色素，還有亮藍、孔雀綠，五花八門，將我們的五臟六腑，都變成了彩色的水彩畫了。

如果有時間，大家可以自己去調味品店裡面看一下，你能說得出來名稱的食品，都有代用品賣，比如牛奶精、排骨精、牛肉精、蜂蜜精、魚精、海鮮精、羊肉精、雞精等等，這些味道都非常鮮美，100 公斤水加幾勺子就夠，所花成本只不過就是幾塊錢，但是沒有一樣裡面有真的肉類影子的存在。

嬰兒吃了奶粉會變成大頭娃娃，幾歲的孩子喝了飲料也會得糖尿病，得三高症的病人越來越年輕？心臟衰竭、腎臟衰竭。各種各樣的疾病不約而來。在香港的時候，我一如既往每天都能看見大陸的新聞，讓我感到陣陣心酸！因為我們是發展中國家，人口世界第一多，我們的主管部門監管少看了一眼，就會讓很多不良企業，製造出黑心的產品上市場坑害老百姓。但在世界很多發達的國家，食品的監管是非常嚴厲，一旦查出你違反法律，胡亂添加人類不能吃的添加劑，你的公司會被重罰款、判監，甚至可以讓你直接關閉。

我們年輕人都是未來的國家棟樑，但是在年幼的時候，不斷地被這些黑心食品摧殘他們的身體，無良的商家只想昧著良心賺錢，對別人的健康毫不關心！香港是彈丸之地，只有 1100 平方公里土地面積，卻有 750 萬的常住人口。從 97 年回歸之後，每年的遊客都以幾何式的增長，最多一年已達到 5 千萬人次。香港自然人口的平均壽命卻達到世界第一位長壽，男性 85 周歲，女性 89 周歲。香港的電視台經常請各類專家，在電視裡面教別人如何選擇食品。如果你想賣大米，成分表就是：大米。如果你想買油，成分表就是：花生油或者芝麻油、玉米油、菜籽油、橄欖油，后面不可有任何其他的添加其它的成分。如果你買蜂蜜，成分表就是：洋槐蜂蜜、百花蜜、枇杷蜂蜜、枸杞蜂蜜、椴樹蜂蜜等等，後面沒有任何添加成分。你這樣選擇對你全家人的健康才有保障。

第十六章
堅守做有良心的人、有道德去經商

傻乎乎的我進入商圈

很多親朋好友都說，一個女人要獨自經商談何容易，首先要有天時、地利、人脈、資本，缺一不可。我父親說蜂產品貨源不是問題，於是我稀里糊塗地踏入經商之道。

香港中華廠商聯合會主席給我頒發委任狀

2006 年，我有幸被香港廠商會選為香港中小企業主席，在工展會上第一次見到我們國家的商務部部長廖曉淇先生，並參與陪同廖部長在工展會上參觀，聽取他的鼓勵，香港的各行各業負責人，要將自己的企業做得健康安全，出產高品質的好產品，造福人類，也歡迎我們到大陸各地區交流參觀。

2006 年商務部副部長廖曉淇參加香港工展會展覽合照（左四是我阿玲）

我們除了參加每年 8 月中旬舉辦的中香港美食博覽會，也參加工展會。

我們曾經去了江西南昌紅谷灘展覽館參展，我們的蜂蜜 600 克一瓶，在展館裡面特別優惠 100 元兩瓶。一連三天的參展，都有很多人來問，但是幾乎沒有人買。第 3 天上午，有一個老太太她買了我們兩瓶蜂蜜，試過之後說我們的蜂蜜很純正，正在付款。她有三個朋友用南昌話說：「過中間那一間蜂蜜更新鮮，是剛剛搖出來的，一邊搖一邊賣。」我也跟著他們一起去看看。

展覽館中間有一個位置，有夫婦二人帶著搖蜜機，還有幾個箱子，裡面裝了已經封蓋的蜂巢蜜，同時還帶著十幾隻死掉的蜜蜂，一邊示範割開蜂巢放到搖蜜機裡面搖，一邊告訴別人：「這就是最新鮮打出來的蜂蜜！500 克一瓶，一斤 50 元人民幣。」他的攤位上最少有 20 多人在搶購。我走到那位檔主旁邊問他：「你這是什麼蜂蜜？他說沒有空回答我，說：「你要買就買。」

我用手指摸一下他蜂巢邊的蜂蜜，聞一聞有點發酸的味道。然後用我自己的紙巾擦手，紙巾上全部都是檸檬黃色，我又問老板：「你們家的蜂蜜還會褪色的嗎？」他告訴我：「這是正宗的菊花蜂蜜！其他的顧客還是相信他，搶著買新鮮。我不想拆穿他的謊言！我們的老百姓買回去的就是化學糖水，沒有病的人吃多了就會生病。

這樣的騙子實在太多，各地菜市場，馬路邊，旅遊景點門口，還有网絡平臺，因為他們不需要商標，也不需要任何政府部門檢測，就說是自己出產的土蜂蜜，不需要受任何監管！不管什麼蜂蜜滴在紙上，是不會留下任何顏色，如果蜂蜜滴在紙巾上，全部都化成水，里面的蜂蜜成分就是零。

等參展結束之後，反正我很多年都沒有去過南昌;後來和同事們到南昌批發市場去看一看，蜂蜜做什麼價格？發現批發市場的琥珀色的百花蜂蜜，每公斤 10 元人民幣，淺黃色洋槐蜂蜜每公斤 12 元人民幣。我問店主要多少起批？他們說：「一瓶也可以做你批發價，要來兩瓶嗎？」

我說還要看看，然後他們又從櫃子裡面拿出全部結晶的蜂蜜給我看，並說道：「你是想買貴一點的蜂蜜對嗎？」我問他們：「這一公斤多少錢？」店主說：「120 元人民幣一公斤。」我問他：「能便宜點嗎？他說：「12 公斤一箱起批，1200 元 1 箱。」我心裡面有數，這個就是真正的蜂蜜價格。我告訴他等我們看看其他的產品後再來找你。一連問過 6 家批發商，他們賣的價格都是這樣相同的！

我一邊走一邊想，天哪！這些黑心的商家會將蜂蜜賣得比礦泉水和可口可樂還便宜！老百姓怎麼知道分辨真假？大家請記住老祖宗的話：便宜無好貨，好貨不便宜。只有你買錯，絕對沒有商家會賣錯價格！

我們的員工跟著我一起走，他們問我：「張總你怎麼認識擺在貨架上面瓶子裡面是假蜂蜜？」我告訴他們：「在超市裡面買蜂蜜，第一眼要看的，不管什麼蜂蜜，它裝在瓶子裡面是有點混濁的透明，不可能像礦泉水那麼全透明，用手拿起瓶子斜放搖一搖，裡面沒有一點蜂蜜應有的活性酶氣泡，就是假的。」

「如果搖過之後像啤酒那樣有很多很多泡泡，就是添加了化學成分瓜爾膠。有的蜂蜜半真半假，加了很多水進去。你拿起瓶子搖一搖，斜看瓶子口上面一層就是水，因為蜂蜜比水重三分之一，再將瓶子倒過來，看看瓶子底下的蜂蜜流下來的速度很慢，也就是真的蜂蜜會掛絲，如果將瓶子倒過來時像礦泉水一樣，瓶子底下立即乾乾淨淨不會掛絲，這樣的蜂蜜全部都是假的！」員工們聽了之後，都驚訝地說原來識別真假蜂蜜有這麼多方法和竅門？

他們又問我：「你去其他省份參展，有沒有人賣假蜂蜜？」我告訴他們：「跟著香港貿發局去參展，全部都是香港品牌、香港公司，展會上肯定沒有假蜂蜜。如果是大陸參展公司舉辦的展會，裡面的假蜂蜜太多了。我也去過廣州琶洲，武漢展覽中心參觀別人當地舉辦的展覽，他們帶著一些泡在蜂蜜里半生不死的蜜蜂和搖蜜機做示範招徠顧客，我發現這種方法還是最受老百姓最喜歡的好方法！展會五天結束，反正他們都買兩瓶裸瓶蜂蜜，你買的蜂蜜吃了肚子疼，拉肚子，吃了生病也找不到任何人給你負責！」

還有很多其他的公司，叫我們代工，叫我們將貨就價，將蜂蜜的價格壓到幾塊錢 1 公斤。我告訴他們我們不會賺黑心錢，也不會跟你弄虛作假，我要給自己和子孫後代積德，做人和做企業是一樣的，要有良心和道德，沒有道德的人他們做企業只是一時風光，當別人識破了你的時候，他只有關門大吉！

我父親曾經在 2003 年非典（香港叫沙士）期間，贈送了數百支山野蜂膠液給深圳的紅十字會，我們雖然不是什麼大公司，但我們的祖輩一直教導我們：「你一輩子要多做好事，當你遇到困難的時候，冥冥之中你就會得到貴人的幫助，老天爺也會幫你一把！」人在做天在看，這是我從小到大都記得的長輩教給我的忠言。我在香港也會贊助現金和貨品做慈善，2016 年和後任特首的林鄭月娥一起做公益。

後排右二是阿玲

有人問我：「你是怎麼樣打開香港市場的？」我說：「我本來就是香港一個普通的打工仔，對香港的經商之道是一竅不通！」從大陸兩手空空來到香港，一個英文字也不認識，殖民地時期的香港從幼稚園就開始學習英文，當他們中學畢業時，所有的人都會說寫英文。我只能在以前的電話簿;黃頁裡面去尋找那些大公司的電話和地址，將我的公司簡介不斷地寄給那些大公司的採購經理看。

第一個回復我的人就是某臣氏的採購經理，他約了我的時間帶樣板去他的公司給他看，並且告訴我他咳嗽了兩個多月，中醫西醫看了個遍，怎麼都看不好。他說聽過別人說，有一個什麼蜂膠產品對咳嗽特別好，問我有嗎？我說：「有的，明天送給你兩瓶試一試。他說如果對他的咳嗽有效果，會立即將我們的產品上架去他們連鎖店鋪售賣。

第二天，我拿了兩支蜂膠液給他，叫他每一次吃 5 滴，沒有特別的反應一天可以吃三次。第 3 天中午他打電話到我的公司告訴我，他的咳嗽已經停止了，但是有拉肚子。我告訴他這是正常的好轉反應。他馬上跟我簽了合約，上了四款產品去他們的連鎖店賣。

同時，我們獨家贊助的家喻戶曉的香港明星鄭少秋的演唱會，當時的銷量也非常好。但是我們公司依然是一文不賺！大家都知道什麼是清末八國聯軍的條約，什麼理由這裡不再重複。香港幾乎所有的連鎖店我們都合作過了，光是上架費已經付得怕怕，遠遠超過數百萬港幣，但是光出不進也不是長久之道！

中間灰色的套裙就是我阿玲，白色的是鞋子鄭少秋。藍色的衣服是趙雅芝

香港市民最喜歡提問蜜蜂是怎麼生活

阿玲在香港養蜜蜂場照片自 2008 年起，我們自己在沙頭角公路萬屋邊村，開了一間名叫蜜蜂王國的養蜂場，和全香港的旅行社合作，專門做香港本土一天游。遊客最喜歡看的就是我養的蜜蜂，他們的稀奇古怪的問題都叫我做一一的解答，讓他們快樂而來，滿意而歸。他們的問題；蜜蜂能飛多遠？我回答山區直線

是 3 公里，平原上能飛方圓 5 公裡。他們又問我又是怎麼知道的？說你會跟著蜜蜂一起飛嗎？我告訴他們：「做夢的時候可以和蜜蜂一起飛。這是我幾十年養蜂經驗告訴我的」他們問我：「蜜蜂自己認得回家嗎？下雨了怎麼辦？」我叫他們不用擔心，蜜蜂自己是會看天氣的，如果一個小時後會下大雨，所有的蜜蜂都飛回來了，它們只認它們箱子裡蜂王的氣味，肯定不會飛錯自己的家門口。

還有老婆婆說，她在大陸鄉下買到蜂蜜都是酸酸的味道，別人告訴她那就是真正的蜂蜜。我叫她回去趕緊扔掉，酸的就是醋，醋才幾塊錢一斤，因為你那個蜂蜜已經發酵了！吃了會拉肚子。

他們又問：「蜂蜜就是蜜蜂拉出來的屎嗎？」我回答他們：「不對，是蜜蜂用它半寸長，像吸管一樣的尖嘴，伸到花心裡面將花蜜水吸出來，放在肚子裡面，回到蜂巢裡，再吐出來經過它們反復加工 80 次以上，才叫蜂蜜。」

然後他們又問什麼花都有蜂蜜嗎？我說沒有，例如香港的市花洋紫荊，有紅的、紫色的，還有白色的，一年有半年都在開花，但是它半點蜜都沒有！還木棉花、鳳凰木，開出來的花紅彤彤的，很鮮豔，但也是一點蜂蜜都沒有。他們又問，不是所有的花都有蜂蜜嗎？我說不是的，在地球上 80%的花有蜂蜜，20%的花有花粉，但是沒有蜂蜜。他們又問，人家臺灣有龍眼香蜜、荔枝香蜜，還有蘋果蜂蜜、梨子蜂蜜，香港還有西洋菜蜜、鹹檸檬蜜，你們都沒有嗎？

我說那些都不是真的蜂蜜，我們沒有。各個旅行團遊客來詢問的問題千奇百怪，能讓所有的人都捧腹大笑。

他們又問蜂王到底是男的還是女的？我說是女的，他們又哈哈大笑，说所有的國王都是男的，為什麼蜂王是女的？

又問那些蜜蜂是男還是女的？我告訴他們蜜蜂不是人，只能分雌性和雄性的。他們又問道，會蜇人的蜜蜂是雌性還是雄性？我回答是雌性的蜜蜂。他們又開始笑了，人類都是男人喜歡打架，為什麼蜜蜂和我們人不同？

他們又問，雄蜂長得啥樣？它不會蜇人嗎？我告訴他們，雄蜂長得像大隻的黑蒼蠅差不多，它們不會蜇人，但也不會幹活，他們又問為什麼你還要養著它？不是我要養雄蜂，是蜂王它自己生出來的，我們只能在它沒有出生之前將雄蜂割掉！

每一個星期，我們養蜂場都會有很多遊客到來，最少都是 60 人一車，公眾假期時一天會有 1 千多人進來參觀，每年有遊客達 4 萬人次。同樣，我們的售貨廳裡面有各種蜂蜜、蜂王漿、蜂膠液、蜂膠丸、蜂花粉出售，提供免費試吃，滿意的人可以隨便購買，銷量也是非常大的。也可以填表申請作會員，常期有折扣。

我 85 歲的婆婆也讚我的蜜蜂知識講得好

自 2008 年開始至 2017 年九年的時間里，我的蜜蜂王國養蜂場接待香港的大小遊客數十萬人，也有香港雜誌、報社、電視台前來採訪，更有大量的街坊團，各公司員工旅行團，親子團前往參觀。

有一天我的婆婆叫我兒子開著車也帶她去參觀養蜂場，這一天是星期六上午，我的第 2 個旅行團剛到達。兒子帶著婆婆坐在後面的位置聽我講解。

我戴了擴音器首先說：「某某旅行團的朋友們，早上好！我是蜜蜂王國負責人阿玲，比我小的人可以叫我玲姐。今天我聽導遊說，你們這一團是秋季超級老年團，請問最年輕的多少歲？有人回答我 83 歲。我又問：「今天來的年紀最大的是多少歲？」有一位個子矮的婆婆回答：「我今年 105 歲。」我叫所有的人都給她鼓掌，我並走到婆婆的身邊，說道：「婆婆你讓我抱一下行嗎？讓我也沾一點你的長壽之福氣好嗎？婆婆說可以呀。我又問她;同時擁抱了婆婆，問她和誰一起來？她說和她最小的 80 多歲女兒一起來。婆婆說最喜歡旅遊，到處看看，如果天天坐在家裡看電視就會悶死自己。

我繼續介紹，我們的人就要快樂，像這一位婆婆一樣到處走走，到處看看，吸收多一點新鮮空氣，肯定比坐在家裡身體好。然後我問：「在座的公公婆婆，你們平時都沒有病嗎？」有一位高個子的阿婆說她有嚴重的便秘，看什麼醫生都沒用，大便也拉不出來，像山羊屎那樣，拉屎都是一粒一粒的，非常的辛苦。我告訴阿婆：「待會你買點蜂蜜和花粉回去吃。」阿婆又說：「剛才進來的時候在門口也看了，一粒一粒的花粉價格也不便宜。」

我又問她：「你看醫生是免費的嗎？她說不是。我說：「你用看醫生的錢拿出來買蜂蜜花粉，給自己試試看，你每天吃兩湯勺花粉，兩湯勺蜂蜜，三天之後你看看有什麼變化？花粉裡面有人類需要的各種天然氨基酸，20 多種活性酶，還有比蔬菜多 50 倍的高纖維，可以幫助大腸蠕動，要減肥的人士都可以吃花粉。

那位阿婆又說她有糖尿病，不能吃花粉和蜂蜜！」我告訴他們蜂蜜知識，花粉是不甜的，任何糖尿病的人都可以吃蜂蜜，蜂蜜裡面的甜是有天然葡萄糖 20%以上，天然果糖 60%以上，統稱單糖，自古以來蜂蜜都被稱為上等的葯。糖尿病的人不能吃冰糖、白糖、片糖、黃糖、人造糖。

蜂膠與蜂王漿是什麼？

大家問蜂膠有什麼用途從那里来的？我回答：「蜂膠是蜜蜂從極少的樹芽，草原上的草芽，蜜蜂用它們的兩隻後腳帶回來，放在它們自己的嘴裏反反覆復嚼碎，加工 100 次以上才叫蜂膠。」

蜜蜂是給它們自己當藥物的，主要是殺菌消炎，蜜蜂群裡面沒有細菌，蜜蜂剛采回來的樹膠不能吃，裡面有很多樹枝，泥土，顏色是像咖啡那樣比較黑，口感像西洋參一樣有點苦，形狀像口香糖那樣拉得長，也壓得扁。

他們又問：「蜂膠對我們人類又有什麼作用？」據世界各國科學家研究結果;蜂膠裡面有人體所需要的天然藥性，天然食品的成分多達 300 多種。

我問：「在座的團友們，有沒有人牙周炎、皮膚損傷？立即可試用，用三次就好。蜂膠的功效對外止血止痛，有立竿見影之效，也可以內服。大家在這裡都可以免費試用，如果有牙周炎、牙過敏、喉嚨痛、聲音沙啞、呼吸道問題、慢性疾病及三高癥狀等問題，吃蜂膠就有非常好的效果。」

一位中年男士問：「蜂膠對人體有副作用，有毒嗎？蜂膠外用歷史已有一千年以上，我回答他：「沒有毒和副作用，西藥中藥長期食用對人體就有副作用。有人問：「每天要吃多少？」我說：保健用每天吃 4 粒就行，治病用途要加兩倍食用。」

有一個婆婆接著說，她有灰指甲十幾年了，她問可不可以用蜂膠？我說當然可以。她問：「怎麼用？要用多長時間？」我告訴她：「如果只有一個手指或腳指有灰甲，很簡單，直接將蜂膠液抹在上面就行，每天可以抹兩次。」

她給我看了十個手指都是爛掉的指甲，像老樹皮那樣，凹凸不平。我告訴她：「你將蜂膠液一瓶，再到藥房裡面買一瓶消毒酒精，在家裡找一個小碟子出來，將蜂膠液稀釋到酒精裡面，將全部的手指都泡在碟子裡面，一定要讓蜂膠酒精水泡過指甲。每天晚上泡一次，你可以一邊看電視一邊泡，泡完的水找個瓶子裝起來，明天繼續加三分之一瓶新的蜂膠液進去繼續泡。十幾年的灰甲泡的時間就需要比較長，如果是新發生的病甲很快就好。那位婆婆說明白了，立即以會員價買了十瓶。

他們又問道：「蜂王漿是從哪裡來的？甜嗎？好吃嗎？有什麼用途？」我回答：「蜂王漿一點都不甜，有一點微酸微辣的感覺，吃多兩次就沒有這個感覺了。蜂王漿是由剛剛出生的青少年蜜蜂頭部的王漿腺裡面分泌出來的液體，顏色有黃、淺黃色的，是蜂王一生專用的糧食。」

「你們知道蜂王的壽命等於我們人類多少歲嗎？答中有獎。他們回答：1 歲，10 歲，50 歲，80 歲。我宣佈全部答錯，獎品作廢！」

「蜂王的實際壽命是六歲，科學家說蜂王一歲等於人類 20 歲，所以蜂王的壽命就是人類 120 歲。經科學家研究，蜂王漿裡面有 180 多種人體需要的天然的活性成分，我們所有的人不可能每天吃 180 多種食物，因為我們的肚子根本裝不下」

又有一位男老人家說，他每天晚上要起來拉夜尿四五次，問我吃什麼才好？我叫他吃蜂王漿試試，蜂王漿吃到肚子裡面，在我們五臟六腑裡面，祛強補短，我們的腎臟虛弱的時候，就要不斷地拉尿。我叫他每天吃 30 克蜂王漿，一個月之後沒有得到改善回來找我，原銀奉還。

他又說他住在港島區很遠，回來找我不划算。我告訴他：「你打個電話給我們公司就行，我們可去你家裡收回，你就不會虧本了！」大家都笑了。所有的旅行團團友大力給我鼓掌，這個旅行團 50 多人總消費金額是 6800 多元。

親子團媽媽最關心孩子們吃什麼

香港的學校每一年從 9 月份開始，幼稚園、小學都要舉辦親子團在香港郊區一天游，有許多的學生家長都願意帶著他們的孩子在香港遊玩。有一天，我們提前一周接到一間小學，共三車有 180 人的親子團，前往我們的養蜂場參觀。他們事先說明，上午 10 點鐘到達，吃完午餐之後才離開，我們說不包括吃午餐，裡面沒有餐廳！他們說全部由學生家長自備，我們才同意接下這一個團。

親子團 10 點前準時到達，我們的室內座位剛好坐滿。我大概看了一下，大部分是家長，少部分才是兒童，很多一個孩子是由兩個家長陪同。我依然用廣東話說著：歡迎這麼多來自港島區的大朋友，小朋友們早上好！今天你們的時間很充足，隨便提問，提問完了我們再到外面養蜂場去看蜜蜂好嗎？

他們給我一次熱烈的掌聲;有一個小朋友先問，他想知道蜜蜂是怎麼出生的？我告訴他：「蜜蜂是由蜂王（它們的媽咪）產下像米粒一樣長形的蜂卵，三天之後便孵化成幼蟲，當它們還是幼蟲時，成年的蜜蜂就開始將蜂蜜花粉，再從外面采回來乾淨的水，成年蜜蜂會製造成牛奶狀，用嘴放進蜜蜂幼蟲住的蜂巢裡，給那些剛剛變成幼蟲的蜜蜂吃。頭三天還會加極少的蜂王漿一起餵食幼蟲。這些幼蟲蜂在第十天的時候，成年蜜蜂會用從它們肚子下面分泌出來的蜂蠟，將這些幼蟲封好蓋，總共 21 天，新的蜜蜂寶寶就會咬破臘蓋，自己爬出來，出來之後就回去蜂巢裡面找蜂蜜吃。」

「出生後如果是晴天，第 4 天就開始在蜂箱學試飛，然後就會出去外面工作，采蜂蜜、花粉和乾淨的水回來，接著它們也會培養下一代的蜜蜂。白天在外面幹活，晚上回來在蜂箱裡面，會打掃衛生，幫它們的蜂王餵食其他的蜂寶寶。」

老師接著問：「蜂王自己生了這麼多孩子，為什麼自己不去餵養蜜蜂？」我回答：「我們的蜂王它就是負責生產，沒有空去餵養那麼多小蜜蜂？」

他們又問為什麼？我回答：「因為蜂王在春天、夏天，溫度適宜的 20 至 30 度環境下，在外界有大量花開時，好天氣有蜂蜜的時候，每一天一夜可以產卵 2000 粒左右，總重量是蜂王自己的 3.5 倍，在世界上，沒有任何動物可以在一天之內生下比自己還要重 3.5 倍的孩子。例如飛蛾產卵和三文魚產卵也很多，它們在產卵之後立即就會死亡。」

「但是地球上的活化石蜜蜂，在地球上已經生活了 1.5 億年之久。由於蜂王終身都吃蜂王漿，所以它們的壽命等於人類 120 歲這麼長！其他的雌性會幹活的蜜蜂，在春夏季非常繁忙的時候，兩個多月就累死了！只有在秋天最後一季出生的蜜蜂，經過冬眠之後大約有六個月的壽命。它們的雄蜂只會吃蜂蜜，什麼都不幹，壽命也就是兩個星期。其他的雌性蜜蜂會將它們趕出去餓死！今天在座的小朋友，如果你們都像蜜蜂那樣勤勞，一天到晚自己到外面去辛勤勞動，晚上還要回來帶他們的弟弟妹妹，你們的成績不是第 1 就是第 2，我說得對嗎？」老師和所有的同學們又給我大力鼓掌。

家長們又問：「小孩子吃什麼蜂蜜才好？」我告訴他們：「小孩子的氣管比較弱，吃枇杷蜂蜜比較好。枇杷的葉子、枇杷根、枇杷果自古以來都可以入藥，其功效是化痰止咳。」他們又問：「現在小朋友近視眼的人太多，可以吃什麼蜂蜜？」我叫他們可以選取擇吃枸杞蜂蜜，枸杞是清肝明目的。老師又提問：「我們成年人吃什麼蜂蜜最好？」

他們又說：「不是說進口的蜂蜜更好嗎？」我又告訴他們：「不管在哪裡出產的蜂蜜，只要裡面沒有弄虛作假，蜂蜜的成分相差無幾。有人總是覺得外國的月亮比中國圓。」我告訴他們都可以上網查詢，你要做一個精明的消費者，不要讓廣告蒙蔽了自己的雙眼，多花了很多冤枉錢。我接著說：「我們在香港市場賣了這麼多年，自己出產自己賣，那些與我們合作的上市公司，他們選擇我們的蜂蜜，自己都有化驗所去檢驗我們的產品。還有出口到外國去時，他們都是用銀行信用證付款，樣板和他們收到的貨品是一模一樣的他們才通知銀行給我們付款。否則我們一分錢也收不到！」

又有一位男老師提問，他說他是班主任，每天上課講話的時間比較多，聲音大一點的時候嗓子就會疼，他問我吃點什麼才好？我告訴他每天喝兩杯蜂蜜水，另外再吃 8 粒蜂王漿片，可以含在口裡，保證你的嗓子不疼。我自己去參展的時候，從早說到晚，要給顧客解答問題，就是這麼吃的。如果不吃的話，我說話的聲音就會變成沙啞，別人都聽不見我說話了！

有女老師又問，不是說新鮮的蜂王漿更好嗎？我說：「新鮮的蜂王漿必須放在家裡冰箱裡面保鮮格保存，當你出外工作的時候不可能帶著冰箱去工作。」他們異口同聲說，又學到了很多知識。

老師又問，他爬山運動的時候也看見在香港山上面有很多大黃蜂，怎麼才能預防不給大黃蜂螫人？我告訴他看見大黃蜂窩的時候，不要靠近，也不要用手去拍打它們。任何蜂種的生性，都是人不犯我，我不犯人。見到黃蜂想蜇你的時候，你最好拿一件外套將自己的頭包裹起來，蹲在地上一動也不動，等這些大黃蜂飛走了，你才走。如果你一邊拍打它一邊走，它們會不要自己的命成群結隊來攻擊你。

大黃蜂是雜食的昆蟲，死掉的其他動物的屍體，臭的爛的蟲子小動物它們都會帶回去吃。如果你不幸被大黃蜂蜇到了，最好去醫院打針消毒。大黃蜂是有毒的，有新聞報導在山上的大黃牛和人都會被大黃蜂蜇死了！

小朋友又問，如果給我們的蜜蜂蜇到了又怎麼辦？因為人工養殖的蜜蜂沒有大黃蜂、馬蜂那麼毒，蜜蜂毒被科學家證明是人類最好最貴的良藥，只有養蜂研究所才能提取到。我回答蜜蜂是世界上最有益的昆蟲，所有的植物花經過它們傳播花粉之後，其果實可以加大三分之一的重量，所以科學家說我們要保護蜜蜂，沒有蜜蜂可能就沒有人類！

蜜蜂它們未出生之前吃蜂花粉就是它們的奶粉，出生後一輩子只吃蜂蜜，所以它們沒有毒，它們出產的所有蜂產品都是人類的天然又健康的寶貝！他們又問，被蜜蜂蜇到了，皮膚就會發腫要不要去看醫生？我說不用，教你們一個妙招，回家趕緊找一個變成冰塊的東西，冰敷在皮膚上面半個小時，這樣就不會發腫發癢，很快就好。我們養蜜蜂的人經常被蜜蜂螫到，蜜蜂蜇人的時候，在它的尾部會放出一點芝麻粒那麼小的蜂毒，蜂毒可以治療嚴重的風濕性關節炎，据说蜂毒更是可以起死回生的高級藥物。

小朋友又問，蜜蜂螫了人之後去了哪裡？我回答，蜜蜂蜇人之後在地上打幾個圈圈，三分鐘就死掉了，蜜蜂蜇人的時候將它自己的腸子已經拖出來了。這一個親子團買走了枇杷蜂蜜 60 多瓶，枸杞蜂蜜、百花蜂蜜 70 多瓶，蜂王漿片 10 多盒，消費金額共計 2 萬多元。

貨真價實的產品，顧客會給你做廣告

來我們蜜蜂王國養蜂場，顧客們的提問多不勝數。他們提問蜂蜜為什麼不能用開水沖調？我回答蜂蜜裡面全部都是天然活性的成分，只能用 70 度以下的水去沖調。如果要沖調西洋參、菊花茶、紅棗、茶葉、咖啡、奶茶、生薑、枸杞、山楂水、檸檬茶等等，可以先將熱水沖好，等到水涼后再加蜂蜜就行，如果將剛剛燒開的水沖調到蜂蜜裡面，蜂蜜就會變成酸味，全部的營養成分都被開水燙死了！

他們又問，為什麼蜂蜜不能用金屬的勺子、杯子去吃？我告訴他們金屬的勺子、杯子會氧化破壞蜂蜜裡面的天然成分，最好別用。可以用瓷器、木器、塑膠、玻璃用具。他們又問道，蜂蜜都可以加在什麼地方一起吃？

我回答除了上面的飲料之外，還可以抹在麵包、饅頭、大餅、粽子、餅乾上面一起吃，還可以沖調牛奶、麥片、玉米片裡面一起吃，也可以將蜂蜜做成各種糕點、麵包、餅乾等等。袋裝蜂蜜撕口就能吃，你在開車的時候，上學的時候，上班的時候，隨時隨地都可以給自己補充營養。撕開口子直接將蜂蜜放進你的礦泉水瓶子里搖一搖，就是好喝天然的蜂蜜礦泉水。我還告訴他們，蜂蜜可以抹在雞翅膀上燒烤，牛排上面，豬排上面，都是非常美味又好吃的食物。

突然有一個先生站起來告訴大家，他說每年冬天到來的時候，胳膊和大腿的空隙就會發癢，他連續吃了我們山野蜂蜜半年，每天吃兩湯勺，現在一點都不癢了！還有一個老人家說，他吃我們的蜂蜜 3 年，沒有便秘，連多年冬天易發的氣管炎都很少發了！

一位瘦瘦的女顧客，說她一直都貧血，她除了吃我們的蜂蜜外，還每天吃 50 克以上三湯勺蜂蜜再吃蜂王漿兩次，每次都吃 1 湯勺，近幾年貧血的癥狀不葯而愈！

還有一位中年男顧客，他說愛抽煙，也愛吃燒烤，經常都會喉嚨痛，扁桃體發炎，我叫他每天吃 100 克蜂蜜，另外再吃 4 粒蜂膠，他跟大家分享，說非常感謝我，將他 10 多年的老毛病都搞定了。

還有一位婦女也告訴我，她的女兒讀小學了，晚上總是尿床，看了醫生也沒有效，她也不知道怎麼搞？我叫她給多點蜂蜜讓女兒吃，每天吃 3 次每次 100 克以上，可以和麵包饅頭一起吃，再喝蜂蜜水，半年之後她又來了養蜂場參觀，說我教她的方法非常好，她的女兒很少會尿床了！

還有一位婆婆帶著孫子來玩，說她的小孫子有疳積，什麼都不想吃沒有胃口，我叫她用干山楂半斤，放到鍋子好熬成一碗濃縮水，每天上午用蜂蜜 50 克，調拌一湯勺山楂水一起喝，連續吃幾個月效果肯定不錯。

還有孕婦懷孕的早期嘔吐嚴重時，每天在吃飯前，先吃一小勺蜂蜜效果也是挺好的。如果在廚房裡不小心給水，火燙傷了，也可以直接抹上蜂蜜，使你的傷口迅速癒合。他們又問我，玲姐你自己最喜歡吃什麼蜂蜜？我說我年輕的時候在外面到處養蜜蜂時，最喜歡吃洋槐蜂蜜、椴樹蜂蜜;從自己開了公司至今都在吃蜂產品。他們又問，你的皮膚很白淨，沒有斑點，還吃了別的什麼營養品？我回答：「我每天早上用一大勺蜂蜜沖調咖啡牛奶，還吃了一勺蜂王漿。下午的時候又吃四粒蜂膠軟膠囊，蜂蜜檸檬水一杯。我從 1991 年起聽父親說吃蜂王漿到現在。」

他們就說：「難怪你的皮膚保養這麼好？」他們又問：「你在香港養的蜜蜂一年能收到多少蜂蜜？」我告訴他們：「從 2002 年開始，我首先叫父親從江西工廠發來 24 箱蜜蜂，放在元朗荔枝山莊裡面，因為那裡有太多大黃蜂吃我們的蜜蜂，之後搬去粉嶺蘆薈園。很多團友都說這兩個地方他們都去過了。蜜蜂王國養蜂場是開了很久的時間了。」

他們又問：「在香港能夠收到多少蜂蜜？」我回答：「香港的產量很低，3、4 月份有大量的龍眼和荔枝開花，因為雨季不可打蜜；這時候大概可以收三幾百斤。從 10 月末開始，香港有大量的鴨腳木樹先後開花，時間很久，到來年的一月份才結束，這時候也可以打 8 至 9 次蜂蜜，但是天氣有時候比較冷，不能全部打完，要留出足夠的蜂蜜給蜜蜂自己吃。」

他們又問：「這些蜂蜜貴嗎？我說 120 元一斤，主要是留給家裡人和親朋好友自己吃，吃不完的時候也會賣一些。」

有一位先生接著問：「我來蜜蜂王國養蜂場很多次了，以前看見蜜蜂場後面有一顆大鳳凰木樹上面，有一個像籃球圓形的那麼大的大黃蜂窩，現在怎麼沒有啦？」我回答他：「我將那個大黃蜂窩消滅掉了！」他問我：「用什麼方法滅掉？那個大黃蜂窩位置最少有四層樓那麼高，你是怎麼滅掉它？」我告訴他：「所有的蜂類都怕火、煙和農藥，我用最後一種方法將他們消滅掉了。」他又問我：「是怎麼做的？」我笑著回答他：「這是我的秘密，不能告訴你！」

對人類功能強大的蜂王漿有什麼用途

蜂王漿在西方國家食用的歷史非常悠久，我國雖然是全世界最大的養蜜蜂國，佔全球蜂產品產量 80%以上，過去因為我們的老百姓吃不飽穿不暖，蜂蜜都不捨得吃，更不要說吃蜂王漿這樣高級的奢侈品了！

50 多年前，國家收購站收購價格是每一公斤 120 元人民幣。我曾經去了日本、法國，看見代理商賣我們中國的蜂王漿，一小瓶裝 5 克，用非常漂亮的亞克力塑膠瓶，像手錶殼子那麼大，叫你一天吃兩瓶，他們的價格賣是歐元 19.9 元 1 瓶，大約等於人民幣 200 元 5 克。他們從我們中國進口價格是按每公斤計算，我們的一公斤價格賣給他，還不能達到他們賣出的 2 瓶 5 克的價格。我說天吶？蜂王漿在中國就像水果的價格，賣給他們在外國包裝之後，像黃金那麼貴？還有我們非常多的遊客同胞再從他們的國家買回來！

在日本市場他們進口中國的洋槐蜂蜜，每一瓶 500 克，在裡面加一條小手指那麼大的長白山鮮人參，零售價格等於人民幣 800 元一瓶，蜂產品根本不是他們自己國家出產的。眾所周知日本是丁點大的島國，有一億多常住人口，70%的農產品，包括糧食、蔬菜、副食品都從中國進口品質最好的。

我看見大量的中國遊客搶著買！在世界各地的國家，他們都喜歡中國遊客用銀聯卡購物，中國人最喜歡買東西，衣服鞋子、美容品、各種零食、保健品藥品、金銀飾品、鑽石手錶、大包小包，讓他們的國家如同豬籠入水一本萬利。

我們自己的中國企業，大的公司弄虛作假，魚目混珠，讓我們的蜂產品在世界各國都受到排斥，小企業個人只為了賺錢，什麼假東西都敢做出來，將我國的蜂產品市場，搞得亂七八糟一敗塗地，更讓我們的老百姓無法買到純正的蜂產品。

顧客問我蜂王漿買回來怎麼吃最有效？世界公認蜂王漿裡面含有 17 種人體需要的天然氨基酸，含有 50%的天然鈣，同時還有維生素 B1、維他命 B2、維生素 B6、維生素 B12，和我們皮膚所需要的天然成分，泛酸、葉酸、於酸等，更含有人體需要的各種微量成分，銅、鐵、鎂、鋅、鈷、錳、牛磺酸、膽鹼等 180 多種天然活性的成分。蜂王漿裡面的王漿酸，是任何先進的國家也無法用人工合成和製造的，蜂王漿酸可以延緩我們人體的細胞衰老。據諾貝爾醫學獎得主科普曼博士研究證明，蜂王漿可以療百病。蜂王漿可以長期服用，對人體沒有任何副作用。

我們的顧客問糖尿病人能不能吃蜂王漿？我告訴他們當然可以，糖尿病並不可怕。可怕的是糖尿病引起的多種併發症，到了末期也無葯可治。有一位女士她說是先天性的糖尿病，她自己吃了一年多蜂王漿，她說糖尿指數很穩定。她說要介紹給她的弟弟吃，但是她的弟弟不肯吃，她叫我抽點時間去她家裡勸一勸他的弟弟，我告訴她公司很忙，我們不會做家訪！

她說無論如何都叫我抽點時間去一次她們家裡。一天下午我真的去了，她告訴我他的弟弟只有 38 歲，以前在西餐廳做廚師，可能吃的肉類太多，還有一個啤酒肚。她的弟弟捲起兩隻褲腳給我看，看見他兩條腿上都有很多白色的粉末流出來，我問他那是什麼？他說這些是不能消化的西藥粉末，從兩隻腳上面流出來，就像女人哭得梨花帶雨那樣。

我叫他老弟：「你姐姐都吃了蜂王漿都不錯，你為什麼不肯吃？」他說蜂王漿很貴，他已經沒有工作，沒有任何收入，不想白花他姐姐的錢！我告訴他：「我可以用批發價賣給你，你也可以試一試。他說謝謝我他會考慮。三個多月之後，他姐姐又來我們養蜂場參觀，輕輕地告訴我她的弟弟已經上了西天了！

另外一位會員劉先生告訴我，他得了嚴重的腎虧，每天晚上要起來五次拉夜尿。他說別人告訴他吃蜂王漿很好，然後他自己去深圳買了 15 公斤蜂王漿吃，一點都沒有改善。我告訴他：「你可能買的是王漿渣。他說不會吧！

他知道豆腐就有渣，蜂王漿也會有渣嗎？我告訴他：「蜂王漿裡面的最有益的成分王漿酸可以抽出來再賣給別的工廠，如果你買的蜂王漿裡面沒有王漿酸，你吃多少也沒有用！」他很驚訝地說：「原來是這樣。」他說：「我想在你的公司先買兩瓶蜂王漿試試效果，怎麼樣？」我說可以的。

這一位劉先生，留下了手機號碼給我，七天后我打電話問他，夜尿問題有沒有改善？他說沒有，我問他吃了多少？他說每天吃了攪拌咖啡奶茶那樣的小勺子 1 勺，我問他你不是自己騙自己嗎？你的心肝脾肺這麼大，那個小勺一克都不夠;你塞牙縫還有點少！我叫他從今天開始，你早晚各吃一湯勺，一周后我再問他有改善嗎？他說夜尿少了一次，一個月之後我再問他，他說夜尿少了兩三次，然後他又說，他會再來買四瓶蜂王漿，我說公司全香港包送貨，他說要來跟我聊聊天。

下午 2 點他準時來到我的公司，他問我可不可以吃蜂王漿讓他晚上不用起來拉夜尿？我問他今年貴庚？他回答 57 歲，我笑著對他說，如果你是 37 歲我就可以跟你保證晚上不用起來拉夜尿了。他抬起頭問我為什麼？我叫他去問醫生 57 歲每晚起來一次夜尿是否正常？

還有一名女士，她帶著一個 8 歲的兒子來蜂場參觀，她走到我身邊問我，說她的兒子讀 2 年班了，是全班最矮的個子，我看了一下又瘦又小，像幼稚園的高班小朋友差不多大。我告訴她每天用蜂蜜調和蜂王漿 1 比 1 給她的兒子吃，不用兌水直接吃，每天兩次，每次 1 湯勺，補充多種營養，冬天的時候她們母子又來參觀了，這位女士給其他的遊客說，謝謝玲姐的介紹沒有錯，你們看看我兒子又長高了很多，現在也能吃飯了！

有一位大姐，說她得了胃下垂，一吃東西就打咯，經常反胃很難受，吃什麼都沒有營養，兩邊臉上還長滿了大塊的黑斑，我叫她吃蜂王漿，每天最好吃三次，每次吃 1 平湯勺，晚上不幹活的時候，洗乾淨臉，用蜂王漿薄薄地抹在臉上當面膜用，還可以看電視，30 分鐘之後用濕毛巾洗乾淨臉，眼睛不要做有點辣，每個星期做兩次，如果你沒有改善我就退錢給你。

蜂膠對人類到底有什麼用途？

很多人一聽見蜂膠，蜂王漿馬上就搖頭說自己有糖尿病不能吃的！蜂產品裡面只有蜂蜜是甜的，蜂王漿有點微酸微辣，蜂膠還有一點苦，蜂花粉只有花的香味半點都不甜。因為我們的國家沒有大量的廣告告訴別人，各種蜂產品對人類的好處在哪裡？

2001 年，我們首次在香港美食博覽參展，第 2 天下午有一位戴眼鏡高個子的先生，他走到我們攤位上問誰是老闆？我告訴他：「我是，請問你有什麼問題？」

他說他自己買了六本各國醫生、博士寫的關於蜂膠的書，他問我：「蜂膠到底是中藥還是西藥？」我告訴他：「兩樣都不是。他又問：「哪些醫學博士說蜂膠可以治百病？是什麼原因？」我告訴他：「蜂膠是蜜蜂采回來，經過它們用嘴嚼自己加工 100 次以上，它們是用來給自己當殺菌消炎的藥物，蜜蜂群裡是沒有細菌的，蜂膠無毒無副作用！」我問他，先生姓什麼？他說姓徐。他細聲地告訴我：「我才 39 歲，兒子才 9 歲，我真的不想死！

我笑著對他說：「在香港有誰敢叫你去死？他說醫生說他無藥可救了！我問他得了什麼病？他說得了肝硬化，肝癌和肝硬化只有一線之差，肝癌目前沒有任何藥物可以治好。我叫他吃蜂膠試一試。他在展會上面買了兩盒。我告訴他：「第 1 次服用只能吃一粒，一天最多吃三次，有病的人對蜂膠特別敏感。他說好的。第二天上午他打電話給我們公司，發了一大堆的牢騷，還說要去告我們！

當我 10 點鐘回到公司的時候，我立即打電話問他找我有什麼事？他說我們的蜂膠是不是有劇毒？他今天早上起來整個臉腫得像豬頭一樣，眼睛都看不見了，他說自己也是老闆，每天都要見客，問我怎麼辦？我問他吃了多少蜂膠？他說從灣仔展覽中心回到觀塘他的公司，是四下午 4 點左右，他一次性吃了四粒蜂膠，晚上 11 點睡覺前又吃了四粒，所以今天早上就變成豬頭一樣！

我接著說：「昨天已經給你講得很清楚你只能一次吃一粒，沒有特別的反應再往上面加分量，你在 8 小時之內總共吃了 8 粒蜂膠對嗎？」我問他：「為什麼要這麼吃？他說他想自己的病好得快點。

我再說他：「這是你的錯誤，我們中英文說明都已經說得非常清楚，健康的人吃蜂膠沒有任何反應，有病的人吃蜂膠可能有各種好轉反應，例如拉肚子、低燒、出疹子、皮膚紅腫、輕微的肚子疼等。如果你每天一粒一粒往上加，這些反應就不容易發生。」

那位徐先生問：「那現在要不要去看醫生？」我回答：「不用，先停下來兩天不吃蜂膠，等你臉上的紅腫退了之後再繼續吃，不能貪心。一粒一粒吃。」第 3 天我再打電話問他臉上的紅腫消退了沒有？他說全部消退了。我叫他繼續吃蜂膠，由第 1 天的早中晚各吃一粒，沒有特別難受的反應每天往上加量，最多每天早、中、晚可以各吃 7 粒蜂膠，再多了人體消化不了！他說記住了。一個月之後，他非常高興又打電話到我的公司對我說，一開口就說少了一個加，一連說了 20 多遍少了一個加。

我對他說：「你不要再說少了一個加了，如果你再說我就掛線了，我也聽不明白你說的是什麼東西？」然後他再告訴我，昨天他去做了檢測報告，他的肝指數原本是 5.5 個加號。我問他我們正常人是幾個加號？他說我們正常人是三個加號;我說這樣我就明白了。他告訴我：「今天下午 2 點鐘，我再到你的公司去買蜂膠。」我告訴他全香港包送貨。他說一定要來謝謝我！

好的產品自己會說話

下午 2 點，徐先生他按了我們公司的門鈴，我去開門接他，還有一個警察跟著他一起進來。我又問這位警察先生有什麼事？徐先生說：「張老闆，你不用害怕，這警察先生是我的朋友，他經常有當夜班，腸胃不好，是我帶他來的，問問他能不能吃蜂膠？」我說兩位請進，「腸胃不好的人就更容易搞，每天按時吃三次，每次吃四粒蜂膠之後多喝水。」

這位徐先生每一個月都到我的公司來買蜂膠感謝我一次，說如果我沒有告訴他吃蜂膠，可能他早就死了！連續吃了半年蜂膠之後，他告訴我，他的肝指數已經恢復了正常，他問我還要不要繼續吃蜂膠？我笑著對他說：「錢是你的，生命也是你的，你自己說了算。」他說也問了他的主治醫生，醫生建議他繼續吃蜂膠。醫生告訴他，做過化療的人都要五年不復發才算是真正好了！徐先生吃了五年多蜂膠身體一直很好！

還有一位 34 歲的男士到我的公司，細聲地告訴我，他結婚才兩年，得了嚴重的腎虧，無法完成夫妻的任務！導致他的妻子不滿意，現在在離婚的邊緣！他說不想吃葯，藥吃得太多會有副作用，問我吃點什麼才好？我讓他蜂王漿，蜂膠兩樣一起吃，將自己的身體機能調理得強壯，你的腎自然也會跟著強壯。他又說蜂王漿，蜂膠價錢不便宜。我告訴他我們一直都有會員制，買得越多越便宜，買 1 萬元以上都像其他店鋪一樣都是批發價 7 折。他說這個价格他就可以負擔，我告訴他一萬元大概可以吃一個季度。

還有一位在中環工作的女孩 25 歲，她告訴我她在一間大公司上班，她說自己的雙手得了嚴重的灰甲，平時她都戴著薄薄的白手套上班，不想讓別人看見她的雙手。我沒有見過她本人，我教了她用酒精稀釋蜂膠之後每天泡手 30 分鐘以上。她也說很貴，我問她在哪裡買到我們的蜂膠？她說在某潤堂分店，我叫她買我公司的批發價數量。她又問要多長時間才會好？我告訴她，她的病不是新傷口，冰凍三尺非一日之寒！你的灰甲發病時間多久？她說有 7、8 年了，她按照我教她的方法;用了三個月之後，告訴我新的指甲長出來沒有繼續霉爛掉了，半年之後那位小姐又告訴我她的灰甲好了。

還有在超市裡面的女售貨員，告訴我她們整天都站著收款，夏天一來經期非常癢，都不知道怎麼搞？吃藥外用藥都試過了還是一樣癢。我叫她們每一天用四粒蜂膠軟膠囊剪開，抹在衛生巾上面，連續用一個月，陰道裡面什麼細菌都被殺死了，也就不會再癢。有三位這樣的女士都來感謝我！

還有人得了主婦手，兩隻手不斷的脫皮，她們說實在太難看！我告訴她們吃蜂膠，同時也將蜂膠抹在手上殺菌消炎，你連續用一兩個月，沒有效果才怪呢！

還有元朗的女士，她告訴我她的丈夫得了末期的肺癌，一天到晚都在大聲呼喊全身痛，讓全家人都吃不好睡不著，她買了我們的幾盒蜂膠，她說她的丈夫不肯吃，說不知道蜂膠是什麼？一定叫我到他們家裡去勸一勸她的丈夫，就當做善事行嗎？

過了幾天一個下午我真的去了他家裡，看見她的先生瘦得皮包骨頭，兩個眼睛就好像是骷髏骨頭一樣難看！我問他為什麼不肯吃蜂膠膠？蜂膠是天然的蜜蜂自用的藥物，沒有任何副作用，癌症的末期病人，目前全世界醫生，神仙都救不了？你在吃蜂膠的時候可以減輕你的痛楚，讓你的家人晚上睡得好一點，他說好的，記住了。

不管什麼傷口，水燙了，火燒了，跌倒了，任何工業，車禍受傷，中過風的人都可以吃蜂膠，內服外用蜂膠殺菌可以消炎，讓你的體質、傷口迅速恢復。世界各國的醫學博士都有臨床報導，蜂膠可以治療百病。我們山野公司在 20 多年的銷售途中，讓我們攢下了數萬名會員，使用蜂膠的案例數不勝數，蜂膠裡面的類黃酮，也稱黃酮類含量越高才有用，等於黃金 18K，36k 一點也不值錢！

我看見澳洲，美國，新西蘭他們的國家根本就不出產蜂膠，連養蜜蜂都不願意養，卻在我國網路平臺出售不同的品牌的蜂膠，含量只有 0.2%換句話說你吃了 100 克蜂膠，裡面只有 0.2 克像指甲尖那麼多，就算你吃三年也不會有半點效果。

我願意為人類的健康盡一分力

我們的國家也大力支援養蜂事業，還有很多地方政府鼓勵津貼養蜂農，發揚光大我國的養蜂事業。我曾經將我自己 10 年最寶貴的青春，都留在我國的養蜂事業上。我早已過了退休的年齡，朋友們都勸我：「賺那麼多錢幹嗎？夠花就算了」。但是我的心有不甘，我們的泱泱大國，蜂產品佔世界總產量 80%以上，在自己的國家還買不到真的蜂蜜、蜂王漿、蜂膠吃？我的家人們都勸我說，幹了一輩子活，吃的苦還不夠嗎？現在家裡有房有車，兒孫滿堂，為什麼還要做這些吃力不討好的事？他們都說我是在發傻！

我心裡面想，在我的有生之年，能盡我的微薄之力，告訴我自己的同胞，你要如何選擇真正的蜂產品，才能夠保護你和你的家人更健康！更希望那些沒有道德的企業、個人，不要在市場上出售超低價假的蜂產品，去騙人害人，讓別人的健康身體都被你搞垮了！只管自己賺錢，到時候閻王爺都不會原諒你！

也希望我們的國人看清楚，不要以為外國的月亮比中國圓？外國的蜂產品比中國的好。這些都是錯誤的，老百姓不要貪便宜，便宜無好貨，只有你買錯，絕對沒有人會賣錯，這是千古不變的道理！蜜蜂是人類最有益的昆蟲，他們所出產的蜂蜜、蜂王漿、蜂膠、蜂花粉，都是人類最天然健康藥食同源的寶貝。蜜蜂給各種植物傳播授粉，讓我們的農作物、水果產量大幅增長。更希望我們的主管部門，更加嚴厲地打擊那些假冒蜂產品在市場出現，他們不是給人類提供健康，用弄虛作假以化學的成分勾兌假的蜂蜜，假蜂王漿，含量極低的蜂膠在市場上危害廣大市民的健康！

對那些無良的企業、個人給予徹底狠狠的打擊，還有那些現代漢奸企業，將我們好的蜂產品壓到最低價，再出口到外國，貼上洋文商標再賣回來給我國同胞，很多人就覺得外國的蜂產品才靠譜！更希望各個網絡平台負責人，不要讓人吹噓外國的蜂產品比中國好？他們的 1 斤蜂蜜價格可以飆到 1 千多元至 2 千多元一瓶，就沒有人說他們貴？一樣有人願意甘當傻子去購買。

網絡平臺有的超低價，一斤蜂蜜九塊九包郵到你家，老百姓就挑便宜的買。還有很多人問我，別人的檢測報告是合格的。我說他那一瓶檢測報告是合格的，到時你買回去不是他檢測報告那樣的貨，你買到的蜂蜜雖然便宜，吃了半輩子也沒有吃到一滴真的蜂蜜，恭喜你沒有得病，那就算是最便宜了！

還有那些自己有很多門市的連鎖超市，藥房都在做他們所謂自己牌子的蜂蜜，賣的價格就是靠近國際市場 100 元左右一斤，但是他們裡面的蜂蜜也是來自其他的加工廠，他們也根本不管是真是假，只知道賺錢。

許多公園門口，都在賣蜂王漿;放在太陽裡面曬著賣，蜂王漿像海鮮一樣，一曬就壞了！但是老百姓不知道;還有人將沒有提煉的蜂膠連蜂蠟搓成一團，賣 100 元一塊，說這個是最原始最新鮮蜂膠！

更有大的旅遊景點，在懸崖上掛著很多空的木頭箱子，就說是他們家出產的懸崖蜂蜜？當你走上去看一下，一隻蜜蜂都沒有，全部都是空城計！這種現象受害的人就是我們的廣大養蜂蜂農，他們的好產品賣不出去，也賣不起價，假蜂產品是名牌，是老字號，並說有幾百年歷史。養蜂農最後他們也不願意幹這一行，長年累月離家在外，過著顛沛流離追花而去的遊牧式生活。就是現在，在森林裡面，山溝裡面手機也沒有信號，沒有網絡，依然過著沒有任何娛樂節目的乾燥無味的單調生活。

古人說，人往高處走，水往低處流，有人問我：「你做了這麼多年蜂產品的生意賺了多少錢？」我告訴他們：「我和蜂農一樣，賺得很少。」他們問：「你家裡怎麼生存？」「我家裡靠我的先生，兒女們賺錢養家。」他們就說我是吃飽了撐著沒事幹？

但是我和蜜蜂非常有緣，無論走到哪裡我都喜歡看蜜蜂。在任何花朵上面看見它們在採蜜，我都會跟它們拍個照。很多時候也放到抖音，我自己的山野店里面，去給別人觀賞。做夢的時候經常見到自己在大草原上，森林裡面，看著在漫天飛舞的蜜蜂，更夢見我的父親工作的時候，非常利索去管理蜜蜂，細心地教導我，怎樣分蜂？怎樣打蜜？怎樣做蜂王漿？怎樣收集蜂膠？養蜂場的生活讓我終生難忘！

我有一顆感恩的心

我不是救世主，但是我知道感恩。我們家裡三代人都是依靠蜜蜂生存。首先感謝我的父母將我帶來人間，也感謝我的先生帶我進入香港，更感恩我是一個堂堂正正的中國人，感恩我的祖國繁榮昌盛！

我記得 1997 年回歸之前，我們去到法國一個大型的商場旅行，有一個法國女人舉著牌子對我們說：「ChineseNews，中國人是不可以進去。」我們的領隊說：「我們來自香港。」那個法國女人才說ＯＫ。去到美國的拉斯維加斯大酒店，中國人都不受歡迎。現在我們去到全世界任何國家，那裡的大商場，大酒店都有服務員在門口，

2019 年阿玲參加香港名牌典禮

阿玲查看做蜂王漿

廣州參展

2018 年香港商業局長頒發優質證

都會用不標準的普通話對我們說：歡迎你！我們的國家在改革開放之後，有了天翻地覆的變化，我們的高速公路世界第一長，我們的橋樑建築世界第一，發電量第一，港口第一，高樓建築第一，直流工程電路第一，物流量第一，我們國家的經濟在起飛，讓所有的老百姓生活越來越富裕，讓全世界刮目相看！

我曾經在 2016 年初，開了一個天貓：山野食品旗艦店，請了一位店長在工廠裡面工作。半年之後，有一位所謂的職業打假人，他買了我們十幾瓶總價值 1 千多元的蜂花粉，然後他打電話到我們所在地的工商主管部門投訴，說我們的花粉標籤的標點符號錯誤，就是我們售賣虛假產品？我們當地主管部門即刻派人進工廠，找負責人，並立即對山野公司罰款 5000 元。

這位所謂的職業打假人馬上要求我們工廠賠他購買了產品 10 倍貨款給他。再要賠他 3000 元精神損失費！將我們江西山野公司起訴到廣州法院。店長告訴我：「老闆，你住在香港，別人抓不到你，到時候就是我要替你去坐牢，我不幹了。」當天結完工資就走人！

我請了廣州一名律師和我一起上庭應訴。花粉在 1800 多年前唐朝的《中藥大字典》裡面記載得很清楚，在唐宮裡面花粉是能吃能用的化妝品，我們現在賣的是原粒蜂花粉沒有做任何加工，怎麼會有假？標點符號錯了我們應該改正。法庭駁回打假人所有的請求。倒過來我要追他賠償我們山野公司的損失！然後律師告訴我他是外地的居民，他在廣州一無所有。

我在新聞裡面聽見國家領導人說的：全民創業，萬眾創新！年尾的時候，我去了北京一間名為易商通新的網絡公司，並且做了他們的供應商。我也知道什麼是傳銷公司，從 90 年代初開始，美國安利入駐香港，開了很多分店。朋友們帶我進去聽過幾次會議，他們是用金字塔模式，分五層代理，每一層人每個月都要有固定的消費、營業額，還要每個月帶八位新人進入他們的公司購買定額消費，你才可以拿到他們的獎金。這就是傳銷。

當時我看了北京的公司並不是這樣，我想他們應該不會屬於傳銷公司吧？我們第 1 個月售出四萬多元蜂產品，第 2 個月售出十多萬多元，每個月以倍數增加，他們的平臺蜂產品有二十幾家供應商，但是我們名列前茅。老百姓都不是傻子，誰都會做比較。18 個月之後，他們也被認定是傳銷公司？讓我們的後期貨款無法回收，連本帶利都化為烏有。網絡水軍就是中國企業的蛀蟲，在你艱難的時候，他不是來幫你，他們會召集千軍萬馬，將你的企業打進十八層地獄，讓你永遠不得翻身！網絡水軍，這是任何一個國家都不容許存在的行業，企業不規範不到位，應該是当地的主管部門給予處理，而不是讓那些網絡水軍隨意去找企業的麻煩，索取企業的金錢。

幾十年來，外國的傳銷公司一直在我國生存，網絡水軍連屁都不敢放一個！網俗絡水軍只會勒索打擊自己國家的企業，讓任何新模式的企業都無法生存！我們的天貓旗艦店因為沒有精通網絡的店長，只有關門大吉。

這幾年有更多的騙子公司，都說他們是某某平臺的著名運營商，然後發一個網絡平臺證書和銷售數據給你看，叫你一年給他們多少費用，有的按季收費，合同上面寫得很好，幫你做推廣，幫你找粉絲，幫你提升知名度，幫你找網紅，幫你帶貨等等。當你付款之後，他們會建一個聊天群，每天找一個人在裡面回復你，或者將預早設計好的文字回復你，有的群連人都找不到？有的公司將自己吹破了天，可能他們在百度上賣廣告，將自己的排名都排在前面。

當你付了款，寄了樣板之後，找他們幫你運營的時候狗屁都不是，這些新型的騙子公司不勞而獲卻賺錢最快最多！因為他們預先學會了有關網絡上的法律知識，能說會辯，讓你是啞巴吃黃連，有苦自己知，希望騙子們，用你們的智慧多做點幫助中國企業發展的好事吧。

我想一個人來到世上也就是匆匆幾十年光景，時間就像江水一樣奔流不息，一去不返。如果大家都能默默地付出，無私的奉獻，每個人在各行各業都將自己的產品做到貨真價實，童叟無欺，讓中國品牌揚名世界何樂而不為呢？山野的宗旨：您的健康是我們後追求，我有千里馬，萬事俱備，只欠東風，正在尋找五湖四海的銷售精英伯樂，讓我們攜手，共同為人類的大健康出一份微薄之力。

咨詢電郵：info@hksyhoney.com